高职高专规划教材

21世纪高等学校数学系列教材

（第三版）

高等数学（上册）

■ 主　编　肖业胜　孙旭东

武汉大学出版社

图书在版编目(CIP)数据

高等数学.上册/肖业胜主编;孙旭东,万武副主编.—3版.—武汉:武汉大学出版社,2011.4(2016.1重印)
 21世纪高等学校数学系列教材
 ISBN 978-7-307-08664-7

Ⅰ.高…　Ⅱ.①肖…　②孙…　③万…　Ⅲ.高等数学—高等学校—教材　Ⅳ.O13

中国版本图书馆 CIP 数据核字(2011)第 065596 号

责任编辑:李汉保　　　责任校对:黄添生　　　版式设计:詹锦玲

出版发行:武汉大学出版社　　(430072　武昌　珞珈山)
　　　　　(电子邮件:cbs22@whu.edu.cn　网址:www.wdp.com.cn)
印刷:湖北金海印务有限公司
开本:787×1092　1/16　印张:12.75　字数:272 千字　插页:1
版次:2004 年 6 月第 1 版　　2006 年 7 月第 2 版
　　　2011 年 4 月第 3 版　　2016 年 1 月第 3 版第 8 次印刷
ISBN 978-7-307-08664-7/O・446　　　定价:25.00 元

版权所有,不得翻印;凡购买我社的图书,如有质量问题,请与当地图书销售部门联系调换。

内容简介

本书是 21 世纪高等学校数学系列教材之一，全书遵循高等教育规律，突出高等职业教育的特点，注重对学生数学素养和应用能力的培养，体现数学建模思想。全书分为上、下两册共 10 章，内容包括：函数、极限与连续、导数的应用、一元函数的积分学、微分方程、向量代数与空间解析几何、多元函数微积分和无穷级数等。教材每章后附有历史的回顾与评述，主要介绍数学发展史与相关数学大师。

本书对于所涉及的若干定理、推论、命题等，既不追求详细的证明过程，又不失数学理论的严谨；注重将数学建模思想融入到教学中；结合数学软件，培养学生处理数据以及求解数学模型的能力。

与本书配套的辅助教材有《高等数学练习册》、《高等数学学习指导》。本书可以作为高职高专各类专业通用数学教材，也可以作为成人高校、网络教育及相关科技人员的高等数学自学教材。

序

　　数学是研究现实世界中数量关系和空间形式的科学。长期以来，人们在认识世界和改造世界的过程中，数学作为一种精确的语言和一个有力的工具，在人类文明的进步和发展中，甚至在文化的层面上，一直发挥着重要的作用。作为各门科学的重要基础，作为人类文明的重要支柱，数学科学在很多重要的领域中已起到关键性、甚至决定性的作用。数学在当代科技、文化、社会、经济和国防等诸多领域中的特殊地位是不可忽视的。发展数学科学，是推进我国科学研究和技术发展，保障我国在各个重要领域中可持续发展的战略需要。高等学校作为人才培养的摇篮和基地，对大学生的数学教育，是所有的专业教育和文化教育中非常基础、非常重要的一个方面，而教材建设是课程建设的重要内容，是教学思想与教学内容的重要载体，因此显得尤为重要。

　　为了提高高等学校数学课程教材建设水平，由武汉大学数学与统计学院与武汉大学出版社联合倡议，策划，组建21世纪高等学校数学课程系列教材编委会，在一定范围内，联合多所高校合作编写数学课程系列教材，为高等学校从事数学教学和科研的教师，特别是长期从事教学且具有丰富教学经验的广大教师搭建一个交流和编写数学教材的平台。通过该平台，联合编写教材，交流教学经验，确保教材的编写质量，同时提高教材的编写与出版速度，有利于教材的不断更新，极力打造精品教材。

　　本着上述指导思想，我们组织编撰出版了这套21世纪高等学校数学课程系列教材，旨在提高高等学校数学课程的教育质量和教材建设水平。

　　参加21世纪高等学校数学课程系列教材编委会的高校有：武汉大学、华中科技大学、云南大学、云南民族大学、云南师范大学、昆明理工大学、武汉理工大学、湖南师范大学、重庆三峡学院、襄樊学院、华中农业大学、福州大学、长江大学、咸宁学院、中国地质大学、孝感学院、湖北第二师范学院、武汉工业学院、武汉科技学院、武汉科技大学、仰恩大学（福建泉州）、华中师范大学、湖北工业大学等20余所院校。

　　高等学校数学课程系列教材涵盖面很广，为了便于区分，我们约定在封首上以汉语拼音首写字母缩写注明教材类别，如：数学类本科生教材，注明：SB；理工类本科生教材，注明：LGB；文科与经济类教材，注明：WJ；理工类硕士生教材，注明：LGS，如此等等，以便于读者区分。

　　武汉大学出版社是中共中央宣传部与国家新闻出版署联合授予的全国优秀出版

社之一。在国内有较高的知名度和社会影响力、武汉大学出版社愿尽其所能为国内高校的教学与科研服务。我们愿与各位朋友真诚合作、力争将该系列教材打造成为国内同类教材中的精品教材,为高等教育的发展贡献力量!

21 世纪高等学校数学系列教材编委会
2007 年 7 月

前 言

数学是研究现实世界中数量关系和空间形式的科学。作为各门科学的重要基础，数学科学在许多重要的领域中已起到关键性甚至决定性的作用。发展数学科学，是推进我国科学研究和技术发展，保障我国在各个重要领域中可持续发展的战略需要。高等学校作为人才培养的摇篮和基地，对大学生的数学教育，是所有的专业教育和文化教育中非常基础、非常重要的一个方面，而教材建设是课程建设的重要内容，是教学思想与教学内容的重要载体，因此显得尤为重要。为了提高高等学校数学课程教材建设水平，由武汉大学数学与统计学院与武汉大学出版社联合倡议、策划，组建21世纪高等学校数学课程系列教材编委会，在一定范围内，联合华中科技大学、云南大学、武汉理工大学、湖南师范大学、重庆三峡学院、福州大学、中国地质大学、孝感学院、武汉科技大学、华中师范大学、武汉工业职业技术学院、武汉工程职业技术学院、湖北轻工业职业技术学院等省内外20余所院校合作编写数学课程系列教材，为高等学校从事数学教学和科研的教师，特别是长期从事教学且具有丰富教学经验的广大教师搭建一个交流和编写数学教材的平台。通过该平台，联合编写教材，交流教学经验，确保教材的编写质量，同时提高教材的编写与出版速度，有利于教材的不断更新，极力打造精品教材。

本套教材根据国家教育部制定的高职高专教育高等数学课程基本要求，贯彻以"应用为目的，以够用为度"的原则编写而成，以"培养能力，强化应用"为出发点，满足专业对数学的基本要求并体现了高等职业教育的特点。着重培养以下四个方面的能力：一是用数学思维分析解决实际问题的能力；二是把实际问题转化为数学模型的能力；三是求解数学模型的能力；四是用数学知识解决所学专业上的一些问题的能力。本套教材具有以下特点：一是体现以必需、够用为度的原则，对于所涉及的若干定理、推论、命题等，既不追求详细的证明，又不失数学理论的严谨，适度淡化了难度较大的数学理论，加强了应用较强的数学方法；二是突出了能力培养，注重将数学建模思想融入到教学中，结合数学软件，培养处理数据以及求解数学模型的能力；三是突出数学知识与专业知识的衔接，增强针对性和实用性，提高学生学习数学的目的性；四是增强了可读性，提高学生学习数学的兴趣和积极性，教材每章后附有历史的回顾与评述材料；五是本套教材配有《高等数学学习指导》，对主教材的重点、难点逐一进行分析讲解，对典型例题进行归纳，着重理清解题的思路、方法和规律，以帮助学生正确地理解数学概念，提高学生的解题能力和数学素质，保持了主教材的体系并按主教材的章节编排，每章包括学习指导、典型例题、同步训练、模拟试题和参考答案等。

　　本套教材包括《高等数学》上、下册共有 10 章和 9 个附录，每节后配有适量的习题，书后附有参考答案。打"＊"号的内容供选学。本教材可以供高职高专各专业选用。

　　本套教材由孙旭东、肖业胜、万武编写。《高等数学》（上册）由肖业胜、孙旭东担任主编，万武担任副主编。《高等数学》（下册）由孙旭东担任主编；万武、肖业胜担任副主编。《高等数学学习指导》由万武担任主编；肖业胜、孙旭东担任副主编。为便于学生学习，本套教材还配有《高等数学练习册》。

　　本套教材得到武汉大学出版社、武汉城市职业技术学院、武汉工程职业技术学院、湖北轻工职业技术学院等高等学校的大力支持，本套教材还参考吸收了有关教材及著作的成果，在此一并致谢！

　　由于作者水平所限，本书难免存在疏漏之处，敬请广大读者不吝赐教，提出批评建议，以便再版时修订，使本套教材日臻完善。

作　者

2010 年 3 月

目　录

第1章　函数、极限与连续 ⋯⋯⋯⋯⋯⋯⋯⋯⋯⋯⋯⋯⋯⋯⋯⋯⋯⋯⋯⋯⋯ 1
　§1.1　函数 ⋯⋯⋯⋯⋯⋯⋯⋯⋯⋯⋯⋯⋯⋯⋯⋯⋯⋯⋯⋯⋯⋯⋯⋯⋯⋯ 1
　§1.2　基本初等函数与初等函数 ⋯⋯⋯⋯⋯⋯⋯⋯⋯⋯⋯⋯⋯⋯⋯⋯⋯ 8
　§1.3　经济学中的常用函数* ⋯⋯⋯⋯⋯⋯⋯⋯⋯⋯⋯⋯⋯⋯⋯⋯⋯⋯ 15
　§1.4　数列的极限* ⋯⋯⋯⋯⋯⋯⋯⋯⋯⋯⋯⋯⋯⋯⋯⋯⋯⋯⋯⋯⋯⋯ 19
　§1.5　函数的极限 ⋯⋯⋯⋯⋯⋯⋯⋯⋯⋯⋯⋯⋯⋯⋯⋯⋯⋯⋯⋯⋯⋯ 24
　§1.6　无穷小量与无穷大量 ⋯⋯⋯⋯⋯⋯⋯⋯⋯⋯⋯⋯⋯⋯⋯⋯⋯⋯ 30
　§1.7　极限的运算法则、两个重要极限 ⋯⋯⋯⋯⋯⋯⋯⋯⋯⋯⋯⋯⋯ 34
　§1.8　函数的连续性 ⋯⋯⋯⋯⋯⋯⋯⋯⋯⋯⋯⋯⋯⋯⋯⋯⋯⋯⋯⋯⋯ 38
　＊历史的回顾与评述 ⋯⋯⋯⋯⋯⋯⋯⋯⋯⋯⋯⋯⋯⋯⋯⋯⋯⋯⋯⋯⋯ 45

第2章　导数与微分 ⋯⋯⋯⋯⋯⋯⋯⋯⋯⋯⋯⋯⋯⋯⋯⋯⋯⋯⋯⋯⋯⋯⋯ 47
　§2.1　导数的概念 ⋯⋯⋯⋯⋯⋯⋯⋯⋯⋯⋯⋯⋯⋯⋯⋯⋯⋯⋯⋯⋯⋯ 47
　§2.2　求导法则 ⋯⋯⋯⋯⋯⋯⋯⋯⋯⋯⋯⋯⋯⋯⋯⋯⋯⋯⋯⋯⋯⋯⋯ 55
　§2.3　基本求导公式 ⋯⋯⋯⋯⋯⋯⋯⋯⋯⋯⋯⋯⋯⋯⋯⋯⋯⋯⋯⋯⋯ 58
　§2.4　隐函数与由参数方程所确定的函数的导数* ⋯⋯⋯⋯⋯⋯⋯⋯ 60
　§2.5　高阶导数 ⋯⋯⋯⋯⋯⋯⋯⋯⋯⋯⋯⋯⋯⋯⋯⋯⋯⋯⋯⋯⋯⋯⋯ 64
　§2.6　微分 ⋯⋯⋯⋯⋯⋯⋯⋯⋯⋯⋯⋯⋯⋯⋯⋯⋯⋯⋯⋯⋯⋯⋯⋯⋯ 67
　＊历史的回顾与评述 ⋯⋯⋯⋯⋯⋯⋯⋯⋯⋯⋯⋯⋯⋯⋯⋯⋯⋯⋯⋯⋯ 73

第3章　导数的应用 ⋯⋯⋯⋯⋯⋯⋯⋯⋯⋯⋯⋯⋯⋯⋯⋯⋯⋯⋯⋯⋯⋯⋯ 75
　§3.1　中值定理与洛必达法则 ⋯⋯⋯⋯⋯⋯⋯⋯⋯⋯⋯⋯⋯⋯⋯⋯⋯ 75
　§3.2　函数的单调性与极值 ⋯⋯⋯⋯⋯⋯⋯⋯⋯⋯⋯⋯⋯⋯⋯⋯⋯⋯ 79
　§3.3　最大值与最小值及经济应用举例 ⋯⋯⋯⋯⋯⋯⋯⋯⋯⋯⋯⋯⋯ 84
　§3.4　经济分析模型——边际分析与弹性分析* ⋯⋯⋯⋯⋯⋯⋯⋯⋯ 87
　§3.5　曲线的凹凸性与拐点、函数作图 ⋯⋯⋯⋯⋯⋯⋯⋯⋯⋯⋯⋯⋯ 90
　＊历史的回顾与评述 ⋯⋯⋯⋯⋯⋯⋯⋯⋯⋯⋯⋯⋯⋯⋯⋯⋯⋯⋯⋯⋯ 97

第4章　不定积分 ⋯⋯⋯⋯⋯⋯⋯⋯⋯⋯⋯⋯⋯⋯⋯⋯⋯⋯⋯⋯⋯⋯⋯⋯ 99
　§4.1　不定积分的概念 ⋯⋯⋯⋯⋯⋯⋯⋯⋯⋯⋯⋯⋯⋯⋯⋯⋯⋯⋯⋯ 99

§4.2　换元积分法 ………………………………………… 103
　§4.3　分部积分法 ………………………………………… 108
　§4.4　用积分表与用 Mathematica 求不定积分 ………… 110
　*历史的回顾与评述 …………………………………… 113

第5章　定积分及其应用 …………………………………… 114
　§5.1　定积分的概念 ……………………………………… 114
　§5.2　微积分基本定理 …………………………………… 120
　§5.3　定积分的换元法和分部积分法 …………………… 123
　§5.4　广义积分* ………………………………………… 127
　§5.5　定积分应用的数学模型——"微元法" ………… 130
　*历史的回顾与评述 …………………………………… 142

第6章　微分方程 …………………………………………… 144
　§6.1　微分方程的基本概念 ……………………………… 144
　§6.2　变量可分离的微分方程 …………………………… 147
　§6.3　一阶线性微分方程 ………………………………… 150
　§6.4　二阶常系数齐次线性微分方程* ………………… 154
　§6.5　二阶常系数非齐次线性微分方程* ……………… 157
　*历史的回顾与评述 …………………………………… 161

附录1　Mathematica 4.1 命令简介 ……………………… 162
附录2　导数与微分公式 …………………………………… 170
附录3　不定积分公式 ……………………………………… 172
附录4　简易积分表 ………………………………………… 173
附录5　常用初等数学公式 ………………………………… 182
附录6　习题参考答案 ……………………………………… 185

参考文献 ……………………………………………………… 195

第1章 函数、极限与连续

初等数学主要研究事物相对静止状态的数量关系,而微积分则主要研究事物运动、变化过程中的数量关系.极限方法是研究微积分的最基本的方法,微积分学的概念、性质和法则都是通过极限方法来建立的.因此,极限是微积分学最基本的概念.本章在函数知识复习的基础上,学习极限的概念、连续函数的概念与性质等.连续函数是微积分的主要研究对象,因为实际中所遇到的函数常常是连续函数.对于不连续函数,我们常常直接或间接地借助于连续函数进行研究.

§1.1 函 数

1.1.1 变量与区间

1. 常量与变量

在研究实际问题、观察各种现象或过程的时候,会遇到许多的量,例如长度、面积、体积、重量、温度、时间、距离、质量等.在整个考察过程中始终保持不变的量,称为常量;在考察的过程中能取不同数值的量,称为变量.例如,在考察自由落体的运动过程时,物体下降的距离和所用的时间都是变量,而物体的质量在下落过程中可以看做是常量.再如在对一密封容器内气体加热的过程中,气体的体积及分子数目是常量,而气体的温度及压力是变量.

习惯上,人们通常用英文字母表中的前几个字母(如 a,b,c 等)来记常量,用后面几个字母(如 x,y,z 等)来记变量.

一个量究竟是常量还是变量并不是绝对的,需要看具体情况.比如重力加速度 g,在与地心的距离不同的点处,g 的值是不同的,因而是变量;但在地球表面附近,在研究不太精密的问题时,g 的值变化不大,于是又可以把 g 看做常量($g=9.8\text{m/s}^2$).

本书中,不论是变量还是常量,它们所取的值都是实数.换句话说,我们只在实数范围内讨论问题.变量的变化范围(或取值范围)称为变量的变化域.变量的变化域是一个实数的集合,该集合是一个或若干个区间.

2. 集合与区间

集合 一般可以把集合理解为具有某种属性的一些对象所组成的全体.例如,某班全体同学组成一个集合;所有三角形组成一个集合;地球上所有的国家组成一个集合;数 1、2、3、4、5 组成一个集合;满足不等式 $a<x<b$ 的解 x 组成一个集合;第一、三象

限角平分线上所有的点组成一个集合,等等.集合里的各个对象称为这个集合的元素.习惯上集合用大写字母如 A、B、C 等表示,而元素用小写字母如 a、b、c 等表示.还有一些常用集合采用特殊的符号来记.例如,全体自然数(包含 0)组成的集合,称为自然数集,记为 **N**;全体整数组成的集合称为整数集,记为 **Z**;全体有理数组成的集合,称为有理数集,记为 **Q**;全体实数的集合称为实数集,记为 **R**.

含有有限个元素的集合称为有限集,含有无限个元素的集合称为无限集.如果 a 是集合 A 的元素,则记为 $a \in A$,读做"a 属于 A".否则记为 $a \notin A$,读做"a 不属于 A".例如,若用 **N** 表示全体自然数的集合,则 $5 \in \mathbf{N}$,而 $-1 \notin \mathbf{N}$,等等.

集合的常用表示法有两种:列举法和描述法.所谓列举法就是把集合中所有元素都列举出来写在大括号内的表示集合的方法.例如集合 A 包含 1、2、3、4、5 五个数,就可以记为 $A=\{1,2,3,4,5\}$.

所谓描述法,就是指把集合中元素的公共属性描述出来写在大括号内表示集合的方法.记为

$$A=\{x \mid x \text{ 具有性质 } P\}$$

例如上例 $A=\{1,2,3,4,5\}$ 可以记为 $A=\{x \mid \text{小于 6 大于 0 的自然数}\}$.又如满足不等式 $a<x<b$ 的所有 x 的集合,可以表示为 $A=\{x \mid a<x<b\}$.集合 $M=\{C \mid C \text{ 是圆心在原点的圆}\}$ 表示所有圆心在原点的圆的集合.集合 $P=\{(x,y) \mid y=2x+1, x \in \mathbf{R}\}$ 表示所有在直线 $y=2x+1$ 上的点的集合,其中 **R** 表示全体实数集合.显然点 $(1,3) \in P$,而点 $(0,2) \notin P$.

不含任何元素的集合称为空集,记为 $\varnothing$,例如,方程 $x^2+y^2=-1$ 的实数解是一个空集.

区间　区间是特殊的集合.集合 $\{x \mid a<x<b\}$ 称为开区间,记为 (a,b),即 $(a,b)=\{x \mid a<x<b\}$.(a,b) 在数轴上表示点 a 与点 b 之间的线段,但不包括端点 a 及端点 b (如图 1-1 所示);同样,区间 $[a,b]=\{x \mid a \leqslant x \leqslant b\}$ 称为闭区间,$[a,b]$ 在数轴上表示点 a 与点 b 之间的线段,包括其中两个端点(如图 1-2 所示).

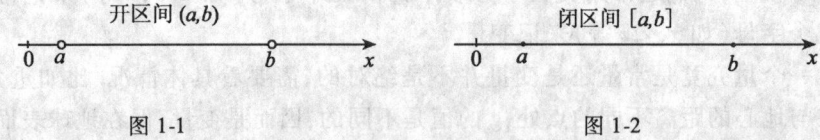

图 1-1　　　　　　　　图 1-2

此外,区间 $(a,b]=\{x \mid a<x \leqslant b\}$,$[a,b)=\{x \mid a \leqslant x<b\}$,称为半开区间;区间 (a,b)、$[a,b]$、$(a,b]$ 和 $[a,b)$ 都称为有限区间,a,b 为区间端点,$b-a$ 称为区间长度.

$(a,+\infty)=\{x \mid x>a\}$、$(-\infty,a)=\{x \mid x<a\}$、$(-\infty,+\infty)=\{x \mid x \text{ 为任何实数}\}$ 都称为无穷区间.

集合 $\{x \mid |x-a|<\varepsilon\}$ $(\varepsilon>0)$ 称为点 a 的 ε 邻域,表示以 a 为中心,以 ε 为半径的开区间,因此,该区间也可以用开区间 $(a-\varepsilon,a+\varepsilon)$ 来表示.

集合 $\{x \mid 0<|x-a|<\varepsilon\}$ 称为以 a 为中心,$\varepsilon(>0)$ 为半径的去心邻域.该去心邻域用

区间表示为$(a-\varepsilon,0)\cup(0,a+\varepsilon)$.

1.1.2 函数的概念

1. 函数

在某个特定的自然现象或技术过程中,往往同时有几个变量,且它们是互相联系,并按一定的对应规律而变化的,下面列举几个两变量相互联系着对应变化的实例.

例1. 在圆的面积公式$A=\pi r^2$中,圆的半径r与该圆的面积A互相联系着,对任意半径$r\in(0,+\infty)$都对应着一个圆的面积A,r与A之间的对应规律f可以表示为:

$$r \xrightarrow{\text{对应规律}f:A=\pi r^2} A \quad \text{其中}\pi\text{为圆周率(常数)}.$$

例2. 自由落体运动路程s与时间t的对应规律f可以表示为:

$$t \xrightarrow{\text{对应规律}f:s=\frac{1}{2}gt^2} s \quad \text{其中}g\text{为重力加速度(常数)}.$$

定义1.1 设x,y是同一过程中的两个变量,若当x取其变化范围D内的任一值时,通过某种对应规则f,总有唯一确定的y值与之对应,则称y是x的函数,记为$y=f(x)$. 称变量x是自变量,y是因变量. 表示对应法则的f是函数的符号,集合D是函数的定义域.

函数定义包含两个要素:定义域D和对应法则f. 对用解析式$y=f(x)$表示的函数,其定义域D是使函数$f(x)$有意义的自变量x取值的全解所构成的集合,而实际应用问题中建立的函数,其定义域通常由实际问题本身来确定。如上述例2中,自变量t表示时间,函数$s=\frac{1}{2}gt^2$的定义域为$(0,+\infty)$.

集合$w=\{y|y=f(x),x\in D\}$称为函数$y=f(x)$的值域,平面点集$\{(x,y)|y=f(x),x\in D\}$则称为函数$y=f(x)$的图像.

2. 求定义域与函数值

例3. 设函数$f(x)=x^4+x^2+1$. 求$f(0),f(t^2),[f(t)]^2,f\left(\dfrac{1}{t}\right),\dfrac{1}{f(t)}$.

解
$$f(0)=0^4+0^2+1=1$$
$$f(t^2)=(t^2)^4+(t^2)^2+1=t^8+t^4+1$$
$$[f(t)]^2=(t^4+t^2+1)^2$$
$$f\left(\frac{1}{t}\right)=\left(\frac{1}{t}\right)^4+\left(\frac{1}{t}\right)^2+1=\frac{1+t^2+t^4}{t^4}$$
$$\frac{1}{f(t)}=\frac{1}{t^4+t^2+1}.$$

例4. 求函数$f(x)=\dfrac{1}{\sqrt{x^2-x-2}}$的定义域.

解 由 $\begin{cases} x^2-x-2 \geq 0 \\ \sqrt{x^2-x-2} \neq 0 \end{cases}$ 即 $x^2-x-2>0$

解得 $x>2$ 或 $x<-1$.

如果用区间表示,则定义域为 $(-\infty,-1)\cup(2,+\infty)$,又可以用集合表示为
$$A=\{x\mid x>2 \text{ 或 } x<-1\}.$$

例 5. 求函数 $f(x)=\sqrt{4-x^2}+\lg(x-1)$ 的定义域.

解 为使函数 $f(x)$ 有意义,当且仅当 $\sqrt{4-x^2}$ 和 $\lg(x-1)$ 两项都有意义.

第一项 $\sqrt{4-x^2}$ 的定义域是 $A_1=\{x\mid -2\leq x\leq 2\}$,第二项 $\lg(x-1)$ 的定义域是 $A_2=\{x\mid x>1\}$. 所以函数 $f(x)$ 的定义域是:
$$A=A_1\cap A_2=\{x\mid 1<x\leq 2\}, \text{ 或表示为区间}(1,2].$$

3. 分段函数

我们把由两个或两个以上表达式定义的函数称为分段函数.

例 6. 符号函数

$$y=\operatorname{sgn} x = \begin{cases} 1, & x>0 \\ 0, & x=0 \\ -1, & x<0 \end{cases}$$

该函数的图形如图 1-3 所示.

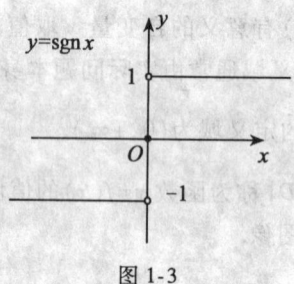

图 1-3

例 7. 设 $x\in \mathbf{R}$,不超过 x 的最大整数简称为 x 的整数部分,记为 $[x]$.

例如 $\left[\dfrac{5}{7}\right]=0, [\sqrt{2}]=1, [-1]=-1, [-3.5]=-4.$

则函数 $y=[x], x\in \mathbf{R}$ 的图形如图 1-4 所示. 函数 $y=[x]$ 又称为取整函数.

分段函数虽在不同区间上有不同的表达式,但分段函数只是一个函数.

1.1.3 函数的性态

1. 函数的有界性

定义 1.2 设变量 x 的变化范围为集合 I,若存在一个正数 M,使得对任意的 $x\in I$,都有

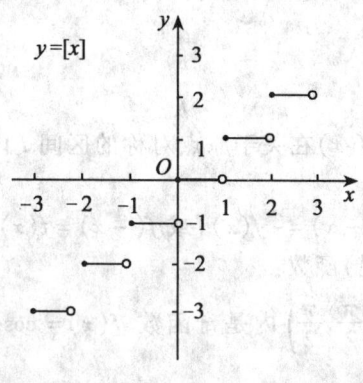

图 1-4

$$|f(x)| \leq M$$

则称函数 $y=f(x)$ 在 I 上有界,亦称 $f(x)$ 在 I 上是有界函数.

如果不存在这样的正数 M,则称函数 $y=f(x)$ 在 I 上无界,亦称 $f(x)$ 在 I 上是无界函数.

例如函数 $y=\sin x$ 在区间 $(-\infty,+\infty)$ 内有 $|\sin x| \leq 1$,所以函数 $y=\sin x$ 在 $(-\infty,+\infty)$ 内是有界的.

又如函数 $y=\dfrac{1}{x}$ 在 $(1,2)$ 内,$\left|\dfrac{1}{x}\right|<2$,故函数 $y=\dfrac{1}{x}$ 在 $(1,2)$ 内是有界函数. 但是函数 $f(x)=\dfrac{1}{x}$ 在区间 $(0,1)$ 内是无界的.

2. 函数的单调性

定义 1.3 设函数 $y=f(x)$ 在区间 (a,b) 内有定义,若对于 (a,b) 内任意两点 x_1,x_2,当 $x_1<x_2$ 时,都有

$$f(x_1)<f(x_2)$$

则称函数 $y=f(x)$ 在 (a,b) 内是增的或称单调递增的;若当 $x_1<x_2$ 时,有

$$f(x_1)>f(x_2)$$

则称函数 $y=f(x)$ 在区间 (a,b) 内是减的或称单调递减的. 单调增、单调减的函数统称为单调函数(如图 1-5、图 1-6 所示).

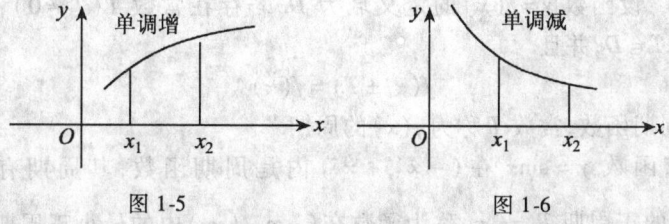

图 1-5 图 1-6

例如，$y=x^2$ 在 $(0,+\infty)$ 内是单调增的，而在 $(-\infty,0)$ 内是单调减的．又如 $y=\tan x$ 在 $\left(-\dfrac{\pi}{2},\dfrac{\pi}{2}\right)$ 内是单调增的．

3．函数的奇偶性

定义 1.4 设函数 $y=f(x)$ 在关于原点对称的区间 I 内有定义．若对 I 内任一点 x，都有
$$f(-x)=-f(x)（\text{或} f(-x)=f(x)）$$
则称 $f(x)$ 在 I 内是奇（或偶）函数．

例如 $f(x)=\sin x$ 在 $\left(-\dfrac{\pi}{2},\dfrac{\pi}{2}\right)$ 内是奇函数．$f(x)=\cos x$ 在 $[-\pi,\pi]$ 上是偶函数．$f(x)=\dfrac{1}{x}$ 在 $(-\infty,0)\cup(0,+\infty)$ 内是奇函数．

可以证明，偶函数的图形对称于 y 轴，奇函数的图形对称于原点（如图 1-7、图 1-8 所示）．

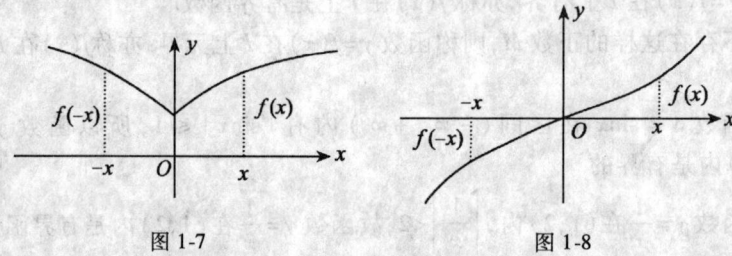

图 1-7　　　　　　图 1-8

例 8． 判断下列函数的奇偶性

(1) $f(x)=\sqrt{1+x}+\sqrt{1-x}$　　　$(-1\leqslant x\leqslant 1)$；

(2) $f(x)=\ln\dfrac{1+x}{1-x}$　　　$(-1<x<1)$．

解　(1) 因为 $f(-x)=\sqrt{1-x}+\sqrt{1+x}=f(x)$．又区间 $[-1,1]$ 关于原点对称，所以 $f(x)$ 是 $[-1,1]$ 上的偶函数．

(2) 因为 $f(-x)=\ln\dfrac{1-x}{1+x}=\ln\left(\dfrac{1+x}{1-x}\right)^{-1}=-\ln\dfrac{1+x}{1-x}=-f(x)$，所以 $f(x)$ 是 $(-1,1)$ 内的奇函数．

4．函数的周期性

定义 1.5 设函数 $y=f(x)$ 的定义域为 D．若存在常数 $T(T\neq 0)$，使得对任何 $x\in D$，都有 $x\pm T\in D$，并且
$$f(x\pm T)=f(x)$$
则称 $f(x)$ 为周期函数，常数 T 称为 $f(x)$ 的周期．

例如正弦函数 $y=\sin x$ 在 $(-\infty,+\infty)$ 内是周期函数，其周期有 $\pm 2\pi,\pm 4\pi$，$\pm 6\pi,\cdots$，最小的正周期 $T_0=2\pi$，称为函数在 $(-\infty,+\infty)$ 内的最小正周期．函数 $y=\dfrac{1}{2}$

的周期是除 0 外的任何正实数,但无最小正周期.

通常函数的周期是指函数的最小正周期,简称函数的周期.

1.1.4 反函数

定义 1.6 设函数 f 定义在数集 A 内,其值域为数集 B. 如果对于数集 B 中每一个数 y,数集 A 中都有唯一的 x,使得 $f(x)=y$,记由 y 对应于 x 的规则为 φ,则称 φ 为 f 的反函数,也常称 $x=\varphi(y)$ 是 $y=f(x)$ 的反函数,二者图形相同.

但习惯上自变量用 x 表示,因变量用 y 表示. 因此,函数 $y=\varphi(x)$ 是 $y=f(x)$ 的反函数,但这时二者的图形关于直线 $y=x$ 对称.

求反函数的步骤一般是:从 $y=f(x)$ 中解出 x,得 $x=\varphi(y)$;再将 x,y 分别换为 y,x. 即 $y=\varphi(x)$ 就是 $y=f(x)$ 的反函数.

例 9. 求 $y=3x-5$ 的反函数.

解 解出 x,得 $x=\dfrac{1}{3}(y+5)$

将 x,y 分别换为 y,x,得

$$y=\frac{1}{3}(x+5)$$

所以,$y=3x-5$ 的反函数是 $y=\dfrac{1}{3}(x+5)$.

还有许多反函数的例子,如 $y=\ln x$ 是 $y=e^x$ 的反函数;$y=\arcsin x$ 是 $y=\sin x$ 的反函数,等等.

习题 1.1

1. 用区间表示变量的变化范围
   (1) $2<x\leq 6$; (2) $x\geq 0$;
   (3) $x^2<9$;   (4) $|x-1|\leq 4$.

2. 把 -1 的 $\dfrac{1}{3}$ 邻域表示成开区间.

3. 求下列各函数的定义域
   (1) $f(x)=\dfrac{2x^2-x+3}{x^2-3x+2}$; (2) $f(x)=\dfrac{1}{x}-\sqrt{1-x^2}$;
   (3) $f(x)=\lg\dfrac{1}{1-x}+\sqrt{x+2}$; (4) $f(x)=\sqrt{\dfrac{1-x}{1+x}}$.

4. 设 $f(x)=\dfrac{|x-2|}{x+1}$,求 $f(2),f(-2),f(0),f(a),f(a+b)$.

5. 设 $f(x)=\begin{cases} 0, & 0\leq x<1 \\ \dfrac{1}{2}, & x=1. \\ 1, & 1<x\leq 2 \end{cases}$ 求 $f(0),f\left(\dfrac{1}{2}\right),f(1),f\left(\dfrac{5}{4}\right)$.

6. 根据邮章规定,国内外埠平信,每增重20克多付邮资0.2元,不足20克者以20克计算,当信重60克以内时,试写出以信重为自变数表示邮资的函数.

7. 讨论下列函数的奇偶性

(1) $f(x)=\dfrac{a^x+a^{-x}}{2}$； (2) $f(x)=\ln(x+\sqrt{1+x^2})$；

(3) $f(x)=x(3+\cos x)$； (4) $f(x)=\sin\left(x+\dfrac{\pi}{3}\right)$.

8. 求下列各函数的反函数

(1) $y=\sqrt{x^2+1}$，$x\in[0,+\infty)$； (2) $y=3\sin 2x$，$x\in\left[\dfrac{\pi}{4},\dfrac{3\pi}{4}\right]$；

(3) $y=10^{x+2}$； (4) $y=\dfrac{1}{1-x}$ $(x\neq 1)$.

§1.2 基本初等函数与初等函数

1.2.1 基本初等函数

我们把常数函数、幂函数、指数函数、对数函数、三角函数和反三角函数统称为基本初等函数.

1. 常数函数

$y=c$ 或 $f(x)=c$(c 是常数),$x\in\mathbf{R}$.

其图像是经过点$(0,c)$,且平行于Ox轴的直线. 常数函数是有界的偶函数,而且是不存在最小正周期的周期函数.

2. 幂函数

幂函数 $y=x^\alpha$($\alpha\in\mathbf{R}$),其性质与幂指数 α 有关.

通常,幂函数 $y=x^\alpha$ 的定义域是$(0,+\infty)$.

当 $\alpha>0$ 时,$y=x^\alpha$ 在$(0,+\infty)$内单调增加(如图 1-9(a)所示);

当 $\alpha<0$ 时,$y=x^\alpha$ 在$(0,+\infty)$内单调减少(如图 1-9(b)所示).

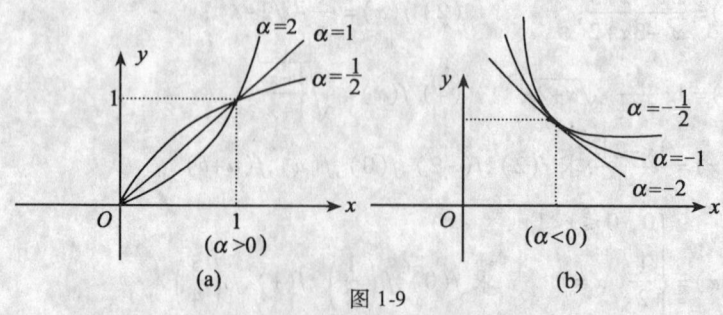

图 1-9

无论 α 取何值,幂函数 $y=x^\alpha$ 的图形都经过点 (1,1).

3. 指数函数

指数函数 $y=a^x (a>0, a\neq 1)$ 的定义域为 $(-\infty, +\infty)$,其值域是 $(0, +\infty)$.

指数函数的图形如图 1-10 所示.

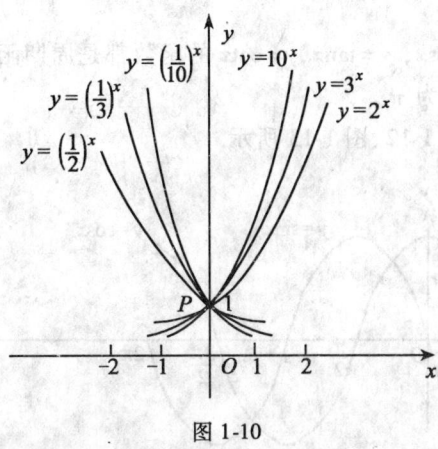

图 1-10

当 $a>1$ 时,函数为单调增加;

当 $0<a<1$ 时,函数为单调减少.

无论 a 取何值 $(a>0, a\neq 1)$,其函数图形都经过点 (0,1).

函数 $y=a^x$ 与函数 $y=\left(\dfrac{1}{a}\right)^x$ 的图形关于 Oy 轴对称.

4. 对数函数

对数函数 $y=\log_a x$ $(a>0, a\neq 1)$,是指数函数 $y=a^x$ 的反函数,其定义域为 $(0, +\infty)$,值域为 $(-\infty, +\infty)$.

对数函数的图形如图 1-11 所示.

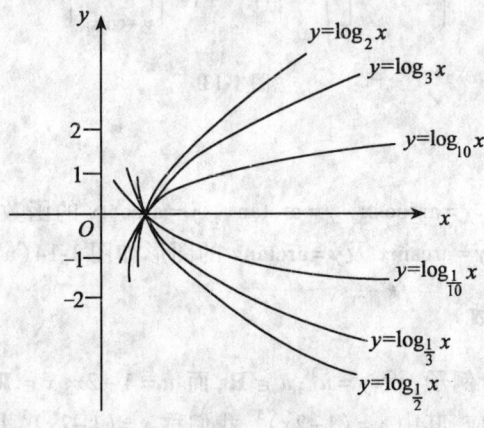

图 1-11

当 $a>1$ 时,函数单调增加;

当 $0<a<1$ 时,函数单调减少.

无论 a 取何值($a>0,a\neq 1$),函数图形都经过点$(1,0)$.

特别地,当 $a=e(e=2.71828\cdots)$ 时,指数函数 $y=e^x$ 称为自然指数,对数函数 $y=\log_e x$,记为 $y=\ln x$,称为自然对数.

5. 三角函数

形如 $y=\sin x$, $y=\cos x$, $y=\tan x$, $y=\cot x$ 的函数都是周期函数,$\sin x$,$\cos x$ 的周期为 2π,而 $\tan x$,$\cot x$ 的周期为 π.

三角函数图像如图 1-12、图 1-13 所示.

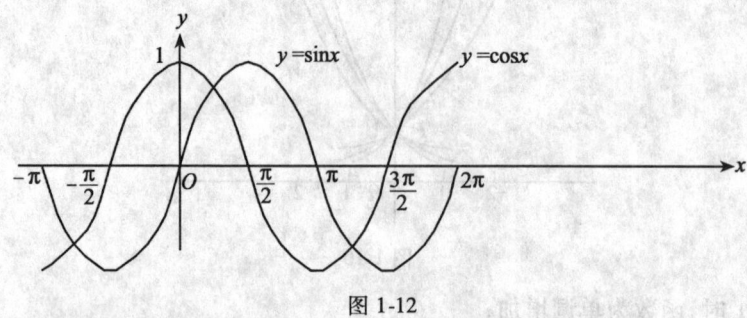

图 1-12

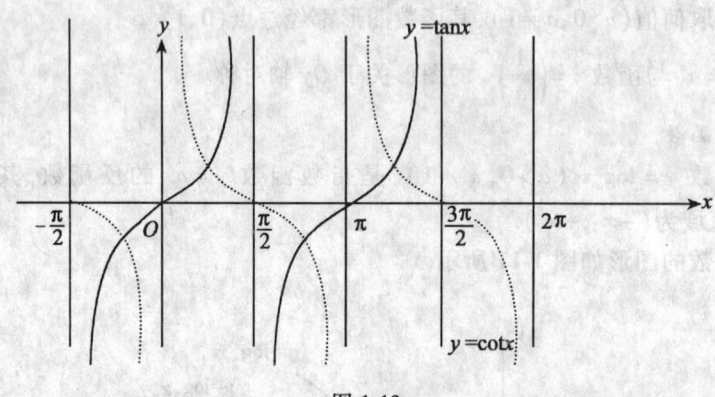

图 1-13

6. 反三角函数

形如 $y=\arcsin x$, $y=\arccos x$, $y=\arctan x$, $y=\text{arccot} x$ 的函数分别是上述三角函数的反函数,其中函数 $y=\arcsin x$ 及 $y=\arctan x$ 的图形如图 1-14(a),(b)所示.

1.2.2 复合函数

我们先来看一个例子,设 $y=u^3$,$u\in \mathbf{R}$,而 $u=1-2x$,$x\in \mathbf{R}$. 那么对于任何一个 $x\in \mathbf{R}$,就有 y 与之对应,其中 $y=(1-2x)^3$. 我们称 $y=(1-2x)^3$ 是复合函数.

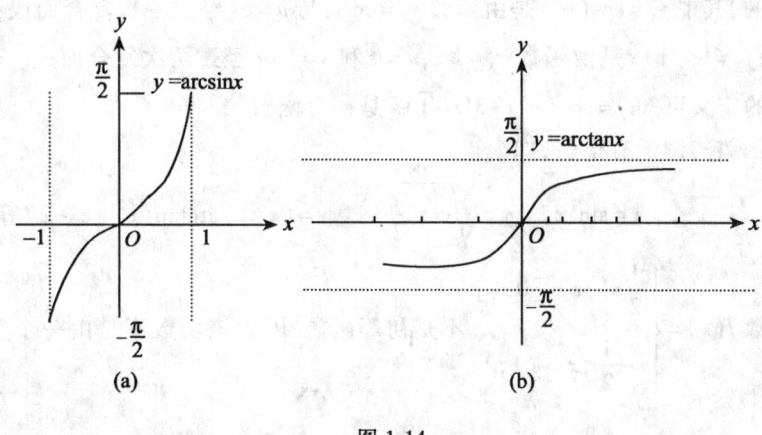

图 1-14

定义 1.7 设 $y=f(u), u\in B$,而 $u=\varphi(x), x\in A$,其值域 $B_\varphi \subset B$,那么 $y=f[\varphi(x)]$ 称为由函数 $y=f(u)$ 与 $u=\varphi(x)$ 复合而成的复合函数,其中 u 称为中间变量.

例 1. 函数 $y=a^{\sin x}$ 是由哪些基本初等函数复合而成的?

解 令 $u=\sin x$,则 $y=a^u$,即有 $y=a^u, u=\sin x$ 且 $u=\sin x$ 的值域为 $[-1,1]$,而 $[-1,1]$ 恰好是 $y=a^u$ 的定义域 $\mathbf{R}$ 的子集,故由复合函数的定义可知: $y=a^{\sin x}$ 是由函数 $y=a^u$ 与 $u=\sin x$ 复合而成的.

例 2. 函数 $y=\arcsin 2^x$ 是由哪些基本初等函数复合而成的?

解 令 $u=2^x$,则 $y=\arcsin u$. 即有 $y=\arcsin u, u=2^x$.

由于 $u=2^x$ 的值域 $[0,+\infty)$ 并不是 $y=\arcsin u$ 的定义域 $[-1,1]$ 的子集,所以为使复合函数有意义应有 $2^x \in [-1,1]$,即有不等式 $-1 \leq 2^x \leq 1$,由此可得 $x \leq 0$. 从而根据复合函数的定义可知当 $x \leq 0$ 时, $y=\arcsin 2^x$ 是由函数 $y=\arcsin u$ 与 $u=2^x$ 复合而成的.

例 3. 函数 $y=\sqrt{\log_a\left(\dfrac{1}{x}\right)}$ 是由哪些基本初等函数复合而成的?

解 该函数可以看做是由 $y=\sqrt{u}, u=\log_a v, v=\dfrac{1}{x}$ 三个基本初等函数复合而成的.

1.2.3 初等函数

初等函数是高等数学研究的主要对象,也是工程技术中常见的函数,定义如下:

定义 1.8 如果函数可以用一个数学式子表示,且这个式子是由基本初等函数经过有限次四则运算与有限次复合而构成的,则这类函数统称为初等函数,不是初等函数的函数称为非初等函数.

例 4. 函数 $y=\cos(e^x)+3\lg\sqrt{1+x}$ 是初等函数吗?

解 显然 $y=\cos(e^x)+3\lg\sqrt{1+x}$ 是用一个数学式子表示的.

若令 $y_1=\cos(e^x), y_2=3, y_3=\lg\sqrt{1+x}$,则 $y=y_1+y_2 y_3$,即 y 是由 y_1、y_2、y_3 经过两次

运算得到的,其中 $y_1 = \cos(e^x)$ 是由函数 $y_1 = \cos u$ 与 $u = e^x$ 经过一次复合而成; $y_3 = 3$ 是常数函数; $y_3 = \lg\sqrt{1+x}$ 是由函数 $y_3 = \lg v, v = \sqrt{s}$ 和 $s = 1+x$ 经过两次复合而成. 于是根据初等函数的定义可知 $y = \cos(e^x) + 3\lg\sqrt{1+x}$ 是初等函数.

初等函数的例子有很多,如

$$y = \sqrt{1-x^2}, \quad y = \sin^2 x, \quad y = \sqrt{\cos\frac{x}{2}}, \quad y = (x+1)\arctan(e^{2x} + e^x - 2) 等.$$

但函数 $f(x) = \begin{cases} \dfrac{1}{2}x^2, x \in [0,1] \\ x - \dfrac{1}{2}, x \in (1,2] \end{cases}$ 不是初等函数. 因为该函数不是由一个数学式子表示的.

1.2.4 函数关系数学建模举例

用数学方法解决科学技术、经济管理等实际问题时,首先要用数学语言描述这个问题,这就要找出问题中的有关变量及各个变量之间的关系,这个过程即数学建模,建立的这些函数关系称为数学模型. 这里以一些简单的实际问题为例,利用某些熟知的物理学知识或几何学知识来建立描述函数关系的数学模型.

例 5. 有一块边长为 a 的正方形铁皮,将它的四角剪去适当的大小相等的小正方形,制成一只无盖盒子,求盒子的体积与小正方形边长之间的函数关系.

解 设剪去的小正方形的边长为 x,盒子的体积为 V,由图 1-15 容易得到数学模型

$$V = x(a - 2x)^2, \quad x \in \left(0, \frac{a}{2}\right)$$

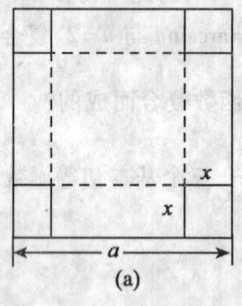
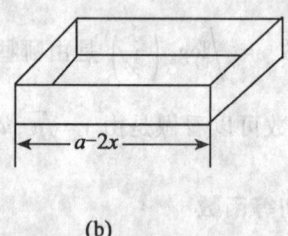

(a)　　　　　　　　(b)

图 1-15

例 6. 设有一圆锥形容器,容器的底半径为 Rcm,高为 Hcm. 现以每秒 $a$cm^3 的速率往容器内注入水,试将容器中水的容积 V 分别表示成时间 t 及水高 h 的函数(如图 1-16 所示).

解 (1)显然 t 秒时容器中水的容积为

$$V = at.$$

（2）设当容器中水的高度为 h 时水的容积为 V，并设此时水面的半径为 r. 根据锥体体积公式

$$V = \frac{1}{3}\pi R^2 H - \frac{1}{3}\pi r^2 (H-h)$$

因为 $\triangle ABC \backsim \triangle ADE$，所以有

$$\frac{r}{R} = \frac{H-h}{H},$$

即

$$r = \frac{R}{H}(H-h)$$

代入锥体体积公式，得

$$V = \frac{\pi R^2 H}{3}\left[1 - \left(1 - \frac{h}{H}\right)^3\right], \quad h \in [0, H].$$

有时变量之间的函数关系较为复杂，需要用几个式子来表示，即分段函数.

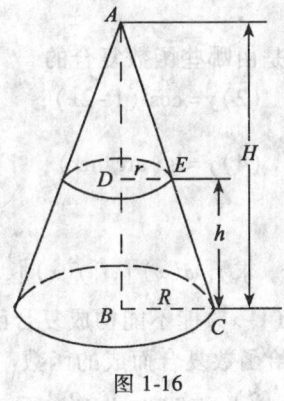

图 1-16

例 7. 如图 1-17 所示，在点 O 与 A 之间引一条平行于 Oy 轴的直线 MN，试将 MN 左边阴影部分的面积 S 表示为 x 的函数.

解 当直线 MN 位于区间 $[0,1]$ 内时，即 $x \in [0,1]$ 时

$$S = \frac{1}{2}x^2$$

当直线 MN 位于区间 $[1,2]$ 内时，即 $x \in [1,2]$ 时

$$S = \triangle OBC \text{ 的面积} + \text{矩形 } BCNM \text{ 的面积}$$

$$S = \frac{1}{2} + (x-1) = x - \frac{1}{2}$$

所以面积 S 为

$$S = \begin{cases} \dfrac{1}{2}x^2, & x \in [0,1] \\ x - \dfrac{1}{2}, & x \in (1,2] \end{cases}.$$

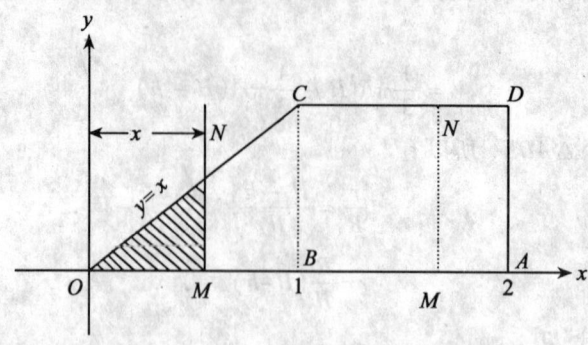

图 1-17

习题 1.2

1. 试指出下列各题中函数是由哪些函数复合的
   (1) $y = \sin(3x+1)$；
   (2) $y = \cos^3(1-2x)$；
   (3) $y = \sqrt{\tan\left(\dfrac{x}{2}+6\right)}$；
   (4) $y = \lg(\arcsin x)$；
   (5) $y = \sqrt[3]{\cos(x^2)}$.

2. 设 $f(x) = x^2$，$\varphi(x) = \lg x$，求 $f[\varphi(x)]$，$f[f(x)]$，$\varphi[f(x)]$，$\varphi[\varphi(x)]$.

3. 函数 $y = \sqrt{u-1}$，$u = \log_2(1-x^2)$ 能不能构成复合函数，为什么？

4. 在下列各题中，求由所给函数复合而成的函数
   (1) $y = u^2$，$u = \sin x$；
   (2) $y = \sin u$，$u = 2x$；
   (3) $y = \sqrt{u}$，$u = 1+x^2$；
   (4) $y = e^u$，$u = x^2$；
   (5) $y = u^2$，$u = e^x$.

5. 设 $f(x)$ 的定义域是 $[0,1]$，试求 (1) $f(\sin x)$；(2) $f(x^2)$ 的定义域.

6. 圆柱体内接于高为 h，底半径为 r 的圆锥体内，设圆柱体高为 x，试将圆柱体的底半径 y 和体积 V 分别表示为 x 的函数.

7. 如何在上口半径为 2cm，下底半径为 1cm，高为 10cm 的圆台形量杯（如图1-18

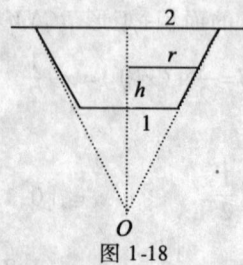

图 1-18

所示)上作出容积 V 为 10cm^3、20cm^3、30cm^3 的刻度 h?

8. 当 x 在区间 $[0,3]$ 上取值时,求在折线 $OABC$ 下方区间 $[0,x]$ 以上阴影部分面积 S(如图 1-19 所示)与 x 之间的函数关系.

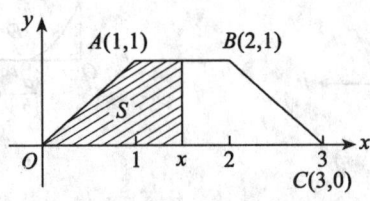

图 1-19

§1.3 经济学中的常用函数*

1.3.1 需求函数

在经济学中,购买者(消费者)对商品的需求这一概念的含义是购买者既有购买商品的愿望,又有购买商品的能力. 也就是说,只有购买者同时具备了购买商品的欲望和支付能力两个条件,才称得上需求. 影响需求的因素有很多,例如人口、收入、财产、该商品的价格,其他相关商品的价格以及消费者的偏好等. 在所考虑的时间范围内,如果将除该商品价格以外的上述因素都看做是不变的因素,则可以将该商品的价格 P 看做自变量,需求量 D 就是 P 的函数,称为需求函数,记为

$$D = f(P)$$

需求函数的图形称为需求曲线. 需求函数一般是价格的递减函数. 即价格上涨,需求量则逐步减少,价格下降,需求量则逐步增大.

最常用的需求函数类型为线性函数

$$D = \frac{a-P}{b} \quad (a>0, b>0)$$

线性函数的斜率为 $-\frac{1}{b}<0$,即需求系数. 当 $P=0$ 时,$D=\frac{a}{b}$,表示当价格为零时,购买者对该商品的需求量为 $\frac{a}{b}$. 数值 $\frac{a}{b}$ 也称为市场对该商品的饱和需求量.

当 $P=a$ 时,$D=0$,表示当价格上涨到 a 时,已没有人购买该商品(如图 1-20 所示).

若需求函数为 $D=\frac{a}{P+c}-b(a>0,b>0,c>0)$,此时,若 $P=0$,则 $D=\frac{a}{c}-b$,表示该商品的饱和需求量为 $\frac{a}{c}-b$,当价格上升到 $P=\frac{a}{b}-c$ 时,商品的需求量下降为 0(如图1-21所示).

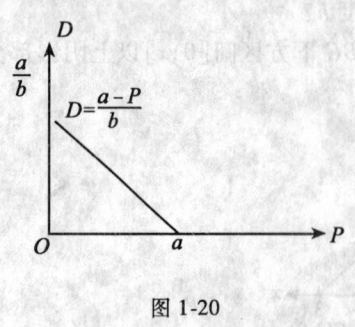 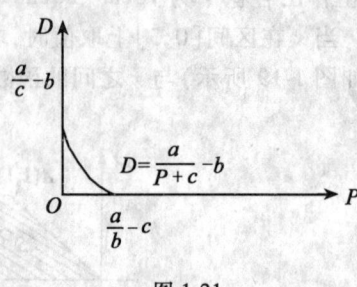

图 1-20   图 1-21

需求函数 $D=f(P)$ 的反函数 $P=\varphi(D)$ 称为价格函数.

例如以上两个需求函数的反函数分别为

$$P=a-bD, \quad P=\frac{a}{D+b}-c.$$

常见的需求函数还有如下一些形式:

(1) $D=\dfrac{a-P^2}{b}$ $(a>0, b>0)$.

需求曲线见图 1-22;其反函数为 $P=\sqrt{a-bD}$.

(2) $D=\dfrac{a-\sqrt{P}}{b}$ $(a>0, b>0)$.

需求曲线见图 1-23,其反函数为 $P=(a-bD)^2$.

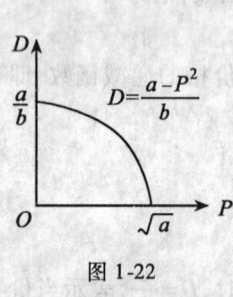 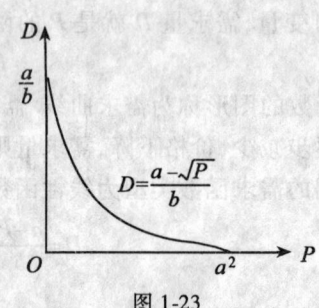

图 1-22   图 1-23

(3) $D=\sqrt{\dfrac{a-P}{b}}$.

需求曲线见图 1-24,其反函数为 $P=a-bD^2$.

(4) $D=ae^{-bP}$ $(a>0, b>0)$

需求曲线见图 1-25,其反函数为

$$P=\frac{\lg a-\lg D}{b}.$$

对于具体问题,可以根据实际资料确定需求函数类型及其中的参数.

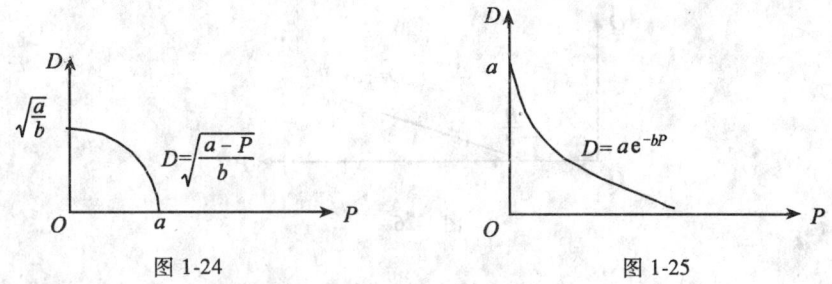

图 1-24　　　　　　　　　　　　　　图 1-25

1.3.2 供给函数

供给是与需求相对的概念,需求是就购买者而言,供给是就生产者而言,供给是指生产者在某一时刻内,在各种可能的价格水平上,对某种商品愿意并能够出售的数量,这就是说作为供给必须具备两个条件:一是有出售商品的愿望;二是有供应商品的能力,二者缺其一便不能构成供给.供给不仅与生产中投入的成本及技术状况有关,而且与生产者对其他商品和劳务价格的预测等因素有关.供给函数是研究在其他因素不变的条件下供应商品的价格与相应的供给量的关系.即把供应商品的价格 P 作为自变量,而把相应的供给量 Q 作为因变量.供给函数一般表示为 $Q=q(P)$,即价格为 P 时,生产者愿意提供的商品量为 Q.

供给函数的图形称为供给曲线.供给曲线与需求曲线相反,一般是一条从左向右上方倾斜的曲线,即当商品价格上升时,供给量就会上升;当价格下降时,供给量随之下降.亦即,供给量随价格变动而发生同方向变动.但也有例外情况,例如:珍贵文物和古董等价格上升后,人们就会把存货拿出来出售,从而供给量增加,而当价格上升到一定限度后,人们会以为它们可能更贵重,就会不再提供到市场出售,因而价格上升,供给量反而减少.此时供给曲线可能呈现不是从左向右上方倾斜的形状.

常用的供给函数有如下几种类型:

(1) 线性供给函数
$$Q = -d + cP \quad (c>0, d>0)$$

供给曲线如图 1-26 所示.其反函数为
$$P = \frac{1}{c}Q + \frac{d}{c} \quad (c>0, d>0).$$

由上式可见,$\frac{d}{c}$ 为价格的最低限,只有当价格大于 $\frac{d}{c}$ 时,生产者才会供应该商品.

(2) $Q = \dfrac{aP-b}{cP+d} \quad (a>0, b>0, c>0, d>0)$.

由此可知,该商品的最低价格为 $P = \dfrac{b}{a}$,而当价格上涨时,该商品有一饱和供给

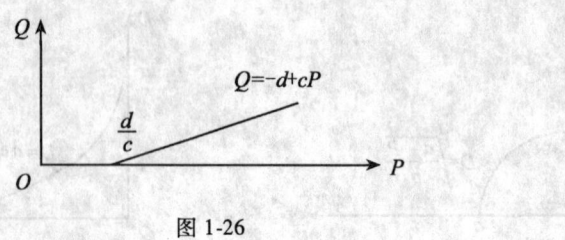

图 1-26

量 $\dfrac{a}{c}$（如图1-27所示）.

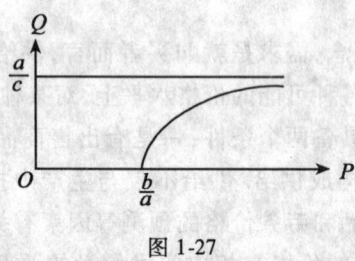

图 1-27

供给形式很多，供给形式与市场组织、市场状况及成本函数有密切关系，这里不一一列举.

1.3.3　总收益函数

设某种产品的价格为 P，相应的需求量为 D，则销售该产品的总收益 R 为 DP. 又若需求函数为 $D=f(P)$，其反函数为 $P=g(D)$，则

$$R = DP = Dg(D).$$

如果取 $P = a - bD$，则可得总收益函数为

$$R = (a-bD)D = aD - bD^2 = \dfrac{a^2}{4b} - \left(\sqrt{b}D - \dfrac{a}{2\sqrt{b}}\right)^2.$$

由上式可知，当 $D = \dfrac{a}{2b}$ 时，所得总收益最大，其最大收益为 $R_{\max} = \dfrac{a^2}{4b}$.

习题 1.3

1. 设需求函数由 $P + D = 1$ 给出.
   （1）试求总收益函数 R；

(2) 若出售 $\dfrac{1}{3}$ 单位的商品,试求其总收益.

2. 某工厂对棉花的需求函数由 $PD^{1.4}=0.11$ 给出.

(1) 试求其收益函数 R;

(2) 试求 $P(15),P(20),P(12),R(10),R(12),R(15)$;

(3) 试绘出需求曲线和总收益曲线图.

3. 设某企业对某产品制定了如下的销售策略:购买 20kg 以下(包括20kg)部分,每千克价格为 10 元;购买量小于或等于 200kg 时,其中超过 20kg 的部分,每千克价格为 7 元;购买量超过 200kg 的部分,每千克价格为 5 元,试写出购买量为 $x$kg 的费用函数 $C(x)$.

§1.4 数列的极限*

高等数学研究的对象是函数,而所用的研究方法是极限方法. 从方法论来看,用极限研究函数是微积分乃至整个分析数学各个分支的显著特征,在微积分中几乎所有重要概念,都以极限概念作基础,因此在微积分中极限有着非常重要的作用.

我们先讨论数列的极限,然后研究一般函数的极限.

1.4.1 数列的极限

1. 数列及其变化趋势

数列是大家熟知的概念,数列实质上是以自然数 n 为自变量的函数 $a_n=f(n)$,我们称为整变量函数,把数列的函数值按自变量从小到大的顺序写出来

$$a_1,a_2,\cdots,a_n,\cdots$$

这就是数列,记为 $\{a_n\}$.

我们先从一个古代的例子来分析数列的变化趋势,并由此引出数列极限的概念. 我国古代《庄子》一书中有曰:"一尺之棰,日取其半,万世不竭."这一表述蕴含着深刻的极限思想. 如果令天数为 n,则第 n 天后余下的部分长为 $a_n=\dfrac{1}{2^n}$ 尺 ($n=1,2,\cdots$),这样就得到了一个数列 $\left\{\dfrac{1}{2^n}\right\}$.

由于是"日取其半",所剩下的棰越来越短,但"万世不竭",即对任意自然数 n,$\dfrac{1}{2^n}$ 永远不等于零. 这就是说,越到后来木棒所剩下越少,而且将小到任意小的程度,越来越接近于"没有",或说"几乎没有了". 用数学语言描述就是:当自然数 n 无限增大时,数列 $a_n=\dfrac{1}{2^n}$ 无限趋近于数零.

这个例子反映了一类数列的共同特征——收敛性.

2. 数列极限的定义

定义 1.9 设有数列 $\{a_n\}$ 和常数 A. 若当 n 无限增大时，a_n 无限趋近于 A，则称数列 $\{a_n\}$ 以 A 为极限，或称数列 $\{a_n\}$ 收敛于 A，记为：$\lim\limits_{n\to\infty} a_n = A$ 或 $a_n \to A(n\to\infty$ 时$)$.

否则，称数列 $\{a_n\}$ 的极限不存在，或者说数列 $\{a_n\}$ 是发散的.

例 1. 将下列数列各项在数轴上用它的对应点表示出来，并观察其收敛性：

(1) $3, 6, 12, 24, \cdots, 3 \cdot 2^{n-1}, \cdots$；

(2) $\dfrac{1}{2}, \dfrac{2}{3}, \dfrac{3}{4}, \dfrac{4}{5}, \cdots, \dfrac{n}{n+1}, \cdots$；

(3) $1, 2+\dfrac{1}{2}, 1+\dfrac{2}{3}, \cdots, 2+\dfrac{(-1)^n}{n}, \cdots$；

(4) $-1, 1, \cdots, (-1)^n, \cdots$.

解 将数列的部分项在数轴上的对应点标出来，如图 1-28 所示.

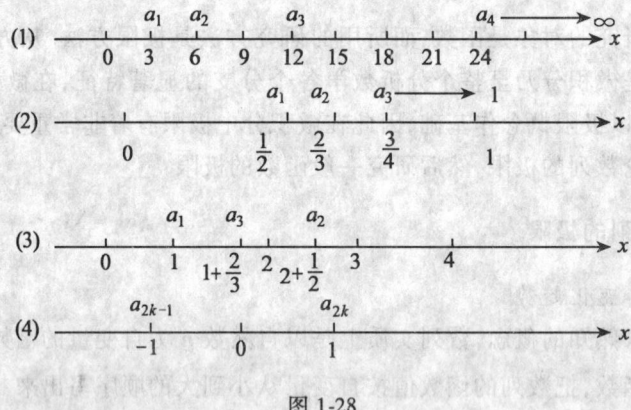

图 1-28

分析如下：

(1) 从数轴上可以看出，数列(1)的通项 $3 \cdot 2^{n-1}$ 随着 n 的无限增大也无限增大，因而不趋近于任何一个常数，即数列极限不存在，它是发散的数列.

(2) 从数轴上可以看出，数列(2)的通项随着 n 的无限增大，从左到右越来越接近于常数 1，即通项与常数 1 的距离越来越小，且可以任意小. 因此常数 1 就是该数列的极限，记为 $\lim\limits_{n\to\infty} \dfrac{n}{n+1} = 1$.

(3) 从数轴上可以看出，数列(3)的通项随着 n 的无限增大，在常数 2 的左右跳来跳去，但越跳离常数 2 越近，即距离越来越小，且可以任意小. 因此该数列的极限是 2. 记为 $\lim\limits_{n\to\infty}\left[2 + \dfrac{(-1)^n}{n}\right] = 2$.

(4) 从数轴上可以看出，数列(4)的通项 $(-1)^n$ 随着 n 的无限增大，在常数 0 的左右跳来跳去，但离原点距离总是 1，同时也不存在数轴上的任何其他点使 $(-1)^n$ 与其越来越近,所以,该数列不存在极限,它是发散的数列.

3. 数列极限的运算法则

前面我们看到,一些简单的数列可以从其变化趋势找出它的极限. 例如

$$\lim_{n\to\infty}\frac{1}{n}=0, \quad \lim_{n\to\infty}\frac{1}{2^n}=0, \quad \lim_{n\to\infty}C=C.$$

但是,如果所求极限的数列比较复杂,就要分析所求的数列是由哪些简单数列经过怎样的运算结合而成的,把复杂数列的极限计算转化成简单数列的极限计算. 为此,我们给出数列极限的运算法则如下.

如果 $\lim\limits_{n\to\infty}a_n=A$, $\lim\limits_{n\to\infty}b_n=B$,那么

$$\lim_{n\to\infty}(a_n\pm b_n)=A\pm B;$$
$$\lim_{n\to\infty}(a_n\cdot b_n)=A\cdot B.$$

特别地,如果 C 是常数,则

$$\lim_{n\to\infty}(C\cdot a_n)=\lim_{n\to\infty}C\cdot\lim_{n\to\infty}a_n=CA.$$

$$\lim_{n\to\infty}\frac{a_n}{b_n}=\frac{A}{B} \quad (B\neq 0).$$

例 2. 已知 $\lim\limits_{n\to\infty}a_n=5$, $\lim\limits_{n\to\infty}b_n=3$,求 $\lim\limits_{n\to\infty}(2a_n-b_n)$.

解 $\lim\limits_{n\to\infty}(2a_n-b_n)=\lim\limits_{n\to\infty}2a_n-\lim\limits_{n\to\infty}b_n=2\times\lim\limits_{n\to\infty}a_n-\lim\limits_{n\to\infty}b_n=2\times 5-3=7.$

例 3. 求下列极限

(1) $\lim\limits_{n\to\infty}\left(5+\dfrac{1}{n}\right)$;   (2) $\lim\limits_{n\to\infty}\dfrac{3n-1}{n}$;

(3) $\lim\limits_{n\to\infty}\left(\dfrac{1}{n}-\dfrac{n}{n+1}\right)$;   (4) $\lim\limits_{n\to\infty}\dfrac{3n^2-2n}{1-n^2}$.

解 (1) $\lim\limits_{n\to\infty}\left(5+\dfrac{1}{n}\right)=\lim\limits_{n\to\infty}5+\lim\limits_{n\to\infty}\dfrac{1}{n}=5+0=5$

(2) $\lim\limits_{n\to\infty}\dfrac{3n-1}{n}=\lim\limits_{n\to\infty}\dfrac{3-\dfrac{1}{n}}{1}=\lim\limits_{n\to\infty}\left(3-\dfrac{1}{n}\right)=3-0=3$

(3) $\lim\limits_{n\to\infty}\left(\dfrac{1}{n}-\dfrac{n}{n+1}\right)=\lim\limits_{n\to\infty}\dfrac{1}{n}-\lim\limits_{n\to\infty}\dfrac{n}{n+1}=0-1=-1$

(4) $\lim\limits_{n\to\infty}\dfrac{3n^2-2n}{1-n^2}=\lim\limits_{n\to\infty}\dfrac{3-\dfrac{2}{n}}{\dfrac{1}{n^2}-1}=\dfrac{\lim\limits_{n\to\infty}\left(3-\dfrac{2}{n}\right)}{\lim\limits_{n\to\infty}\left(\dfrac{1}{n^2}-1\right)}=\dfrac{3-0}{0-1}=-3.$

注意:

(1) 由极限 $\lim\limits_{n\to\infty}\dfrac{1}{n}=0$ 以及数列极限的运算法则可以得到

$$\lim_{n\to\infty}\frac{1}{n^2}=0, \quad \lim_{n\to\infty}\frac{1}{n^3}=0, \quad \lim_{n\to\infty}\frac{1}{n^k}=0 \quad (k\in\mathbf{N}).$$

(2)在用极限运算法则求数列极限时,常用到两个基本极限:
$$\lim_{n\to\infty} C = C, \quad \lim_{n\to\infty} \frac{1}{n} = 0.$$

1.4.2 无穷递缩等比数列的和

定义 1.10 称数列 $\{aq^{n-1}\}$ 为公比是 q 的等比数列. 特别地,当 $|q|<1$ 时,称等比数列 $\{aq^{n-1}\}$ 为无穷递缩等比数列.

下面我们来讨论无穷递缩等比数列 $\left\{\dfrac{1}{2^n}\right\}$ 的前 n 项的和 S_n,当 $n\to\infty$ 时的极限.

根据等比数列前 n 项和的公式,得
$$S_n = \frac{a(1-q^n)}{1-q} = \frac{\frac{1}{2}\left[1-\left(\frac{1}{2}\right)^n\right]}{1-\frac{1}{2}} = 1 - \frac{1}{2^n}$$

因此
$$\lim_{n\to\infty} S_n = \lim_{n\to\infty}\left(1-\frac{1}{2^n}\right) = 1 - \lim_{n\to\infty}\frac{1}{2^n} = 1 - 0 = 1.$$

这说明,无穷递缩等比数列 $\left\{1-\dfrac{1}{2^n}\right\}$ 的前 n 项和 S_n,当 $n\to\infty$ 时的极限存在.

一般地,无穷递缩等比数列
$$a, aq, aq^2, \cdots$$
的前 n 项的和是
$$S_n = \frac{a(1-q^n)}{1-q} \quad (|q|<1).$$

因为当 $|q|<1$ 时,$\lim\limits_{n\to\infty} q^n = 0$(证明从略),所以
$$\lim_{n\to\infty} S_n = \lim_{n\to\infty}\frac{a(1-q^n)}{1-q} = \lim_{n\to\infty}\frac{a}{1-q} \cdot \lim_{n\to\infty}(1-q^n)$$
$$= \frac{a}{1-q}\left(\lim_{n\to\infty} 1 - \lim_{n\to\infty} q^n\right) = \frac{a}{1-q}(1-0) = \frac{a}{1-q}.$$

即无穷递缩等比数列 $\{aq^{n-1}\}$(其中 $|q|<1$)各项的和 S 为
$$S = a + aq + aq^2 + \cdots + aq^{n-1} + \cdots = \lim_{n\to\infty} S_n = \frac{a}{1-q}.$$

例 4. 求无穷递缩等比数列 $0.3, 0.03, 0.003, \cdots$ 各项的和.

解 因为 $a = 0.3$,$q = 0.03 \div 0.3 = 0.1$ 即 $q = 0.1$

故 $\qquad 0 < q < 1$

所以 $\qquad S = \dfrac{a}{1-q} = \dfrac{0.3}{1-0.1} = \dfrac{1}{3}$

即 $\qquad 0.\dot{3} = 0.3 + 0.03 + 0.003 + \cdots = \dfrac{1}{3}.$

例 5. 将下列循环小数化为分数

(1) $0.\dot{2}\dot{9}$；(2) $0.\dot{2}5\dot{1}$；(3) $0.2\dot{3}\dot{1}$.

解 (1) $0.\dot{2}\dot{9} = 0.292\,929\cdots = 0.29 + 0.002\,9 + 0.000\,029 + \cdots$.

这里各项组成公比等于 0.01 的无穷递缩等比数列，因此

$$0.\dot{2}\dot{9} = \frac{0.29}{1-0.01} = \frac{0.29}{0.99} = \frac{29}{99},$$

也就是，$0.\dot{2}\dot{9} = \frac{29}{99}$.

(2) $\quad 0.\dot{2}5\dot{1} = 0.251\,251\,251\cdots$
$\quad\quad\quad = 0.251 + 0.000\,251 + 0.000\,000\,251 + \cdots$.

这里各项组成公比等于 0.001 的无穷递缩等比数列，

因此，$0.\dot{2}5\dot{1} = \frac{0.251}{1-0.001} = \frac{0.251}{0.999} = \frac{251}{999}$.

(3) $\quad 0.2\dot{3}\dot{1} = 0.231\,313\,1\cdots$
$\quad\quad\quad = 0.2 + 0.031 + 0.000\,31 + 0.000\,003\,1 + \cdots$
$\quad\quad\quad = 0.2 + \frac{0.031}{1-0.01} = 0.2 + \frac{0.031}{0.99} = \frac{2}{10} + \frac{31}{990} = \frac{231-2}{990}$.

也就是 $0.2\dot{3}\dot{1} = \frac{231-2}{990} = \frac{229}{990}$.

习题 1.4

1. 将下列数列的各项在数轴上用它们的对应点表示出来，并观察其收敛性

(1) $1, -\frac{1}{2}, \frac{1}{3}, -\frac{1}{4}, \cdots, (-1)^{n+1}\frac{1}{n}, \cdots$；

(2) $2, \frac{3}{2}, \frac{4}{3}, \frac{5}{4}, \cdots, \frac{n+1}{n}, \cdots$；

(3) $4-\frac{1}{10}, 4-\frac{1}{20}, 4-\frac{1}{30}, 4-\frac{1}{40}, \cdots, 4-\frac{1}{10n}, \cdots$.

2. 已知：$\lim\limits_{n\to\infty} a_n = 2$，$\lim\limits_{n\to\infty} b_n = -\frac{1}{5}$，求下列极限

(1) $\lim\limits_{n\to\infty}(3a_n - b_n)$；(2) $\lim\limits_{n\to\infty}(a_n \cdot b_n)$；(3) $\lim\limits_{n\to\infty}\frac{2a_n}{b_n}$.

3. 求下列极限

(1) $\lim\limits_{n\to\infty}\left(3-\frac{1}{n}\right)$； (2) $\lim\limits_{n\to\infty}\frac{1-2n}{5n+1}$； (3) $\lim\limits_{n\to\infty}\left(\frac{4}{5n} - \frac{2}{n+2}\right)$； (4) $\lim\limits_{n\to\infty}\frac{5n+n^2}{n^2+1}$.

4. 求下列无穷等比数列各项的和

(1) $3, 1, \frac{1}{3}, \cdots, 3^{2-n}, \cdots$； (2) $1, -\frac{1}{2}, \frac{1}{4}, \cdots, \left(-\frac{1}{2}\right)^{n-1}, \cdots$；

(3) $1, -x, x^2, -x^3, \cdots, |x|<1$.

5. 利用无穷等比数列各项和公式把下列循环小数化为分数

(1) $0.\dot{8}$; (2) $0.\dot{7}\dot{5}$; (3) $0.3\dot{6}\dot{1}$; (4) $0.2\dot{3}\dot{5}$.

6. 汽车在行人后边 100m 处追赶行人,汽车与行人都是匀速直线前进,汽车的速度是行人速度的 10 倍,汽车必须走多长的路才能追上行人?

7. 如图 1-29 所示,第 1 个半圆的直径是 3cm,第 2 个半圆的直径是 2cm,以后每个半圆的直径都是前一个的 $\dfrac{2}{3}$,这样无限继续下去,试求整条曲线的长.

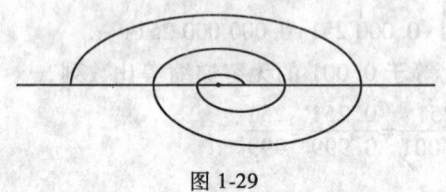

图 1-29

§1.5 函数的极限

数列是以自然数为变量的整变量函数,因而数列极限是一种特殊的函数极限,下面我们将数列极限概念推广到一般的函数极限.

1.5.1 当 $x \to \infty$ 时函数的极限

首先讨论函数 $f(x)=\dfrac{1}{x}, x \in (0, +\infty)$,当自变量 x 无限增大时(即 $x \to +\infty$),函数 $f(x)=\dfrac{1}{x}$ 的变化状态. 如表 1-1 所示.

表 1-1

x	1	7.5	100	532.6	1 000	20 000	$\cdots \to +\infty$
$f(x)=\dfrac{1}{x}$	1	$\dfrac{1}{7.5}$	$\dfrac{1}{100}$	$\dfrac{1}{532.6}$	$\dfrac{1}{1\,000}$	$\dfrac{1}{20\,000}$	$\cdots \to 0$

从表 1-1 不难看出,当自变量 x 无限增大时,函数 $f(x)=\dfrac{1}{x}$ 是无限趋近于 0 的,即当 x 无限增大时,函数 $f(x)=\dfrac{1}{x}$ 的"极限"是 0.

再讨论当自变量 x 无限增大时(即 $x \to +\infty$),函数 $f(x)=1+\dfrac{1}{x}$ 的变化趋势.

任取一串无限增大的自变量 x,其对应的函数值列表如表 1-2 所示。

表 1-2

x	1	e	10	100	10^4	10^{10}	$\cdots \to \infty$
$f(x)=1+\dfrac{1}{x}$	2	1.367…	1.1	1.01	$1+10^{-4}$	$1+10^{-10}$	$\cdots \to 1$

显然,当自变量 x 无限增大时,函数 $f(x)=1+\dfrac{1}{x}$ 无限趋近于 1.

已知函数 $f(x)=1+\dfrac{1}{x}$ 在区间 $(0,+\infty)$ 内的图像如图 1-30 所示,以直线 $y=1$ 为渐近线,即当自变量 x 无限增大时,函数 $f(x)=1+\dfrac{1}{x}$ 无限趋近于 1. 常数 1 即为"当自变量 x 无限增大时,函数 $f(x)=1+\dfrac{1}{x}$ 的极限".

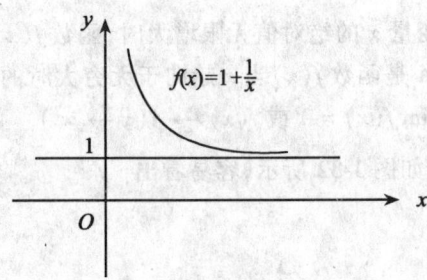

图 1-30

一般地,我们给出当 $x \to +\infty$ 时,函数 $f(x)$ 的极限的定义.

定义 1.11 设函数 $f(x)$ 定义在区间 $[a,+\infty)$ 上,若当 x 无限增大时,函数 $f(x)$ 的取值无限趋近于一个确定的常数 A,则称该常数 A 就是函数 $f(x)$ 当 x 趋向于正无穷大时的极限. 记为

$$\lim_{x \to +\infty} f(x) = A \text{ 或 } f(x) \to A(x \to +\infty).$$

从前面的例子知,$\lim\limits_{x \to +\infty} \dfrac{1}{x}=0$,$\lim\limits_{x \to +\infty}\left(1+\dfrac{1}{x}\right)=1$.

与 $x \to +\infty$ 这种类型的变化形态相仿的还有两种情况:

一是当自变量 x 无限减小,即 $x \to -\infty$;

二是当自变量 x 的绝对值 $|x|$ 无限增大(即 $x \to \infty$)时,相应的函数 $f(x)$ 的极限定义分别陈述如下.

定义 1.12 设函数 $f(x)$ 定义在区间 $(-\infty,a)$ 上,若当自变量 x 取负值且绝对值无限增大时,函数 $f(x)$ 的取值无限趋近于一个常数 A,则称当 x 无限趋向负无穷大时,函数 $f(x)$ 的极限是 A,记为

$$\lim_{x \to -\infty} f(x) = A \text{ 或 } f(x) \to A(x \to -\infty).$$

例如 $\lim\limits_{x\to-\infty}\dfrac{1}{x}=0$,$\lim\limits_{x\to-\infty}\dfrac{1}{x^2}=0$.

从图 1-31 可以看到,当自变量 x 的绝对值无限增大时,函数 $y=\dfrac{1}{x^2}$ 无限趋近于 0.

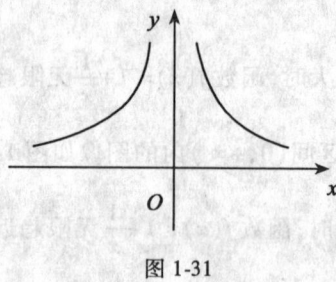

图 1-31

即 $\lim\limits_{x\to\infty}\dfrac{1}{x^2}=0$.

定义 1.13 若当自变量 x 的绝对值无限增大时,函数 $f(x)$ 的取值无限地趋近于一个常数 A,则称该常数 A 是函数 $f(x)$ 当 x 趋向于无穷大时的极限. 记为
$$\lim_{x\to\infty}f(x)=A \text{ 或 } f(x)\to A(x\to\infty).$$

对于指数函数 $y=e^x$,如图 1-32 所示,容易看出

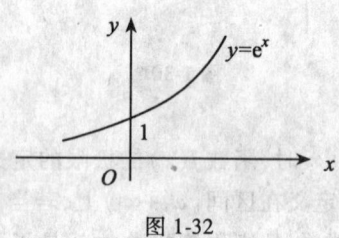

图 1-32

$\lim\limits_{x\to-\infty}e^x=0$,$\lim\limits_{x\to+\infty}e^x$ 不存在. 所以 $\lim\limits_{x\to\infty}e^x$ 不存在.

再如图 1-33 所示,容易看出

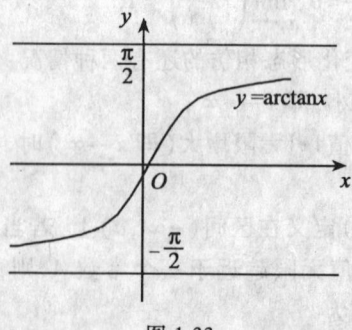

图 1-33

$$\lim_{x \to +\infty} \arctan x = \frac{\pi}{2}$$

$$\lim_{x \to -\infty} \arctan x = -\frac{\pi}{2}$$

所以 $\lim\limits_{x \to \infty} \arctan x$ 不存在.

另外,从图 1-34 可以看出, $\lim\limits_{x \to \infty} \sin x$ 是不存在的,当然 $\lim\limits_{x \to +\infty} \sin x$ 与 $\lim\limits_{x \to -\infty} \sin x$ 也是不存在的.

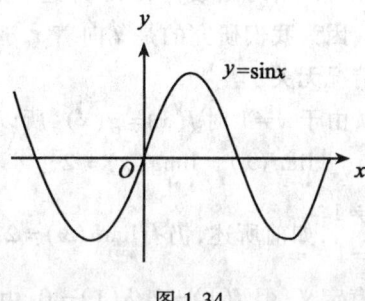

图 1-34

关于 $x \to \infty$, $x \to +\infty$, $x \to -\infty$ 时,函数 $f(x)$ 的极限的关系有如下结论:
$\lim\limits_{x \to \infty} f(x)$ 存在且为 A 的充分必要条件是 $\lim\limits_{x \to -\infty} f(x)$ 与 $\lim\limits_{x \to +\infty} f(x)$ 都存在且都等于 A.

1.5.2 当 $x \to x_0$ 时函数的极限

我们先通过一个实例,观察当 x 趋近于某一确定有限数 x_0 时(但 $x \neq x_0$),函数 $f(x)$ 的变化趋势.

观察函数 $f(x) = x+1$ 的图形(如图 1-35 所示),当 x 无限趋近于 1 时,容易看出 x 对应的函数值 $f(x)$ 趋近于常数 2.

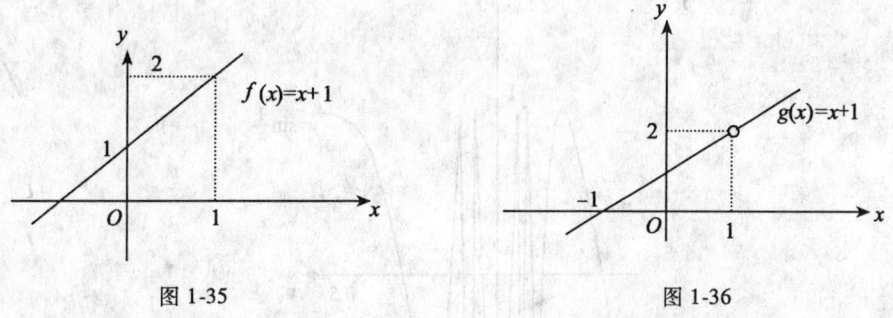

图 1-35　　　　　　　　图 1-36

再观察函数 $g(x) = \dfrac{x^2-1}{x-1}$ 的图形(如图 1-36 所示). 当 $x \neq 1$ 时, $g(x) = x+1$,容易看出,当 x 趋近于 1 时(不等于 1)对应函数值 $g(x)$ 也是趋近于常数 2. 从以上两例可以看出,它们的共同点是,不论函数在 x_0 处是否有定义,当 x 趋近于 x_0 时,函数 $f(x)$,

$g(x)$ 都与常数 A 无限接近. 这时我们就称 x 趋于 x_0 时,$f(x)$,$g(x)$ 都以 A 为极限. 一般地,有如下定义.

定义 1.14 设函数 $f(x)$ 在点 x_0 的某一邻域内有定义(x_0 可以除外),若当 x 无限趋近于 x_0(但不等于 x_0)时,函数 $f(x)$ 的取值无限趋近于某一确定的常数 A,则称常数 A 为函数 $f(x)$ 当 x 趋近于 x_0 时的极限,记为

$$\lim_{x \to x_0} f(x) = A \text{ 或 } f(x) \to A (x \to x_0).$$

值得注意的是,在上述定义中,对函数 $f(x)$ 在 x_0 这一点有无定义没有要求,即不必考虑 $f(x)$ 在 x_0 处的情形,因为我们研究的是 x 向着 x_0 运动时,相应函数值 $f(x)$ 的变化趋势,与 x_0 处 $f(x)$ 的情况无关.

例如,前面两个例子中,由于 $x \neq 1$ 时 $f(x) = g(x)$,所以

$$\lim_{x \to 1} f(x) = \lim_{x \to 1} g(x) = 2$$

若令 $h(x) = \begin{cases} x+1, & x \neq 1 \\ 0, & x = 1 \end{cases}$,如前所述,仍有 $\lim_{x \to 1} h(x) = 2$. 这里 $g(x)$ 在 $x = 1$ 处无定义,$f(x)$ 和 $h(x)$ 在 $x = 1$ 处有定义,但 $f(1) = 2, h(1) = 0$. 由于 $x \neq 1$ 时,$f(x) = g(x) = h(x)$,故而

$$\lim_{x \to 1} f(x) = \lim_{x \to 1} g(x) = \lim_{x \to 1} h(x) = 2.$$

例 1. 极限不存在的例子.

当 $x \to 0$ 时,函数 $f(x) = \sin \dfrac{1}{x}$ 没有极限.

事实上,通过换元,令 $x = \dfrac{1}{t}$,问题就转化为 $\lim\limits_{t \to \infty} \sin t$ 是否存在的问题,从正弦函数的图像易见该极限是不存在的,因为当 x 越来越接近于零时,对应的函数值越来越频繁地在 -1 与 1 之间摆动,而不趋近于任何常数(如图 1-37 所示).

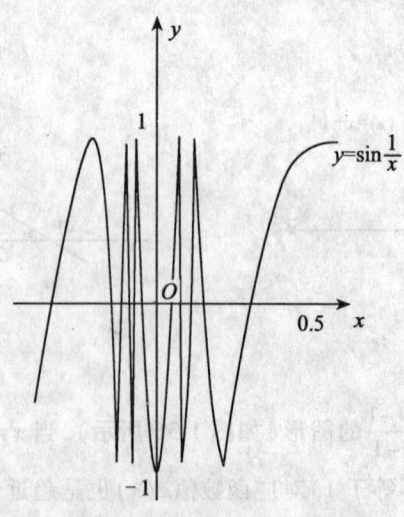

图 1-37

1.5.3 单侧极限

当我们考虑函数 $f(x)=\sqrt{x}$ 在 $x=0$ 处的极限时,由于其定义域为 $[0,+\infty)$,所以当 x 趋向于 0 时,只能考虑从 $x=0$ 的右侧趋向于 0,即只能考虑 $x\to 0^+$ 的情形.

又例如,函数 $f(x)=\begin{cases} x^2+1, & x\leqslant 0 \\ 1-x, & x>0 \end{cases}$ 在 $x=0$ 的左、右两侧的解析式不同,因此讨论函数 $f(x)$ 在 $x=0$ 处的极限要分别考虑沿 $x=0$ 的左侧趋近于 0(记为 $x\to 0^-$)时函数的变化趋势;沿 $x=0$ 的右侧趋近于 0(记为 $x\to 0^+$)时函数的变化趋势.

下面给出单侧极限的定义.

定义 1.15 如果当 x 从 x_0 的左侧趋近于 x_0 时,函数 $f(x)$ 的对应值趋近于常数 A,那么称常数 A 为函数 $f(x)$ 当 x 从左侧趋向于 x_0 时的左极限.记为

$$\lim_{x\to x_0^-}f(x)=A,\text{ 或 } f(x_0-0)=A.$$

类似地,可以定义右极限

$$\lim_{x\to x_0^+}f(x)=A,\text{ 或 } f(x_0+0)=A.$$

左极限与右极限统称为单侧极限.

注意:记号 $f(x_0-0)$ 与 $f(x_0+0)$ 分别表示 $f(x)$ 在 x_0 处的左极限值、右极限值,不要与 $f(x_0)$ 混淆.

由定义容易看出,$f(x)=\begin{cases} x^2+1, & x\leqslant 0 \\ 1-x, & x>0 \end{cases}$ 在 $x=0$ 处的左极限、右极限分别为

$$f(0-0)=\lim_{x\to 0^-}f(x)=\lim_{x\to 0^-}(x^2+1)=1$$

$$f(0+0)=\lim_{x\to 0^+}f(x)=\lim_{x\to 0^+}(1-x)=1.$$

如图 1-38 所示.

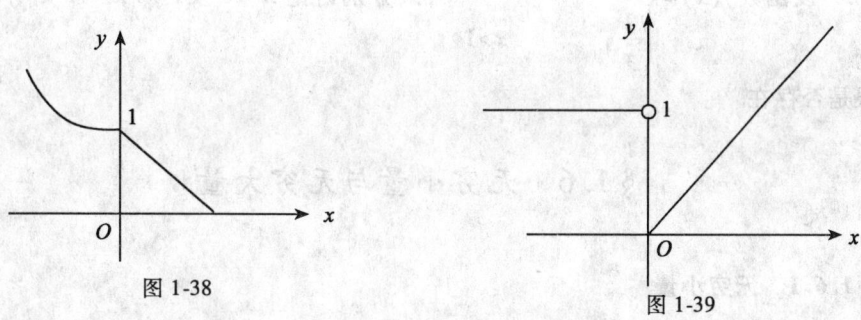

图 1-38　　　　　　　　图 1-39

又例如(如图 1-39 所示)函数 $f(x)=\begin{cases} 1, & x<0; \\ x, & x\geqslant 0, \end{cases}$ 在 $x=0$ 处的左极限、右极限分别为

$$f(0-0) = \lim_{x\to 0^-} f(x) = \lim_{x\to 0^-} 1 = 1$$
$$f(0+0) = \lim_{x\to 0^+} f(x) = \lim_{x\to 0^+} x = 0.$$

由定义 1.15 可得下面定理:

定理 1.1 $\lim\limits_{x\to x_0} f(x) = A$ 的充要条件是
$$\lim_{x\to x_0^-} f(x) = \lim_{x\to x_0^+} f(x) = A.$$

例如,函数 $f(x) = \begin{cases} x^2+1, & x\leq 0 \\ 1-x, & x>0 \end{cases}$ 在 $x=0$ 处,因为 $f(0-0)=f(0+0)=1$,所以
$$\lim_{x\to 0} f(x) = 1.$$

又如,函数 $f(x) = \begin{cases} 1, & x<0 \\ x, & x\geq 0 \end{cases}$,在 $x=0$ 处,因为 $f(0-0) = \lim\limits_{x\to 0^-} 1 = 1, f(0+0) = \lim\limits_{x\to 0^+} x = 0, f(0-0) \neq f(0+0)$,所以 $\lim\limits_{x\to 0} f(x)$ 不存在.

习题 1.5

1. 求下列函数的极限

(1) $\lim\limits_{x\to\infty} \dfrac{1}{1+x^2}$; (2) $\lim\limits_{x\to 2}(3x-5)$; (3) $\lim\limits_{x\to 0}\cos x$; (4) $\lim\limits_{x\to -\infty} e^x$.

2. 设函数 $f(x) = \begin{cases} x, & x<3 \\ 3x-1, & x\geq 3 \end{cases}$,试绘制出 $f(x)$ 的图形,并求单侧极限 $\lim\limits_{x\to 3^-} f(x)$ 和 $\lim\limits_{x\to 3^+} f(x)$.

3. 设函数 $f(x) = \begin{cases} 3x+2, & x\leq 0 \\ x^2+1, & 0<x\leq 1 \\ \dfrac{2}{x}, & x>1 \end{cases}$,试分别讨论 $x\to 0$ 及 $x\to 1, x\to 2$ 时,$f(x)$ 的极限是否存在.

§1.6 无穷小量与无穷大量

1.6.1 无穷小量

我们已经知道,$\lim\limits_{x\to 0} x^2 = 0, \lim\limits_{x\to 0} \sin x = 0$. 这时称当 $x\to 0$ 时,函数 $f(x) = x^2$ 是无穷小量,当 $x\to 0$ 时,$g(x) = \sin x$ 也是无穷小量.

定义 1.16 如果在自变量 x 的某种趋向下,函数 $f(x)$ 以 0 为极限,则称在 x 的这种趋向下,函数 $f(x)$ 是无穷小量(简称无穷小).

例如:

由于 $\lim\limits_{n\to\infty}\dfrac{1}{n}=0$，所以当 $n\to\infty$ 时，$\dfrac{1}{n}$ 是无穷小量.

由于 $\lim\limits_{x\to 3}(x-3)=0$，所以当 $x\to 3$ 时，$x-3$ 是无穷小量.

由于 $\lim\limits_{x\to 0}\sin x=0$，$\lim\limits_{x\to 0}\tan x=0$，所以当 $x\to 0$ 时，$\sin x$ 与 $\tan x$ 都是无穷小量.

应当注意，不能把无穷小量与很小的数混为一谈. 无穷小量是一个极限为零的变量，一般情况下无穷小量不是一个常量(除非常数为零). 一个很小的数，无论多么小，只要不是零，这个数的极限就不是零，也就是说这个数不是无穷小量.

无穷小量具有下面的结论：

定理 1.2 有限个无穷小量的代数和还是无穷小量.

定理 1.3 有界变量与无穷小量的乘积是无穷小量.

例如当 $x\to 0$ 时，$\sin x$，x^2 都是无穷小量，所以，$\sin x + x^2$ 也是无穷小量.

再如，当 $x\to\infty$ 时，$\dfrac{1}{x}$ 是无穷小量，$|\sin x|\leqslant 1$，即 $\sin x$ 是有界变量，因而 $\dfrac{\sin x}{x}$ 是无穷小量. 定理证明从略.

推论 1.1 常数与无穷小量的乘积仍是无穷小量.

因为常数可以看做是有界变量，故有上述推论. 由于无穷小量也是有界变量，所以可得下面的推论：

推论 1.2 有限个无穷小量的乘积仍是无穷小量.

定理 1.4 $\lim\limits_{x\to x_0}f(x)=A$ 的充分必要条件是 $f(x)=A+\alpha$，其中 α 是无穷小量($x\to x_0$ 时).

1.6.2 无穷大量

函数 $f(x)=\dfrac{1}{x}$，当 $x\to 0$ 时，$f(x)$ 极限不存在，但 $|f(x)|=\left|\dfrac{1}{x}\right|$ 无限增大是一种趋势. 再如数列 $\{n^2\}$，当 n 无限增大时，n^2 也无限增大. 这类变量我们称为无穷大量.

定义 1.17 在某一自变量的变化过程中，如果相应的函数值的绝对值无限增大，那么称该函数为无穷大量(简称无穷大).

例如，当 $x\to 0$ 时，$\left|\dfrac{1}{x}\right|$ 无限增大，所以 $\dfrac{1}{x}$ 在 $x\to 0$ 时是无穷大量，可以用符号表示为：$\lim\limits_{x\to 0}\dfrac{1}{x}=\infty$.

再如，n^2 在 $n\to\infty$ 时是无穷大量，记为 $\lim\limits_{n\to\infty}n^2=\infty$.

定义 1.17 中，"自变量的变化过程"可以是 $x\to\infty$ 或 $x\to x_0$，还可以是单侧变化，而"绝对值无限增大"还包含以下两种特殊情形：

(1) 函数值大于零，且绝对值无限增大，此时称函数为正无穷大量(简称正无穷大)；

(2) 函数值小于零，且绝对值无限增大，此时称函数为负无穷大量(简称负无穷大).

例如，当 $x\to 0^+$ 时，$\dfrac{1}{x}>0$ 且 $\dfrac{1}{x}$ 无限增大，故 $\dfrac{1}{x}$ 是正无穷大量，记为 $\lim\limits_{x\to 0^+}\dfrac{1}{x}=+\infty$.

类似地,当 $x \to 0^-$ 时,$\frac{1}{x}$ 是负无穷大量,记为 $\lim\limits_{x \to 0^-} \frac{1}{x} = -\infty$.

关于无穷小量和无穷大量的概念,还有一点应当注意,所谓某一函数或某一变量是无穷大或无穷小都是相对于自变量的某种特定变化过程来说的,离开了这一点,单纯地讲某变量是无穷大或无穷小是无意义的,除非根据上下文可以不言自明. 因为同一变量相对于不同的自变量的变化过程,变化趋势是完全不同的. 例如,$f(x) = \frac{1}{x}$ 当 $x \to 0$ 时是无穷大量,而当 $x \to \infty$ 时,却是无穷小量,再如 $\frac{\sin x}{x}$,当 $x \to \infty$ 时是无穷小量,但当 $x \to 0$ 时极限为 1 $\left(\text{见后面极限公式}\lim\limits_{x \to 0} \frac{\sin x}{x} = 1\right)$.

关于无穷小量与无穷大量的关系有如下定理:

定理 1.5 在自变量 x 的某一变化过程中,

(1) 如果 $f(x)$ 是无穷大量,那么 $\frac{1}{f(x)}$ 是无穷小量;

(2) 如果 $f(x)$ 是非零无穷小量,那么 $\frac{1}{f(x)}$ 是无穷大量.

例如,当 $x \to 0$ 时,x^2 是无穷小量,$\frac{1}{x^2}$ 是无穷大量. 当 $x \to 1$ 时,$x - 1$ 是无穷小量,$\frac{1}{x-1}$ 是无穷大量. 当 $x \to +\infty$ 时,e^x 是无穷大量,e^{-x} 是无穷小量.

在求极限时,经常要用到无穷小量与无穷大量的这种倒数关系.

1.6.3 无穷小量的阶

无穷小量虽然都是极限为零的变量,但它们趋于零的速度有快有慢. 例如,有一个正方形的金属薄片,其边长为 1. 因为受热,边长增加了 η,从而面积的增量是 $\Delta S = (1 + \eta)^2 - 1^2 = 2\eta + \eta^2$. 如果 η 是无穷小量,那么 2η、η^2 也是无穷小量,但它们趋于零的速度是不一样的. 现列表如表 1-3 所示.

表 1-3

η	0.5	0.1	0.01	0.001	…
2η	1	0.2	0.02	0.002	…
η^2	0.25	0.01	0.000 1	0.000 001	…

显然,η^2 比 2η 和 η 趋于零的速度要快得多.

无穷小量趋于零的快慢程度可以用无穷小之比的极限来衡量. 例如,当 $x \to 0$ 时,$x, x^3 + 2x, x^5 + x$ 都是无穷小量,然而 $\lim\limits_{x \to 0} \frac{x^3 + 2x}{x} = 2$,说明 $x^3 + 2x$ 与 x 趋向于 0 的速度

是"相当的"; $\lim_{x\to 0}\frac{x^5}{x}=0$, 说明 x^5 比 x 趋向于 0 的速度"快"; $\lim_{x\to 0}\frac{x^5+x}{x^5}=\infty$, 说明 x^5+x 比 x^5 趋向于 0 的速度"慢". 由此, 我们给出无穷小量阶的概念.

定义 1.18 设 $\alpha(x), \beta(x)$ 是同一极限过程中的两个无穷小量.

如果 $\lim\frac{\alpha}{\beta}=0$, 那么称 α 是比 β 高阶的无穷小量, 记为 $\alpha=o(\beta)$;

如果 $\lim\frac{\alpha}{\beta}=\infty$, 那么称 α 是比 β 低阶的无穷小量;

如果 $\lim\frac{\alpha}{\beta}=c\neq 0$, 那么称 α 与 β 是同阶的无穷小量.

在同阶无穷小量中, 如果 $\lim\frac{\alpha}{\beta}=1$, 那么称 α 与 β 是等价无穷小量, 记为 $\alpha\sim\beta$.

例如:

因为 $\lim_{x\to 0}\frac{x^2}{3x}=0$, 所以当 $x\to 0$ 时, x^2 是比 $3x$ 高阶的无穷小量, 表示 x^2 比 $3x$ 趋于零的速度快.

因为 $\lim_{x\to 0}\frac{x}{3x}=\frac{1}{3}$, 所以当 $x\to 0$ 时, x 与 $3x$ 是同阶的无穷小量, 表示它们趋于零的"快慢"差不多, 处在同一数量级上.

因为 $\lim_{x\to 0}\frac{x^2+x}{x}=1$, 所以当 $x\to 0$ 时, x^2+x 与 x 是等价的无穷小量, 表示它们趋于零的"快慢"是一致的.

习题 1.6

1. 试指出当 $x\to 0$ 时, 下列变量中哪些是无穷小量?

$100x, \sqrt{x}, \frac{2}{x}, \frac{x}{0.01}, \frac{3x^2}{x}, \sin x, \frac{x}{2x^2}, \cos x$.

2. 试指出下列各式哪些是无穷小量、哪些是无穷大量?

(1) $\frac{x+1}{x^2-9}$ ($x\to 3$ 时);   (2) $\log_a x$ ($a>1$) ($x\to 0^+$ 时);

(3) $\frac{x^2}{1+x}$ ($x\to 0$ 时);   (4) $\frac{\sin\theta}{1+\sec\theta}$ ($\theta\to 0$ 时).

3. 试证当 $x\to\infty$ 时, $\beta=\frac{1}{2x}$ 与 $\alpha=\frac{1}{x}$ 是同阶无穷小量.

§1.7 极限的运算法则、两个重要极限

1.7.1 极限的四则运算法则

定理 1.6 设在 x 的同一变化过程中，$\lim f(x) = A$ 和 $\lim g(x) = B$ 都存在，则

(1) $\lim[f(x) \pm g(x)] = \lim f(x) \pm \lim g(x) = A \pm B$；

(2) $\lim[f(x) \cdot g(x)] = \lim f(x) \cdot \lim g(x) = A \cdot B$；

特别地，C 为常数，$\lim[Cf(x)] = C \cdot \lim f(x)$；

(3) 当 $B \neq 0$ 时

$$\lim \frac{f(x)}{g(x)} = \frac{\lim f(x)}{\lim g(x)} = \frac{A}{B}.$$

证明 只证(2)、(1)、(3)的证明，读者自己完成.

因为 $\lim f(x) = A$，$\lim g(x) = B$，由 §1.6 定理 1.4. $f(x) = A + \alpha$，$g(x) = B + \beta$，其中 α、β 为无穷小量，$f(x) \cdot g(x) = (A+\alpha)(B+\beta) = AB + A\beta + B\alpha + \alpha \cdot \beta$. 记 $\gamma = A\beta + B\alpha + \alpha\beta$，$\gamma$ 是无穷小量，由 $f(x) \cdot g(x) = AB + \gamma$ 知 $\lim[f(x) \cdot g(x)] = A \cdot B$.（证毕）.

例 1. 求 $\lim\limits_{x \to 5}(2x^2 - 5x - 1)$.

解
$$\lim_{x \to 5}(2x^2 - 5x - 1)$$
$$= \lim_{x \to 5}(2x^2) - \lim_{x \to 5}(5x) - \lim_{x \to 5}1 \quad \text{（和、差法则）}$$
$$= 2\lim_{x \to 5}x^2 - 5\lim_{x \to 5}x - \lim_{x \to 5}1 \quad \text{（数乘法则）}$$
$$= 2 \times 5^2 - 5 \times 5 - 1 = 24.$$

例 2. 求 $\lim\limits_{x \to -2} \dfrac{x^3 + 2x + 1}{2 - 3x^2}$.

解
$$\lim_{x \to -2} \frac{x^3 + 2x + 1}{2 - 3x^2} = \frac{\lim\limits_{x \to -2}(x^3 + 2x + 1)}{\lim\limits_{x \to -2}(2 - 3x^2)} = \frac{(-2)^3 + 2(-2) + 1}{2 - 3(-2)^2} = \frac{11}{10}.$$

我们注意到，上面两个例题是多项式与有理函数的极限，它们的极限值恰好等于将 5 和 -2 代入后的函数值.

例 3. 求 $\lim\limits_{x \to 1} \dfrac{x^3 - 1}{x - 1}$.

解 由于当 $x \to 1$ 时，$x^3 - 1$，$x - 1$ 都以"0"为极限. 所以不能用代入法求极限. 我们知道，在 $x \to 1$ 的过程中，函数 $x - 1 \neq 0$. 所以

$$\lim_{x \to 1} \frac{x^3 - 1}{x - 1} = \lim_{x \to 1} \frac{(x-1)(x^2 + x + 1)}{x - 1} = \lim_{x \to 1}(x^2 + x + 1) = 3.$$

本题的技巧是，分子、分母约去一个无穷小因子（非 0），然后可以用代入法求极限. 分子、分母的极限均为 0 的情形是经常遇到的，我们把它记为"$\dfrac{0}{0}$"型.

例 4. 求 $\lim\limits_{h\to 0}\dfrac{(3+h)^2-9}{h}$.

解 容易看出,分式之分子、分母极限都是 0,设法消去无穷小因子.

$$\lim_{h\to 0}\frac{(3+h)^2-9}{h}=\lim_{h\to 0}\frac{9+6h+h^2-9}{h}=\lim_{h\to 0}\frac{h(6+h)}{h}=\lim_{h\to 0}(6+h)=6.$$

例 5. 求 $\lim\limits_{x\to 2}\dfrac{\sqrt{x+2}-2}{\sqrt{x+7}-3}$.

解 分子、分母同时有理化

$$\lim_{x\to 2}\frac{\sqrt{x+2}-2}{\sqrt{x+7}-3}=\lim_{x\to 2}\frac{(\sqrt{x+2}-2)(\sqrt{x+2}+2)(\sqrt{x+7}+3)}{(\sqrt{x+7}-3)(\sqrt{x+7}+3)(\sqrt{x+2}+2)}$$

$$=\lim_{x\to 2}\frac{(x-2)(\sqrt{x+7}+3)}{(x-2)(\sqrt{x+2}+2)}=\lim_{x\to 2}\frac{\sqrt{x+7}+3}{\sqrt{x+2}+2}=\frac{3}{2}.$$

例 6. 求 $\lim\limits_{x\to\infty}\dfrac{3x^3+x}{x^3+1}$.

解 当 $x\to\infty$ 时分子、分母均为无穷大量,此例是极限问题的另一类基本类型 "$\dfrac{\infty}{\infty}$" 型. 将分式的分子、分母同除分母的最高次幂 x^3,有

$$\lim_{x\to\infty}\frac{3x^3+x}{x^3+1}=\lim_{x\to\infty}\frac{\frac{3x^3+x}{x^3}}{\frac{x^3+1}{x^3}}=\lim_{x\to\infty}\frac{3+\frac{1}{x^2}}{1+\frac{1}{x^3}}=\frac{\lim\limits_{x\to\infty}\left(3+\frac{1}{x^2}\right)}{\lim\limits_{x\to\infty}\left(1+\frac{1}{x^3}\right)}=3.$$

对于分子、分母都为无穷大的极限,如果分子、分母均为 x 的多项式,则可以用它们中的 x 最高次幂同除分子与分母.

例 7. 求 $\lim\limits_{x\to\infty}\dfrac{3x^3+2x^2+x+1}{2x^2+3x+5}$.

解 因为

$$\lim_{x\to\infty}\frac{2x^2+3x+5}{3x^3+2x^2+x+1}=\lim_{x\to\infty}\frac{\frac{2}{x}+\frac{3}{x^2}+\frac{5}{x^3}}{3+\frac{2}{x}+\frac{1}{x^2}+\frac{1}{x^3}}=0$$

由无穷小与无穷大的关系可得

$$\lim_{x\to\infty}\frac{3x^3+2x^2+x+1}{2x^2+3x+5}=\infty.$$

一般地,有

$$\lim_{x\to\infty}\frac{a_0 x^m+a_1 x^{m-1}+\cdots+a_m}{b_0 x^n+b_1 x^{n-1}+\cdots+b_n}=\begin{cases}\dfrac{a_0}{b_0}, & m=n, b_0\neq 0\\ 0, & m<n\\ \infty, & m>n\end{cases}.$$

1.7.2 极限 $\lim\limits_{x \to 0} \dfrac{\sin x}{x} = 1$

下面列表观察函数 $\dfrac{\sin x}{x}$ 的变化趋势，如表 1-4 所示．

表 1-4

x	± 1.0	± 0.5	± 0.1	± 0.01	…
$\dfrac{\sin x}{x}$	0.841 47	0.958 85	0.998 33	0.999 8	…

从表 1-4 中可知，当 $x \to 0$ 时，$\dfrac{\sin x}{x} \to 1$．可以严格证明：$\lim\limits_{x \to 0} \dfrac{\sin x}{x} = 1$（证明从略）．

例 8. 求 $\lim\limits_{x \to 0} \dfrac{\tan x}{x}$．

解 $\lim\limits_{x \to 0} \dfrac{\tan x}{x} = \lim\limits_{x \to 0} \dfrac{\sin x}{x \cos x} = \lim\limits_{x \to 0} \left[\dfrac{\sin x}{x} \cdot \dfrac{1}{\cos x} \right] = \lim\limits_{x \to 0} \dfrac{\sin x}{x} \cdot \lim\limits_{x \to 0} \dfrac{1}{\cos x} = 1 \times 1 = 1.$

例 9. 求 $\lim\limits_{x \to 0} \dfrac{x}{\sin(5x)}$．

解 $\lim\limits_{x \to 0} \dfrac{x}{\sin(5x)} = \lim\limits_{x \to 0} \dfrac{1}{\dfrac{\sin(5x)}{5x}} \cdot \dfrac{1}{5} = \lim\limits_{x \to 0} \dfrac{1}{\dfrac{\sin(5x)}{5x}} \lim\limits_{x \to 0} \dfrac{1}{5} = \dfrac{1}{\lim\limits_{5x \to 0} \dfrac{\sin(5x)}{5x}} \lim\limits_{x \to 0} \dfrac{1}{5}$

$= 1 \times \dfrac{1}{5} = \dfrac{1}{5}.$

例 10. 求 $\lim\limits_{x \to 0} \dfrac{1 - \cos x}{x^2}$．

解 $\lim\limits_{x \to 0} \dfrac{1 - \cos x}{x^2} = \lim\limits_{x \to 0} \dfrac{2 \sin^2 \dfrac{x}{2}}{x^2} = \lim\limits_{x \to 0} \left(\dfrac{\sin \dfrac{x}{2}}{\dfrac{x}{2}} \right)^2 \times \dfrac{1}{2} = 1 \times \dfrac{1}{2} = \dfrac{1}{2}.$

1.7.3 极限 $\lim\limits_{x \to \infty} \left(1 + \dfrac{1}{x}\right)^x = e$

下面从函数值表中观察函数 $\left(1 + \dfrac{1}{x}\right)^x$ 的变化趋势，如表 1-5 所示．

表 1-5

x	5	10	50	100	1 000	10 000	100 000	…
$\left(1 + \dfrac{1}{x}\right)^x$	2.488 32	2.593 74	2.691 59	2.704 81	2.716 92	2.718 15	2.718 27	…
x	-5	-10	-50	-100	$-1\,000$	$-10\,000$	$-100\,000$	…
$\left(1 + \dfrac{1}{x}\right)^x$	3.051 7	2.877 97	2.745 97	2.732 00	2.719 64	2.718 42	2.718 30	…

从表 1-5 中可以看出,当 $|x|$ 无限变大时,$\left(1+\dfrac{1}{x}\right)^x$ 似乎也无限趋近于一个常数. 事实上,这个常数的确存在,它就是著名的无理数 $e = 2.7182818\cdots$.

无理数 e 和无理数 π 一样,是数学中最重要的常数之一. 1727 年,欧拉(Euler L.,瑞士人,1707—1783 年,18 世纪最伟大的数学家之一)首先用字母 e 表示了这个无理数. 这个无理数精确到 20 位小数的值是

$$e = 2.71828182845904523536\cdots.$$

这样,我们不加证明地给出重要的极限公式

$$\lim_{x\to\infty}\left(1+\dfrac{1}{x}\right)^x = e.$$

例 11. 求 $\lim\limits_{x\to\infty}\left(1+\dfrac{2}{x}\right)^x$.

解 所论极限与公式 $\lim\limits_{x\to\infty}\left(1+\dfrac{1}{x}\right)^x = e$ 左边不完全相同. 为了使用公式,令 $\dfrac{2}{x}=\dfrac{1}{u}$,则 $x=2u$,且当 $x\to\infty$ 时,$u\to\infty$.

代入公式

$$\lim_{x\to\infty}\left(1+\dfrac{2}{x}\right)^x = \lim_{u\to\infty}\left(1+\dfrac{1}{u}\right)^{2u} = \lim_{u\to\infty}\left[\left(1+\dfrac{1}{u}\right)^u\right]^2$$

$$= \left[\lim_{u\to\infty}\left(1+\dfrac{1}{u}\right)^u\right]^2 = \left[\lim_{u\to\infty}\left(1+\dfrac{1}{u}\right)^u\right]^2 = e^2.$$

当然也可以按下列方法计算

$$\lim_{x\to\infty}\left(1+\dfrac{2}{x}\right)^x = \lim_{x\to\infty}\left[\left(1+\dfrac{1}{\frac{x}{2}}\right)^{\frac{x}{2}}\right]^2 = \lim_{\frac{x}{2}\to\infty}\left[\left(1+\dfrac{1}{\frac{x}{2}}\right)^{\frac{x}{2}}\right]^2 = e^2.$$

例 12. 求 $\lim\limits_{x\to 0}(1+x)^{\frac{1}{x}}$.

解 令 $x=\dfrac{1}{u}$,当 $x\to 0$ 时,$u\to\infty$.

$$\lim_{x\to 0}(1+x)^{\frac{1}{x}} = \lim_{u\to\infty}\left(1+\dfrac{1}{u}\right)^u = e.$$

本例也可以作为极限公式使用.

$$\lim_{x\to 0}(1+x)^{\frac{1}{x}} = e.$$

例 13. 求 $\lim\limits_{x\to 0}(1+3x)^{\frac{1}{x}}$.

解 $\lim\limits_{x\to 0}(1+3x)^{\frac{1}{x}} = \lim\limits_{x\to 0}(1+3x)^{\frac{1}{3x}\cdot 3} = \lim\limits_{x\to 0}\left[(1+3x)^{\frac{1}{3x}}\right]^3 = \left[\lim\limits_{x\to 0}(1+3x)^{\frac{1}{3x}}\right]^3 = e^3.$

例 14. 求 $\lim\limits_{x\to\infty}\left(1-\dfrac{5}{x}\right)^x$.

解 $\lim\limits_{x\to\infty}\left(1+\dfrac{1}{-x/5}\right)^x = \lim\limits_{x\to\infty}\left[\left(1+\dfrac{1}{-x/5}\right)^{\frac{-x}{5}}\right]^{-5} = e^{-5}$.

例 15. 求 $\lim\limits_{x\to\infty}\left(\dfrac{2-x}{3-x}\right)^x$.

解 令 $\dfrac{2-x}{3-x}=1+\dfrac{1}{u}$，解得 $x=u+3$，当 $x\to\infty$ 时，$u\to\infty$.

$$\lim_{x\to\infty}\left(\dfrac{2-x}{3-x}\right)^x = \lim_{x\to\infty}\left(1+\dfrac{1}{u}\right)^{u+3} = \lim_{u\to\infty}\left(1+\dfrac{1}{u}\right)^u \cdot \left(1+\dfrac{1}{u}\right)^3 = e\cdot 1 = e.$$

习题 1.7

求下列各题的极限

1. $\lim\limits_{x\to 2}\dfrac{x^2+5}{x^2-3}$;

2. $\lim\limits_{x\to 3}\dfrac{x+3}{x-3}$;

3. $\lim\limits_{x\to -2}\dfrac{x^3+3x^2+2x}{x^2-x-6}$;

4. $\lim\limits_{x\to 4}\dfrac{\sqrt{2x+1}-3}{\sqrt{x}-2}$;

5. $\lim\limits_{x\to +\infty}\dfrac{1-x-x^3}{x+x^3}$;

6. $\lim\limits_{x\to\infty}\dfrac{x^2+x-1}{3x^3+1}$;

7. $\lim\limits_{x\to +\infty}\dfrac{\sqrt{x^2+1}}{x+1}$;

8. $\lim\limits_{x\to 1}\left(\dfrac{1}{1-x}-\dfrac{3}{1-x^3}\right)$;

9. $\lim\limits_{x\to 0}x\sin\dfrac{1}{x}$;

10. $\lim\limits_{x\to 1}\dfrac{x^m-1}{x^n-1}$ (m,n 为正整数);

11. $\lim\limits_{x\to 0}\dfrac{x}{\tan kx}$ ($k\ne 0$ 为常数);

12. $\lim\limits_{x\to 0}\dfrac{\sin 3x}{\sin 2x}$;

13. $\lim\limits_{x\to 0}\dfrac{1-\cos 2x}{x\sin x}$;

14. $\lim\limits_{x\to 0}x\cot 2x$;

15. $\lim\limits_{x\to 1}(1-x)\tan\dfrac{\pi x}{2}$;

16. $\lim\limits_{x\to\infty}\left(\dfrac{x}{1+x}\right)^x$;

17. $\lim\limits_{x\to 0}(1-x)^{\frac{2}{x}}$;

18. $\lim\limits_{x\to\infty}\left(\dfrac{3-2x}{2-2x}\right)^x$;

19. $\lim\limits_{n\to\infty}2^n\sin\dfrac{x}{2^n}$ ($x\ne 0$).

§1.8 函数的连续性

客观世界中连续变化的现象是很多的，如流体的连续流动，气温的连续升降，压力的连续变化等，它们的数学模型大多是连续函数；另一方面，高等数学也研究一些不连续函数，而研究不连续函数也要直接或间接地借助于有关连续函数的知识. 因

1.8.1 函数连续的定义

众所周知,一天的气温是逐渐变化的,即当时间改变很小时,气温的变化也是很小的.又如,树枝的断面面积的变化也是如此,当时间改变很小时,其面积的变化也是很小的.从数量关系上讲,这些都是反映函数的连续现象.粗略地讲,函数的连续性是指当自变量改变很小时,函数也改变很小.

定义 1.19 如果自变量从初值 x_0 变到终值 x,对应函数值由 $f(x_0)$ 变化到 $f(x)$,则称 $x-x_0$ 为自变量的增量,$f(x)-f(x_0)$ 为函数的增量,分别记为 $\Delta x, \Delta y$. 即

$$\Delta x = x - x_0, \text{或} x = x_0 + \Delta x.$$
$$\Delta y = f(x) - f(x_0).$$

注意:增量不一定是正的,初值大于终值时,增量就是负的.

例如函数 $f(x) = 2x-1$ 从初值 $x_0 = 2$ 变到终值 $x = 1$ 时,自变量的增量 $\Delta x = x - x_0 = 1 - 2 = -1$,函数的增量

$$\Delta y = f(x) - f(x_0) = f(1) - f(2) = (2 \times 1 - 1) - (2 \times 2 - 1) = -2.$$

定义 1.20 如果函数 $y = f(x)$ 在 x_0 的一个邻域内有定义,且

$$\lim_{\Delta x \to 0}[f(x_0 + \Delta x) - f(x_0)] = 0$$

即

$$\lim_{\Delta x \to 0} \Delta y = 0$$

则称函数 $y = f(x)$ 在点 x_0 处连续.

在定义 1.20 中,Δy 可以改写为 $\Delta y = f(x) - f(x_0)$. 所以,在 x_0 处连续也可以写为

$$\lim_{x \to x_0}[f(x) - f(x_0)] = 0$$

即

$$\lim_{x \to x_0} f(x) = f(x_0).$$

因此函数在一点处连续的定义也可以叙述如下:

定义 1.21 设函数 $f(x)$ 在点 x_0 的邻域内有定义. 如果 $\lim_{x \to x_0} f(x) = f(x_0)$,则称函数在点 x_0 处连续.

定义 1.21 表明,函数 $f(x)$ 在 x_0 处连续必须满足条件:

(1) 函数 $y = f(x)$ 在 x_0 的一个邻域内有定义;

(2) $\lim_{x \to x_0} f(x)$ 存在;

(3) 极限值等于 x_0 处的函数值 $f(x_0)$.

上述三个条件缺一不可.否则函数 $f(x)$ 在点 x_0 处不连续.

定义 1.22 如果函数 $y = f(x)$ 在 (a,b) 内每一点都连续,则称函数 $y = f(x)$ 在区间 (a,b) 内连续. 有时我们需要考虑单侧连续.

如果 $\lim_{x \to x_0^+} f(x) = f(x_0)$,或 $\lim_{x \to x_0^-} f(x) = f(x_0)$,前者称为函数 $y = f(x)$ 在点 x_0 处右连续,后者称为函数 $y = f(x)$ 在点 x_0 处左连续.

例 1. 讨论函数 $f(x) = \begin{cases} x+1, & x \leq 0 \\ x^2+1, & x > 0 \end{cases}$ 在点 $x = 0$ 处的连续性.

解 由于各段函数的表达式不同,求 $\lim\limits_{x\to 0}f(x)$ 时要先求左极限、右极限,再与 $f(0)$ 进行比较

$$\lim_{x\to 0^-}f(x) = \lim_{x\to 0^-}(x+1) = 1$$
$$\lim_{x\to 0^+}f(x) = \lim_{x\to 0^+}(x^2+1) = 1$$

而 $f(0) = 1$

故有 $f(0+0) = f(0-0) = f(0)$

所以,函数 $f(x)$ 在点 $x=0$ 处连续.

一般地,函数 $f(x)$ 在点 x_0 处连续的充分必要条件是 $f(x_0+0) = f(x_0-0) = f(x_0)$.

1.8.2 函数的间断点

由函数连续的定义知道,函数 $y=f(x)$ 在点 x_0 处连续包含了三个条件:

(1) 函数 $y=f(x)$ 在点 x_0 处有定义;

(2) 极限 $\lim\limits_{x\to x_0}f(x)$ 存在;

(3) 极限 $\lim\limits_{x\to x_0}f(x)$ 恰好等于 $f(x_0)$.

这三个条件任何一条不满足,函数 $f(x)$ 在点 x_0 处都是不连续的. 我们把函数 $f(x)$ 不连续的点 x_0,称为函数的间断点.

根据极限 $\lim\limits_{x\to x_0}f(x)$ 是否存在,以及不存在时的各种情形,常把间断点分成以下几种情形.

1. 当 $\lim\limits_{x\to x_0}f(x)$ 存在,但不等于 $f(x_0)$ 或者函数 $f(x)$ 在点 x_0 处无定义

例 2. 讨论函数 $y=f(x) = \begin{cases} x, & x\neq 1 \\ \dfrac{1}{2}, & x=1 \end{cases}$ 在点 $x=1$ 处的连续性.

解 由于 $\lim\limits_{x\to 1}f(x) = \lim\limits_{x\to 1}x = 1$,而 $f(1) = \dfrac{1}{2}$,所以

$$\lim_{x\to 1}f(x) \neq f(1).$$

因此,点 $x=1$ 是函数 $f(x)$ 的间断点.

但若改变函数 $f(x)$ 在 $x=1$ 处的定义,令 $f(1)=1$,即函数为

$$f(x) = \begin{cases} x, & x\neq 1 \\ 1, & x=1 \end{cases}$$

也就是函数 $f(x)=x$,此时点 $x=1$ 就是函数 $f(x)$ 的连续点.

例 3. 讨论函数 $y=f(x) = \dfrac{\sin x}{x}$ 在点 $x=0$ 处的连续性.

解 因为函数 $f(x)$ 在点 $x=0$ 处无定义,所以点 $x=0$ 是函数 $f(x)$ 的间断点.

但由于 $\lim\limits_{x\to 0}\dfrac{\sin x}{x} = 1$,若补充定义,令 $f(0)=1$,即改为

$$y = f(x) = \begin{cases} \dfrac{\sin x}{x}, & x \neq 0 \\ 1, & x = 0 \end{cases}$$

则点 $x=0$ 就是函数 $f(x)$ 的连续点.

由以上两例可见,这种情形的间断点是非本质的,因为只要将函数 $f(x)$ 在点 $x=x_0$ 处的函数值改变(或补充定义)为 $\lim\limits_{x \to x_0} f(x)$,间断点就可以去掉.因此,这种间断点称为可去间断点.

2. 函数 $f(x)$ 在点 x_0 处左极限、右极限都存在,但不相等

即
$$\lim_{x \to x_0^-} f(x) \neq \lim_{x \to x_0^+} f(x).$$

例 4. 讨论函数 $y = f(x) = \begin{cases} x-1, & x<0 \\ \sqrt{1-x^2}, & x \geq 0 \end{cases}$ 在点 $x=0$ 处的连续性.

解 由于
$$\lim_{x \to 0^-} f(x) = \lim_{x \to 0^-} (x-1) = -1$$
$$\lim_{x \to 0^+} f(x) = \lim_{x \to 0^+} \sqrt{1-x^2} = 1$$

所以 $\lim\limits_{x \to 0} f(x)$ 不存在,因而函数 $f(x)$ 在点 $x=0$ 处间断.其图形如图1-40所示,自变量 x 由点 O 的左侧变到右侧,有一个"跳跃",故这种间断点称为跳跃间断点.

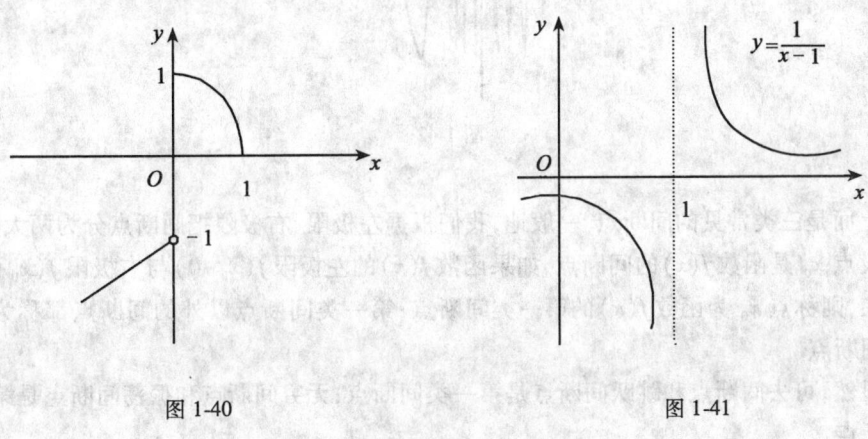

图 1-40   图 1-41

3. 函数 $y=f(x)$ 在点 $x=x_0$ 处左极限、右极限至少有一个不存在

例 5. 讨论函数 $y = f(x) = \dfrac{1}{x-1}$ 在点 $x=1$ 处的连续性.

解 由于
$$\lim_{x \to 1^-} f(x) = \lim_{x \to 1^-} \frac{1}{x-1} = -\infty$$
$$\lim_{x \to 1^+} f(x) = \lim_{x \to 1^+} \frac{1}{x-1} = +\infty$$

所以 $\lim\limits_{x \to 1} f(x)$ 不存在,函数 $f(x)$ 在点 $x=1$ 处间断,这种间断点称为无穷间断点.其

图形如图 1-41 所示.

例 6. 讨论函数 $y=f(x)=\sin\dfrac{1}{x}$ 在点 $x=0$ 处的连续性.

解 函数 $f(x)=\sin\dfrac{1}{x}$ 在点 $x=0$ 处无定义,所以点 $x=0$ 是函数 $f(x)$ 的间断点. 又当 $x\to 0$ 时,函数 $f(x)=\sin\dfrac{1}{x}$ 的取值在 1 与 -1 之间快速振荡(如图1-42所示),所以 $\lim\limits_{x\to 0}f(x)$ 不存在,这种间断点称为振荡间断点.

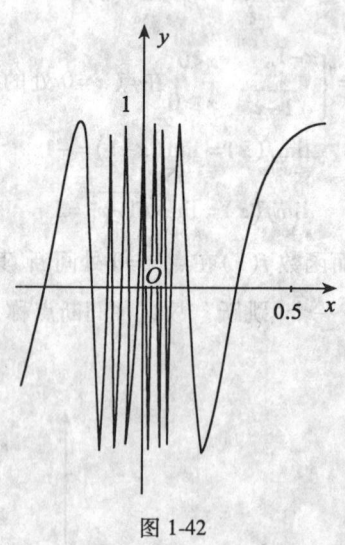

图 1-42

上面是三类常见的间断点. 一般地,我们根据左极限、右极限把间断点分为两大类:

设点 x_0 是函数 $f(x)$ 的间断点,如果函数 $f(x)$ 的左极限 $f(x_0-0)$ 与右极限 $f(x_0+0)$ 都存在,则称点 x_0 为函数 $f(x)$ 的第一类间断点;第一类间断点以外的间断点都称为第二类间断点.

显然,可去间断点和跳跃间断点是第一类间断点;无穷间断点和振荡间断点是第二类间断点.

1.8.3 初等函数的连续性

根据连续函数的定义,利用极限的四则运算法则,可得下面的定理:

定理 1.7 如果函数 $f(x)$ 与 $g(x)$ 都在点 x_0 处连续,那么它们的和、差、积、商 $f(x)\pm g(x)$,$f(x)\cdot g(x)$,$\dfrac{f(x)}{g(x)}$(在商的情形下要求 $g(x_0)\neq 0$) 也在点 x_0 处连续.

定理 1.8 设函数 $y=f(u)$ 在 u_0 处连续,函数 $u=\varphi(x)$ 在点 x_0 处连续,且 $u_0=\varphi(x_0)$,则复合函数 $f[\varphi(x)]$ 在点 x_0 处连续.

定理 1.9 （反函数的连续性）如果函数 $y=f(x)$ 在某区间上单调增（或单调减）且连续，则其反函数 $x=\varphi(y)$ 在对应的区间上连续且单调增（或单调减）．

证明从略．

定理 1.10 初等函数在其定义区间内是连续的．

定理 1.10 对求极限带来极大的方便．如果 x_0 是初等函数 $f(x)$ 定义区间内的点，那么 $\lim\limits_{x \to x_0} f(x) = f(x_0)$．

例 7. 求 $\lim\limits_{x \to 1} \dfrac{x^2 + \ln(2-x)}{4\arctan x}$．

解 函数 $\dfrac{x^2 + \ln(2-x)}{4\arctan x}$ 为初等函数，$x=1$ 在其定义区间内，因而该函数在点 $x=1$ 处连续. 所以

$$\lim_{x \to 1} \frac{x^2 + \ln(2-x)}{4\arctan x} = \frac{1^2 + \ln 1}{4\arctan 1} = \frac{1}{\pi}.$$

例 8. 求 $\lim\limits_{x \to 0} \dfrac{\ln(1+x)}{x}$．

解
$$\lim_{x \to 0} \frac{\ln(1+x)}{x} = \lim_{x \to 0} \ln(1+x)^{\frac{1}{x}} = \ln e = 1.$$

例 9. 求 $\lim\limits_{x \to 0} \dfrac{e^x - 1}{x}$．

解 令 $u = e^x - 1$，则 $x = \ln(1+u)$，当 $x \to 0$ 时，$u \to 0$，

$$\lim_{x \to 0} \frac{e^x - 1}{x} = \lim_{u \to 0} \frac{u}{\ln(1+u)} = \lim_{u \to 0} \frac{1}{\dfrac{\ln(1+u)}{u}} = 1.$$

例 10. 求 $\lim\limits_{x \to 0} \dfrac{e^x - e^{-x}}{x}$．

解 $\lim\limits_{x \to 0} \dfrac{e^x - e^{-x}}{x} = \lim\limits_{x \to 0} \dfrac{e^x - 1 + 1 - e^{-x}}{x} = \lim\limits_{x \to 0} \dfrac{e^x - 1}{x} + \lim\limits_{x \to 0} \dfrac{e^{-x} - 1}{-x} = 1 + \lim\limits_{-x \to 0} \dfrac{e^{-x} - 1}{-x} = 1 + 1 = 2.$

1.8.4 闭区间上连续函数的性质

定义 1.23 设函数 $f(x)$ 在区间 (a,b) 内连续. 且
$$f(a+0) = f(a), \quad f(b-0) = f(b)$$
则称 $f(x)$ 是闭区间 $[a,b]$ 上的连续函数．

闭区间上的连续函数有重要的性质，它们是研究许多问题的基础．下面介绍的最大值与最小值定理、介值定理，这两个定理的结论在几何上是明显的，其证明要用到实数理论，这里只给出几何解释．

定理 1.11 闭区间 $[a,b]$ 上的连续函数 $f(x)$ 一定有最大值和最小值．

这就是说，$[a,b]$ 上一定存在这样两个点 x_1 和 x_2，使得对于 $[a,b]$ 上的一切点 x 都有 $f(x) \geq f(x_1), f(x) \leq f(x_2)$. $f(x_1), f(x_2)$ 分别称为函数 $f(x)$ 在区间上的最小值和最大值．

从几何上看,一段连续曲线对应闭区间上的连续函数,曲线上必有一点,该点的纵坐标最大,对应函数的最大值;也总有一点,该点的纵坐标最小,对应函数的最小值. x_1 对应的函数值最小, x_2 对应的函数值最大,函数在 x_1 达到最小值,在 x_2 达到最大值.

定理 1.12 (介值定理)设函数 $f(x)$ 在闭区间 $[a,b]$ 上连续, $f(a)\neq f(b)$,则对介于 $f(a)$ 与 $f(b)$ 之间的任何数 C ,总存在点 $\xi\in(a,b)$,使得

$$f(\xi) = C$$

该定理也可以叙述为:闭区间 $[a,b]$ 上的连续函数 $f(x)$,当 x 从 a 变化到 b 时,要经过 $f(a)$ 与 $f(b)$ 之间的一切数值.

从几何上看,闭区间 $[a,b]$ 上的连续函数的图形如图 1-43(a)所示,是一条从点 $(a,f(a))$ 到点 $(b,f(b))$ 不间断的曲线,因此介于 $y=f(a)$ 与 $y=f(b)$ 之间的任意一条直线 $y=C$ 都必然与该曲线相交. 若 $f(x)$ 在 $[a,b]$ 上有一间断点,如图 1-43(b)所示,则直线 $y=C$ 就不与 $f(x)$ 的图形相交了.

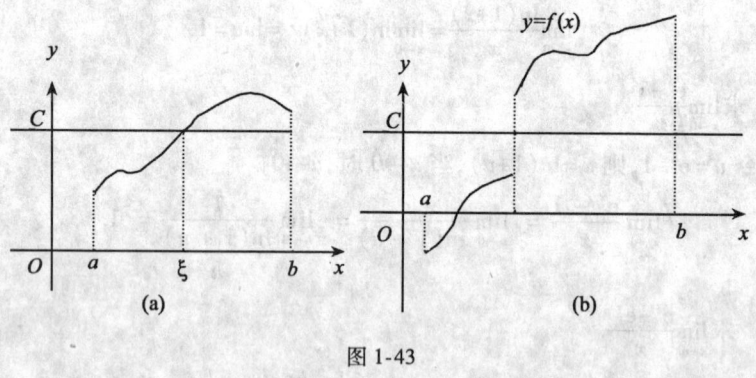

图 1-43

由定理 1.12 可得如下推论.

推论 1.3 在闭区间 $[a,b]$ 上的连续函数 $f(x)$,必然取得介于其最大值 M 和最小值 m 之间的任何值.

推论 1.4 (根的存在定理)设函数 $f(x)$ 在闭区间 $[a,b]$ 上连续,且 $f(a)\cdot f(b)<0$,则 (a,b) 内至少有一点 ξ ,使 $f(\xi)=0$.

例 11. 证明方程 $4x^3-6x^2+3x-2=0$ 在 $x=1$ 和 $x=2$ 之间有根.

证明 令 $P(x)=4x^3-6x^2+3x-2$,因为 $P(x)$ 在 $(-\infty,+\infty)$ 上连续,所以 $P(x)$ 在 $[1,2]$ 上也连续.

又由于 $P(1)=-1<0, P(2)=12>0$,所以由介值定理知,至少存在一点 $\xi\in(1,2)$,使得 $P(\xi)=0$,即 $4\xi^3-6\xi^2+3\xi-2=0$ 亦即 $\xi\in(1,2)$ 是方程 $4x^3-6x^2+3x-2=0$ 的根.

习题 1.8

1. 设函数

$$f(x) = \begin{cases} \dfrac{x^2-1}{x-1}, & x \neq 1 \\ 3, & x = 1 \end{cases}$$

讨论 $f(x)$ 在 $x=1$ 处的连续性.

2. 指出下列函数的间断点,并指明是哪一类间断点.

(1) $f(x) = \dfrac{1}{x^2-1}$;　　　(2) $f(x) = e^{\frac{1}{x}}$;

(3) $f(x) = \dfrac{1}{(x+2)^2}$;　　(4) $f(x) = \arctan\dfrac{1}{x}$;

(5) $f(x) = \dfrac{\sin x}{x^2}$;　　(6) $f(x) = x\cos^2\dfrac{1}{x}$;

(7) $f(x) = \begin{cases} x-1, & x \leq 1 \\ 3-x, & x > 1 \end{cases}$.

3. 求下列函数的连续区间,并求出指定极限.

(1) $f(x) = \dfrac{1}{\sqrt[3]{x^2-3x+2}}$,求 $\lim\limits_{x\to 0} f(x)$;

(2) $f(x) = \dfrac{x^3+3x^2-x+2}{x^2+x-6}$,求 $\lim\limits_{x\to 1} f(x)$;

(3) $f(x) = \ln(2-x)$,求 $\lim\limits_{x\to -8} f(x)$.

4. 试证方程 $x^5-3x=1$ 至少有一个实根介于 $x=1$ 和 $x=2$ 之间.

5. 证明方程 $x = a\sin x + b (a>0, b>0)$ 至少有一个不超过 $a+b$ 的正根.

*历史的回顾与评述

关于函数

你知道吗? 经过了数千年以后,人们才想到把哥伦布鸡蛋——零引入数字记号;著名的勾股定理发现后,毕达哥拉斯学派是如此的高兴,以至于要为缪斯女神献上雄牛大祭;而从整数的开始到分数的发现,中间经过了多少年? 从有理数的使用到无理数的出现还有人为此献出了生命;就连微积分,从它的发明到完善也历时近两个世纪. 所以,函数概念的形成和完善,自然也是经过诸多数学家的潜心研究才姗姗而至.

函数概念的历史可以追溯到很远,但函数概念的形成却很迟,至少是在牛顿(Newton, I.)的微积分之后. 早在公元前 300 年左右,巴比伦人在制造天文表、倒数表时就包含了一个变量对另一个变量的依赖的思想,不过那时他们只处理离散值.后来,古希腊数学家托勒密在更大范围内处理了连续值的问题,他不仅用于制作各种数表,还用于求圆心所对的弦长,通过经度来测量太阳的纬度等.但此后很长一段时间里,人们对函数的认识与应用却很难深入.直到17世纪,数学才从众多科学家对诸多运动问题的研究中引出了一个基本的函数概念;1637年,法国数学家笛卡儿(Descartes,R.)在他的《几何学》中较明确地引入了坐标和变量,但还没有使用变量这个词.这就是函数的萌芽.1667年,苏格兰数学派系之首格雷戈里在论文"论圆和双曲线的求积"中定义了函数,但不久就证明他的定义太狭窄.1673年,牛顿的同时代人、德国数学家莱布尼兹(Leibniz,G.W.)开始用函数(function)来表示任一随曲线上点的变动而变动的量.1714年,他又在著作《微积分的历史和起源》中用函数表示了依赖一个变量的量.至此,函数概念的变量说就有了一个雏形,但符号还不够.1718年,伯努里·约翰(Bernoulli,Johann)这个光荣家族中的一员,将它写为 ϕx,莱布尼兹作为一个了不起的符号发明者,赞同此作法,并提出用 x^1、x^2 等表示 x 的不同函数.1734年,瑞典18世纪最多产的数学家欧拉(Euler,L.)开始用 $f(x)$ 来表示 x 的函数,他的《无穷分析引论》可以说是关于函数概念的代表作.其时,他和另一个数学家对"任意函数"概念的解释发生了分歧,争论了许久,谁也没有说服谁.终于在1837年,德国数学家狄里克雷(Dirichlet,P.G.L.)给出了现今最常用的函数定义.

第2章 导数与微分

在科学技术和生产实践中,经常会遇到求函数随自变量变化的快慢程度(即变化率)的问题;还有求函数的改变量、求函数的近似值的问题.研究第一类问题得到导数的概念,研究第二类问题得到微分的概念.导数和微分是高等数学的两个重要概念,也是微分学的基本内容.

本章主要讨论导数和微分的概念,以及它们的计算方法.

§2.1 导数的概念

2.1.1 导数的定义

1. 引例

(1)直线运动的速度.

我们知道,速度这个概念是描述物体运动快慢的.例如,一辆笔直行驶的汽车在三个小时内行驶了 150km,如果汽车是匀速前进的,那么就说汽车的速度是 $\frac{150}{3}=50$km/h.但如果汽车在这三个小时内的行驶过程中不是匀速前进的,而是有时快,有时慢,那么数值 $\frac{150}{3}=50$km/h 只能表示该汽车在这三个小时内的平均速度.这时,汽车在行驶过程中不同时刻的速度(称为瞬时速度)是不同的.那么怎样来描述这种瞬时速度呢?下面就来讨论这个问题.

如图2-1所示,设物体 M 沿直线 L 做变速直线运动,运动开始时($t=0$)物体位于 O 点,经过一段时间 t_0 后,物体到达 A 点,这时物体走过的路程 $s=OA$,显然路程 s 是时间 t 的函数,即:$s=f(t)$.

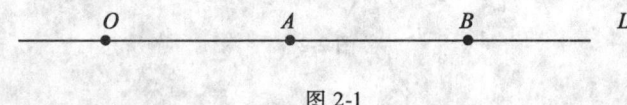

图 2-1

当时间由 t_0 变到 $t=t_0+\Delta t$ 时,物体由 A 点移动到 B 点,对应于时间 t 的增量 Δt,物体所走过的路程 s 有相应的增量 Δs:

$$\Delta s = OB - OA = f(t_0 + \Delta t) - f(t_0)$$

物体在 Δt 这段时间内的平均速度 $\bar{v}$ 为

$$\bar{v} = \frac{\Delta s}{\Delta t} = \frac{f(t_0 + \Delta t) - f(t_0)}{\Delta t}$$

$\bar{v}$ 是物体在 Δt 时间内路程 s 对时间 t 的平均变化率. 该变化率只能大致反映物体在时间 Δt 内的运动情况.

一般来说，物体运动的速度是连续变化的，从整体上看，物体运动的速度是变化的. 但从局部来看，即在一段很短的时间内，速度变化不大，可以近似地看成是匀速的. 因此，当 Δt 很小时，$\bar{v}$ 可以看做是物体在 t_0 时刻的瞬时速度 v_0 的近似值. 显然，Δt 越小，近似程度越高，并且当 $\Delta t \to 0$ 时，$\bar{v} \to v_0$，平均速度 $\bar{v}$ 的极限就是物体在时刻 t_0 的瞬时速度 v_0，即

$$v_0 = \lim_{\Delta t \to 0} \frac{\Delta s}{\Delta t} = \lim_{\Delta t \to 0} \frac{f(t_0 + \Delta t) - f(t_0)}{\Delta t}$$

因此，变速运动的物体在时刻 t_0 的瞬时速度 v_0 是物体在时间 Δt 内所通过的路程 Δs 与时间的增量 Δt 之比 $\frac{\Delta s}{\Delta t}$，当时间的增量趋近于零时的极限值. 瞬时速度 v_0 是物体在 t_0 时刻路程 s 对时间 t 的瞬时变化率，这个变化率能精确地描述物体在 t_0 时刻的运动状态.

（2）曲线切线的斜率.

曲线切线的斜率定义如下：设点 P_0 是曲线 L 上的一个定点，点 P 是动点. 当点 P 沿曲线 L 趋近于点 P_0 时，如果割线 PP_0 的极限位置 P_0T 存在，那么称直线 P_0T 为曲线 L 在点 P_0 处的切线，如图 2-2 所示.

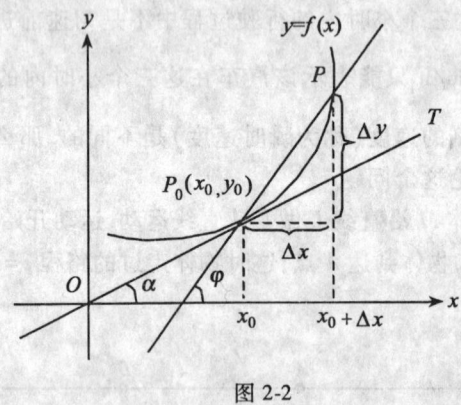

图 2-2

现在来计算曲线切线的斜率.

设曲线方程为 $y = f(x)$，在曲线上点 $P_0(x_0, y_0)$ 处的附近取一点 $P(x_0 + \Delta x, y_0 + \Delta y)$，那么割线 P_0P 的斜率为

$$\tan\varphi = \frac{\Delta y}{\Delta x} = \frac{f(x_0 + \Delta x) - f(x_0)}{\Delta x}$$

其中 φ 是割线 P_0P 的倾斜角. 显然当 $\Delta x \to 0$ 时, P 点沿曲线移动而趋近于 P_0 点, 这时割线 P_0P 逐渐趋近于曲线在 P_0 的极限位置 P_0T, 即趋近于曲线在 P_0 点的切线 P_0T. 相应地, 割线 P_0P 的斜率 $\tan\varphi$ 趋近于切线 P_0T 的斜率 $\tan\alpha$ (α 是切线的倾斜角). 也就是说, 当 $\Delta x \to 0$ 时, 割线 P_0P 的斜率 $\tan\varphi$ 的极限就是曲线在 P_0 处的切线 P_0T 的斜率 $\tan\alpha$, 即

$$\tan\alpha = \lim_{\Delta x \to 0}\tan\varphi = \lim_{\Delta x \to 0}\frac{\Delta y}{\Delta x} = \lim_{\Delta x \to 0}\frac{f(x_0 + \Delta x) - f(x_0)}{\Delta x}.$$

2. 导数的定义

上面两个问题, 它们各自的意义不同, 但从数学的结构上看, 却具有完全相同的形式, 都是求函数的增量与自变量增量之比在自变量的增量趋向于零时的极限. 这类极限在实际问题中经常遇到. 在数学中, 将这种结构的极限称为函数的导数.

(1) 定义.

定义 2.1 设函数 $y=f(x)$ 在点 x_0 的某一邻域内有定义, 当自变量 x 在 x_0 处有增量 Δx (点 $x_0 + \Delta x$ 仍在该邻域内) 时, 相应的函数有增量 $\Delta y = f(x_0 + \Delta x) - f(x_0)$. 如果极限

$$\lim_{\Delta x \to 0}\frac{f(x_0 + \Delta x) - f(x_0)}{\Delta x}$$

存在, 则称这个极限值为函数 $y=f(x)$ 在点 x_0 处的导数. 记为: $f'(x_0)$, $y'|_{x=x_0}$, $\dfrac{dy}{dx}\bigg|_{x=x_0}$ 或 $\dfrac{df(x)}{dx}\bigg|_{x=x_0}$, 即

$$f'(x_0) = \lim_{\Delta x \to 0}\frac{f(x_0 + \Delta x) - f(x_0)}{\Delta x} \tag{2-1}$$

此时, 也称函数 $y=f(x)$ 在点 x_0 处可导.

如果令 $x = x_0 + \Delta x$, 那么 $\Delta x \to 0$ 可以写成 $x \to x_0$, 这时函数 $y=f(x)$ 在点 x_0 处的导数可以写成

$$f'(x_0) = \lim_{x \to x_0}\frac{f(x) - f(x_0)}{x - x_0} \tag{2-2}$$

很明显, 函数的增量与自变量的增量之比 $\dfrac{\Delta y}{\Delta x}$ 是函数 $y=f(x)$ 在以 x_0 和 $x_0 + \Delta x$ 为端点的区间上的平均变化率, 而导数 $f'(x_0)$ 是函数 $y=f(x)$ 在点 x_0 处的瞬时变化率, 简称变化率, 该变化率反映了函数随自变量的变化而变化的快慢程度.

(2) 左导数、右导数.

定义 2.2 若 $\lim\limits_{\Delta x \to 0^-}\dfrac{f(x_0 + \Delta x) - f(x_0)}{\Delta x} = \lim\limits_{x \to x_0^-}\dfrac{f(x) - f(x_0)}{x - x_0}$ 存在, 则称其为函数 $f(x)$ 在点 x_0 处的左导数, 记为 $f'_-(x_0)$, 即

$$f'_-(x_0) = \lim_{\Delta x \to 0^-}\frac{f(x_0 + \Delta x) - f(x_0)}{\Delta x} = \lim_{x \to x_0^-}\frac{f(x) - f(x_0)}{x - x_0}.$$

同理，若 $\lim\limits_{\Delta x \to 0^+} \dfrac{f(x_0+\Delta x)-f(x_0)}{\Delta x} = \lim\limits_{x \to x_0^+} \dfrac{f(x)-f(x_0)}{x-x_0}$ 存在，则称其为函数 $y=f(x)$ 在点 x_0 处的右导数，记为 $f'_+(x_0)$，即

$$f'_+(x_0) = \lim_{\Delta x \to 0^+} \frac{f(x_0+\Delta x)-f(x_0)}{\Delta x} = \lim_{x \to x_0^+} \frac{f(x)-f(x_0)}{x-x_0}.$$

根据导数的定义和极限存在定理，有下面的定理。

定理 2.1 函数 $y=f(x)$ 在点 x_0 处左导数、右导数存在并且相等是函数 $y=f(x)$ 在点 x_0 处可导的充要条件。

若函数 $f(x)$ 在区间 (a,b) 内的每一点 x 处都可导，则称函数 $f(x)$ 在 (a,b) 内可导，这时对于 (a,b) 内的每一个 x 值，都有唯一确定的导数值 $f'(x)$ 与之对应，因此，导数值 $f'(x)$ 是一个随 x 而变化的函数，我们把 $f'(x)$ 称为 x 的导数，简称导数，也称 $f(x)$ 是 (a,b) 内的可导函数。记为：$f'(x)$，y'，$\dfrac{dy}{dx}$ 或 $\dfrac{df(x)}{dx}$。即

$$f'(x) = \lim_{\Delta x \to 0} \frac{\Delta y}{\Delta x} = \lim_{\Delta x \to 0} \frac{f(x+\Delta x)-f(x)}{\Delta x}.$$

显然，函数 $f(x)$ 在点 x_0 处的导数 $f'(x_0)$ 是导函数 $f'(x)$ 在点 x_0 处的函数值。因此，求函数 $y=f(x)$ 的导数与求函数 $y=f(x)$ 在点 $x=x_0$ 处的导数是不同的，前者的结果是导函数，而后者是一个确定的导函数值。如果不具体说明在定义域的哪一点，一般情况下，求函数的导数都是指求函数的导函数。

2.1.2 导数的几何意义

由曲线切线的斜率的讨论与导数的定义可知，函数 $y=f(x)$ 在点 x_0 处的导数 $f'(x_0)$ 就是曲线 $y=f(x)$ 在点 $P_0(x_0,y_0)$ 处的切线的斜率。即

$$f'(x_0) = \tan\alpha$$

其中，α 是切线的倾斜角（如图 2-3 所示）。这就是导数的几何意义。

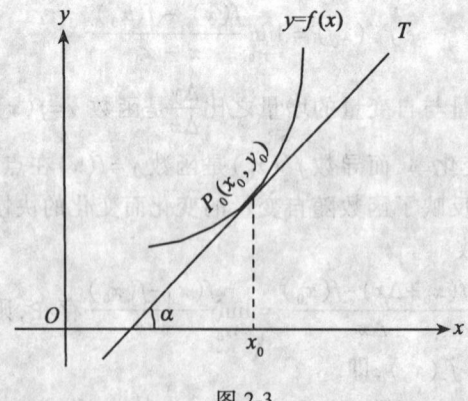

图 2-3

曲线 $y=f(x)$ 在点 $P_0(x_0, y_0)$ 处的切线方程为
$$y - y_0 = f'(x_0)(x - x_0)$$
过点 $P_0(x_0, y_0)$ 且与切线垂直的直线称为曲线 $y=f(x)$ 在点 $P_0(x_0, y_0)$ 处的法线. 如果 $f'(x_0) \neq 0$, 则法线方程为
$$y - y_0 = -\frac{1}{f'(x_0)}(x - x_0).$$

2.1.3 可导与连续的关系

设函数 $y=f(x)$ 在点 x 处可导, 即
$$\lim_{\Delta x \to 0} \frac{\Delta y}{\Delta x} = f'(x)$$
存在. 由具有极限的函数与无穷小的关系知道
$$\frac{\Delta y}{\Delta x} = f'(x) + \alpha$$
其中: α 当 $\Delta x \to 0$ 时为无穷小, 上式两边同乘以 Δx, 得
$$\Delta y = f'(x)\Delta x + \alpha \Delta x$$
由此可见, 当 $\Delta x \to 0$ 时, $\Delta y \to 0$. 这就是说, 函数 $y=f(x)$ 在点 x 处是连续的. 所以如果函数 $y=f(x)$ 在点 x 处可导, 那么函数在该点一定连续.

另一方面, 在点 x 处连续的函数 $y=f(x)$, 不一定在该点可导. 例如函数 $y=\sqrt[3]{x}$ 在 $(-\infty, +\infty)$ 内连续, 但在 $x=0$ 处有 $\lim\limits_{\Delta x \to 0} \frac{\Delta y}{\Delta x} = \lim\limits_{\Delta x \to 0} \frac{\sqrt[3]{\Delta x}}{\Delta x} = \lim\limits_{\Delta x \to 0} \frac{1}{\sqrt[3]{(\Delta x)^2}} = \infty$, 即极限不存在, 所以函数 $y=\sqrt[3]{x}$ 在点 $x=0$ 处不可导. 从图 2-4 中可知曲线 $y=\sqrt[3]{x}$ 在点 $(0,0)$ 处的切线垂直于 Ox 轴.

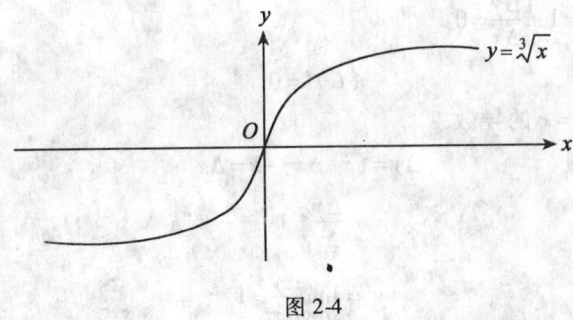

图 2-4

由以上讨论可知, 函数在某点连续是函数在该点可导的必要条件而不是充分条件.

例1. 讨论函数 $f(x) = \begin{cases} -x, & x<0 \\ x^2, & x \geq 0 \end{cases}$ 在点 $x=0$ 处的连续性和可导性.

解 (1) 连续性.

因为
$$\lim_{x\to 0^-}f(x)=\lim_{x\to 0^-}(-x)=0$$
$$\lim_{x\to 0^+}f(x)=\lim_{x\to 0^+}x^2=0$$
$$f(0)=0$$

所以,函数 $y=f(x)$ 在点 $x=0$ 处连续.

(2)可导性.
$$f_-'(0)=\lim_{\Delta x\to 0^-}\frac{\Delta y}{\Delta x}=\lim_{\Delta x\to 0^-}\frac{-(0+\Delta x)-0}{\Delta x}=-1$$
$$f_+'(0)=\lim_{\Delta x\to 0^+}\frac{\Delta y}{\Delta x}=\lim_{\Delta x\to 0^+}\frac{(0+\Delta x)^2-0}{\Delta x}=0$$

因为 $f_-'(x_0)\neq f_+'(x_0)$

所以函数 $y=f(x)$ 在点 $x=0$ 处的导数 $f'(0)$ 不存在,函数 $y=f(x)$ 在点 $x=0$ 处不可导.

2.1.4 用导数的定义求导数

利用导数的定义求函数的导数可以分为三步:

1. 求增量: $\Delta y=f(x+\Delta x)-f(x)$;

2. 算比值: $\dfrac{\Delta y}{\Delta x}=\dfrac{f(x+\Delta x)-f(x)}{\Delta x}$;

3. 取极限: $y'=\lim\limits_{\Delta x\to 0}\dfrac{\Delta y}{\Delta x}=\lim\limits_{\Delta x\to 0}\dfrac{f(x+\Delta x)-f(x)}{\Delta x}$.

下面举几个利用导数的定义求函数导数的例子.

例 2. 求函数 $y=C$(C 是常数)的导数.

解 (1)求增量 $\Delta y=f(x+\Delta x)-f(x)=C-C=0$

(2)算比值 $\dfrac{\Delta y}{\Delta x}=\dfrac{0}{\Delta x}=0$

(3)取极限 $y'=\lim\limits_{\Delta x\to 0}\dfrac{\Delta y}{\Delta x}=0$

即 $(C)'=0.$

例 3. 求函数 $y=x$ 的导数.

解 (1)求增量 $\Delta y=(x+\Delta x)-x=\Delta x$

(2)算比值 $\dfrac{\Delta y}{\Delta x}=1$

(3)取极限 $y'=\lim\limits_{\Delta x\to 0}\dfrac{\Delta y}{\Delta x}=1$

即 $(x)'=1.$

例 4. 求函数 $y=\sqrt{x}$ 的导数.

解 (1)求增量 $\Delta y=\sqrt{x+\Delta x}-\sqrt{x}$

(2)算比值 $\dfrac{\Delta y}{\Delta x}=\dfrac{\sqrt{x+\Delta x}-\sqrt{x}}{\Delta x}$

(3) 取极限

$$y' = \lim_{\Delta x \to 0} \frac{\Delta y}{\Delta x} = \lim_{\Delta x \to 0} \frac{\sqrt{x+\Delta x} - \sqrt{x}}{\Delta x} = \lim_{\Delta x \to 0} \frac{(\sqrt{x+\Delta x} - \sqrt{x})(\sqrt{x+\Delta x} + \sqrt{x})}{\Delta x(\sqrt{x+\Delta x} + \sqrt{x})} = \lim_{\Delta x \to 0} \frac{1}{\sqrt{x+\Delta x} + \sqrt{x}} = \frac{1}{2\sqrt{x}}.$$

更一般地,对于幂函数 $y = x^\mu$ (μ 是常数) 有

$$(x^\mu)' = \mu x^{\mu-1}$$

这就是幂函数的求导公式.

例 5. 利用公式,求下列函数的导数

(1) $y = x^{-\frac{1}{3}}$; (2) $y = x^{\frac{7}{4}}$.

解 (1) $y' = \left(x^{-\frac{1}{3}}\right)' = -\frac{1}{3}x^{-\frac{1}{3}-1} = -\frac{1}{3}x^{-\frac{4}{3}}$.

(2) $y' = \left(x^{\frac{7}{4}}\right)' = \frac{7}{4}x^{\frac{7}{4}-1} = \frac{7}{4}x^{\frac{3}{4}}$.

例 6. 已知 $f(x) = x^3$,利用导数公式求 $f'(2), f'(0), f'(-1)$.

解 $f'(x) = 3x^2$

$$f'(2) = 3 \cdot 2^2 = 12, \quad f'(0) = 3 \cdot 0^2 = 0, \quad f'(-1) = 3 \cdot (-1)^2 = 3.$$

求函数 $y = f(x)$ 在已知点 x_0 处的导数值时,一般地,先求导函数 $y' = f'(x)$,再求导函数 $y' = f'(x)$ 在点 x_0 处的函数值 $f'(x_0)$.

例 7. 求函数 $y = \sin x$ 的导数.

解 $$y' = \lim_{\Delta x \to 0} \frac{\Delta y}{\Delta x} = \lim_{\Delta x \to 0} \frac{\sin(x + \Delta x) - \sin x}{\Delta x} = \lim_{\Delta x \to 0} \frac{2\cos\left(x + \frac{\Delta x}{2}\right)\sin\frac{\Delta x}{2}}{\Delta x}$$

$$= \lim_{\Delta x \to 0} \frac{\sin\frac{\Delta x}{2}}{\frac{\Delta x}{2}} \lim_{\Delta x \to 0} \cos\left(x + \frac{\Delta x}{2}\right) = \cos x$$

即 $(\sin x)' = \cos x$.

同理, $(\cos x)' = -\sin x$.

例 8. 求函数 $y = \ln x$ 的导数.

解 $$y' = \lim_{\Delta x \to 0} \frac{\ln(x + \Delta x) - \ln x}{\Delta x} = \lim_{\Delta x \to 0} \frac{1}{\Delta x} \ln\left(1 + \frac{\Delta x}{x}\right)$$

$$= \lim_{\Delta x \to 0} \ln\left(1 + \frac{\Delta x}{x}\right)^{\frac{1}{\Delta x}} = \lim_{\Delta x \to 0} \ln\left[\left(1 + \frac{\Delta x}{x}\right)^{\frac{x}{\Delta x}}\right]^{\frac{1}{x}} = \ln e^{\frac{1}{x}} = \frac{1}{x}$$

即 $(\ln x)' = \frac{1}{x}$.

例 9. 求曲线 $y = x^2$ 在点 $(1,1)$ 处的切线方程和法线方程.

解 由导数的几何意义可知,曲线在点 $(1,1)$ 处的切线斜率 $k = y'|_{x=1} = (2x)|_{x=1} = 2$,则所求切线方程为

$$y - 1 = 2(x - 1)$$

即 $\qquad 2x-y-1=0$

所求法线方程为 $\qquad y-1=-\dfrac{1}{2}(x-1)$

即 $\qquad x+2y-3=0.$

习题 2.1

1. 垂直向上抛一物体,设经过时间 t 后,物体上升的高度为 $h=10t-\dfrac{1}{2}gt^2$. 试求:

(1) 物体从 $t=1$ 到 $t=1+\Delta t$ 内的平均速度;

(2) 物体在 $t=1$ 时的瞬时速度;

(3) 物体在 $t=t_0$ 时的瞬时速度.

2. 根据导数的定义求下列函数在指定点的导数

(1) $y=x^2-3, x=3$;   (2) $y=\dfrac{2}{x}, x=1$.

3. 试指出抛物线 $y=x^2$ 上哪些点的切线具有下列性质:

(1) 平行于 Ox 轴;

(2) 与 Ox 轴成 $45°$ 角;

(3) 与直线 $y=2x+1$ 平行.

4. 下列各题中均假设 $f'(x_0)$ 存在,根据导数的定义观察下列极限,指出 A 表示什么:

(1) $\lim\limits_{\Delta x \to 0}\dfrac{f(x_0-\Delta x)-f(x_0)}{\Delta x}=A$;

(2) $\lim\limits_{x \to 0}\dfrac{f(x)}{x}=A$ 其中 $f(0)=0$ 且 $f'(0)$ 存在;

(3) $\lim\limits_{h \to 0}\dfrac{f(x_0+h)-f(x_0-h)}{h}=A.$

5. 求下列函数的导数

(1) $y=x^4$;   (2) $y=\sqrt[3]{x^2}$;   (3) $y=x^{1.6}$;   (4) $y=x^3 \cdot \sqrt[5]{x}.$

6. 讨论函数 $y=\begin{cases} x^2\sin\dfrac{1}{x}, & x \neq 0 \\ 0, & x=0 \end{cases}$ 在点 $x=0$ 处的连续性和可导性.

7. 已知 $f(x)=\begin{cases} \sin x, & x<0 \\ 0, & x \geq 0 \end{cases}$ 试求 $f'(x).$

8. 当物体的温度高于周围介质的温度时,物体就不断冷却. 若物体的温度 T 与时间 t 的函数关系为 $T=T(t)$,应怎样确定物体在时刻 t 的冷却速度?

§2.2 求导法则

前面我们根据导数的定义,求出了一些简单函数的导数,但是对于比较复杂的函数直接根据定义来求它的导数相当麻烦,有时也很困难. 在本节和下几节中,我们将介绍求导的基本法则和公式,这样就能比较方便地求出常见的函数——初等函数的导数.

2.2.1 导数的四则运算

设函数 $u(x)$、$v(x)$(以下简写为 u,v)在点 x 处可导,则有如下法则:

1. 函数和、差的求导法则

两个可导函数和、差的导数等于这两个函数导数的和、差. 即

$$(u \pm v)' = u' \pm v' \tag{2-3}$$

该法则可以推广到有限个函数和、差的情形. 例如

$$(u \pm v \pm w)' = u' \pm v' \pm w'.$$

2. 函数乘积的求导法则

两个可导函数乘积的导数,等于第一个因子的导数与第二个因子的乘积,加上第一个因子与第二个因子的导数的乘积. 即

$$(u \cdot v)' = u' \cdot v + u \cdot v' \tag{2-4}$$

该法则也可以推广到有限个函数乘积的情形. 例如

$$(u \cdot v \cdot w)' = u' \cdot v \cdot w + u \cdot v' \cdot w + u \cdot v \cdot w'.$$

推论 2.1 一个常数与一个可导函数的乘积的导数,常数因子可以提到求导记号外面去. 即

$$(cu)' = cu' \tag{2-5}$$

3. 函数商的求导法则

两个可导函数的商的导数,等于分子的导数与分母的乘积减去分母的导数与分子的乘积,再除以分母的平方. 即

$$\left(\frac{u}{v}\right)' = \frac{u' \cdot v - u \cdot v'}{v^2} \qquad (v \neq 0) \tag{2-6}$$

例 1. 已知 $f(x) = x^2 + 4\cos x - \sin\frac{\pi}{7}$,试求 $f'(x)$.

解 $f'(x) = (x^2)' + (4\cos x)' - \left(\sin\frac{\pi}{7}\right)' = 2x - 4\sin x - 0 = 2x - 4\sin x.$

例 2. 求 $y = \log_a x$ 的导数.

解 由对数的换底公式知,$\log_a x = \frac{\ln x}{\ln a}$

于是

$$y' = \left(\frac{\ln x}{\ln a}\right)' = \frac{1}{\ln a}(\ln x)' = \frac{1}{x \ln a}$$

即
$$(\log_a x)' = \frac{1}{x \ln a}.$$

例3. 已知 $y = \dfrac{x-1}{x+1}$，求 y'.

解 $y' = \dfrac{(x-1)'(x+1) - (x-1)(x+1)'}{(x+1)^2} = \dfrac{x+1-x+1}{(x+1)^2} = \dfrac{2}{(x+1)^2}.$

例4. 已知 $y = \tan x$，求 y'.

解 $y' = \left(\dfrac{\sin x}{\cos x}\right)' = \dfrac{(\sin x)' \cos x - \sin x \cdot (\cos x)'}{\cos^2 x} = \dfrac{\cos^2 x + \sin^2 x}{\cos^2 x} = \dfrac{1}{\cos^2 x} = \sec^2 x$

即
$$y' = (\tan x)' = \sec^2 x$$

同理
$$(\cot x)' = -\csc^2 x.$$

例5. 已知 $y = \sec x$，求 y'.

解 $y' = \left(\dfrac{1}{\cos x}\right)' = \dfrac{(1)' \cos x - 1 \cdot (\cos x)'}{\cos^2 x} = \dfrac{\sin x}{\cos^2 x} = \tan x \cdot \sec x$

即
$$(\sec x)' = \sec x \cdot \tan x.$$

同理
$$(\csc x)' = -\csc x \cdot \cot x.$$

2.2.2 复合函数的求导法则

先看函数 $y = \sin 2x$ 的导数

$$y' = (2\sin x \cos x)' = 2\cos x \cos x + 2\sin x(-\sin x) = 2(\cos^2 x - \sin^2 x) = 2\cos 2x$$

显然
$$(\sin 2x)' \neq (\sin x)'.$$

那么如何求复合函数的导数呢？这个问题借助下面的重要法则可以得到解决.

复合函数求导法则：如果函数 $u = \varphi(x)$ 在点 x 处可导，而函数 $y = f(u)$ 在对应点 $u = \varphi(x)$ 处可导，那么复合函数 $y = f[\varphi(x)]$ 也在点 x 处可导，并且有

$$\frac{dy}{dx} = \frac{dy}{du} \cdot \frac{du}{dx} \text{ 或 } y'_x = y'_u \cdot u'_x \tag{2-7}$$

上述法则告诉我们，复合函数的导数等于函数对中间变量的导数与中间变量对自变量的导数之积. 因此求复合函数的导数，关键是要正确分析复合函数的复合过程，找出中间变量.

例6. 已知 $y = (2x+1)^3$，求 y'.

解 设 $y = u^3$，$u = 2x+1$，则
$$y'_x = y'_u \cdot u'_x = 3u^2 \cdot 2 = 6(2x+1)^2.$$

例7. 已知 $y = \ln \tan x$，求 y'.

解 设 $y = \ln u$，$u = \tan x$，则
$$y'_x = y'_u \cdot u'_x = \frac{1}{u} \cdot \sec^2 x = \frac{\sec^2 x}{\tan x} = \sec x \csc x.$$

对复合函数的求导比较熟练后，就不必再写出中间变量，而可以采用下列例题的方式来计算.

例 8. 已知 $y = \ln\cos x$，求 y'.

解 $y' = \dfrac{1}{\cos x}(\cos x)' = \dfrac{-\sin x}{\cos x} = -\tan x.$

例 9. 已知 $y = \tan(x^2)$，求 y'.

解 $y' = (\sec x^2)^2 \cdot (x^2)' = 2x(\sec x^2)^2.$

例 10. 已知 $y = \sqrt[3]{1-2x^2}$，求 y'.

解 $y' = \dfrac{1}{3}(1-2x^2)^{-\frac{2}{3}} \cdot (1-2x^2)' = -\dfrac{4}{3}x(1-2x^2)^{-\frac{2}{3}}.$

复合函数的求导法则可以推广到多个中间变量的情形. 例如，由三个可导函数 $y = f(u), u = \varphi(v), v = \psi(x)$ 复合而成的函数 $y = f\{\varphi[\psi(x)]\}$，其导数为

$$\dfrac{dy}{dx} = \dfrac{dy}{du} \cdot \dfrac{du}{dv} \cdot \dfrac{dv}{dx} \quad \text{或} \quad y'_x = y'_u \cdot u'_v \cdot v'_x. \qquad (2\text{-}8)$$

例 11. 已知 $y = \ln(\sin 2x)$，求 y'.

解 $y' = \dfrac{1}{\sin 2x} \cdot (\sin 2x)' = \dfrac{1}{\sin 2x} \cdot (\cos 2x) \cdot (2x)' = 2\cot 2x$

计算复合函数的导数时，有时需要同时运用导数的四则运算法则和复合函数的求导法则.

例 12. 已知 $y = \sin\dfrac{2x}{1+x^2}$，求 y'.

解 $y' = \cos\dfrac{2x}{1+x^2} \cdot \left(\dfrac{2x}{1+x^2}\right)' = \cos\dfrac{2x}{1+x^2} \cdot \dfrac{2(1+x^2)-2x \cdot 2x}{(1+x^2)^2} = \dfrac{2(1-x^2)}{(1+x^2)^2} \cdot \cos\dfrac{2x}{1+x^2}.$

习题 2.2

1. 求下列函数的导数

(1) $y = x^3 - 2\sqrt{x} + \dfrac{1}{\sqrt[3]{x}}$；

(2) $y = \sqrt{2}(x^3 - 5x + 12)$；

(3) $y = \dfrac{x}{2} + \dfrac{2}{x}$；

(4) $y = x^{-2}\sin x$；

(5) $y = \cos x + 2\tan x$；

(6) $y = \dfrac{1-x^2}{1+x^2}$；

(7) $y = \sqrt{x}\csc x$；

(8) $y = \dfrac{\sin x}{x}$；

(9) $y = \dfrac{\sqrt{x}}{1+x}$；

(10) $y = x\ln x$；

(11) $y = \dfrac{1-\ln x}{1+\ln x}$；

(12) $y = x^2 \ln x \cos x.$

2. 求下列函数的导数

(1) $y=(2x+5)^4$; (2) $y=\cos(4-3x)$;
(3) $y=\sin^2 x$; (4) $y=\ln(1+x^2)$;
(5) $y=\log_a(x^2+x+1)$; (6) $y=\tan(x^2)$.

3. 求下列函数的导数

(1) $y=\ln\tan\dfrac{x}{2}$; (2) $y=\dfrac{1}{\sqrt{x+1}-\sqrt{x-1}}$;

(3) $y=\ln[\ln(\ln x)]$; (4) $y=\cos\dfrac{2x}{1-x^2}$.

4. 求曲线 $y=x\ln x$ 在点 (e,e) 处的切线方程和法线方程.

5. 设函数 $f(x)$ 可导, 求下列函数的导数

(1) $y=f(x^2)$; (2) $y=f(\sin^2 x)+f(\cos^2 x)$.

§2.3 基本求导公式

2.3.1 反函数求导法则

如果单调函数 $x=\varphi(y)$ 在 y 处可导, 而且 $\varphi'(y)\neq 0$, 那么该函数的反函数 $y=f(x)$ 在对应的 x 处可导, 且有

$$f'(x)=\dfrac{1}{\varphi'(y)} \text{ 或 } \dfrac{dy}{dx}=\dfrac{1}{\dfrac{dx}{dy}} \text{ 或 } y'_x=\dfrac{1}{x'_y}.$$

例1. 已知 $y=\arcsin x$, 求 y'.

解 $y=\arcsin x$ 是 $x=\sin y$ 在 $y\in\left[-\dfrac{\pi}{2},\dfrac{\pi}{2}\right]$ 上的反函数, 而 $x=\sin y$ 可导, 且 $x'_y=\cos y\neq 0$, 则有

$$y'_x=\dfrac{1}{x'_y}=\dfrac{1}{\cos y}=\dfrac{1}{\cos(\arcsin x)}=\dfrac{1}{\sqrt{1-x^2}}$$

即

$$(\arcsin x)'=\dfrac{1}{\sqrt{1-x^2}}.$$

用类似的方法, 可得

$$(\arccos x)'=-\dfrac{1}{\sqrt{1-x^2}},$$

$$(\arctan x)'=\dfrac{1}{1+x^2},$$

$$(\text{arccot}\, x)'=-\dfrac{1}{1+x^2}.$$

例2. 已知 $y=a^x$ ($a>0$ 且 $a\neq 1$), 求 y'.

解 $y=a^x$ 是 $x=\log_a y$ 的反函数,而 $x'_y = \dfrac{1}{y\ln a} \neq 0$

则
$$y'_x = \dfrac{1}{x'_y} = \dfrac{1}{\dfrac{1}{y\ln a}} = y\ln a = a^x \ln a$$

即
$$(a^x)' = a^x \ln a.$$

特别地
$$(e^x)' = e^x.$$

2.3.2 基本求导公式

常量和基本初等函数的求导公式称为基本求导公式. 为了便于查阅,汇总如下:

(1) $(c)' = 0$;　　　　　　　　　　(2) $(x^\mu)' = \mu x^{\mu-1}$;

(3) $(a^x)' = a^x \ln a$;　　　　　　(4) $(e^x)' = e^x$;

(5) $(\log_a x)' = \dfrac{1}{x\ln a}$;　　　　(6) $(\ln x)' = \dfrac{1}{x}$;

(7) $(\sin x)' = \cos x$;　　　　　(8) $(\cos x)' = -\sin x$;

(9) $(\tan x)' = \sec^2 x$;　　　　(10) $(\cot x)' = -\csc^2 x$;

(11) $(\sec x)' = \sec x \tan x$;　　(12) $(\csc x)' = -\csc x \cot x$;

(13) $(\arcsin x)' = \dfrac{1}{\sqrt{1-x^2}}$;　(14) $(\arccos x)' = -\dfrac{1}{\sqrt{1-x^2}}$;

(15) $(\arctan x)' = \dfrac{1}{1+x^2}$;　(16) $(\text{arccot}\, x)' = -\dfrac{1}{1+x^2}$.

习题 2.3

求下列函数的导数

(1) $y = 10^x + x^{10}$;　　　　　　(2) $y = 3^{2x} \sin x$;

(3) $y = e^x \arcsin x$;　　　　　　(4) $y = \arcsin(1-2^x)$;

(5) $y = \tan(x^2) \cos 3x$;　　　　(6) $y = \tan \dfrac{1+x}{1-x}$;

(7) $y = \left(\arcsin \dfrac{x}{2}\right)^2$;　　　　(8) $y = e^{\arctan \sqrt{x}}$;

(9) $y = \sin^3 2x$;　　　　　　　　(10) $y = \ln \sec 3x$;

(11) $y = \arccos \dfrac{e^x - e^{-x}}{e^x + e^{-x}}$;　　(12) $y = \ln(x + \sqrt{1+x^2})$;

(13) $y = \sqrt{x\sqrt{x+\sqrt{x}}}$;　　　　(14) $y = \dfrac{\sqrt{1+x} - \sqrt{1-x}}{\sqrt{1+x} + \sqrt{1-x}}$.

§2.4 隐函数与由参数方程所确定的函数的导数*

2.4.1 隐函数求导法

函数 $y=f(x)$ 表示两个变量 y 与 x 之间的对应关系,这种对应关系可以用各种不同的方式表达. 我们通常用含有自变量 x 的解析式表示因变量 y,用这样的方式表达的函数称为显函数. 但在实际问题中,有时会遇到用一个方程表示函数关系的情形. 例如方程

$$2x - 3y + 1 = 0$$

表示变量 y 是变量 x 的函数. 如果把 y 从方程中解出来,就成了显函数 $y = \frac{2}{3}x + \frac{1}{3}$. 像这样由方程 $F(x,y)=0$ 所确定的函数称为隐函数.

有的隐函数很容易化为显函数,但有的隐函数化为显函数非常困难. 例如

$$y+x-e^{xy}=0$$

中就很难解出 $y=f(x)$ 来. 那么如何计算隐函数的导数呢? 下面通过具体例子来说明隐函数的求导方法.

例 1. 求由方程 $x^2+y^2=16$ 所确定的隐函数 y 的导数 y'.

解 将方程两边分别对 x 求导. 在方程左边对 x 求导时,第一项 $(x^2)'=2x$;第二项 y^2 应看成 x 的复合函数,y 是中间变量,运用复合函数求导法则,先对 y 求导,再乘以 y 对 x 的导数 y',即 $(y^2)'=2y \cdot y'$,于是有

$$2x + 2yy' = 0$$

从而

$$y' = -\frac{x}{y}.$$

例 2. 求由方程 $e^y+xy-e=0$ 所确定的隐函数 y 的导数 y'.

解 将方程两边分别对 x 求导,得

$$e^y \cdot y' + y + xy' = 0$$

从而

$$y' = -\frac{y}{e^y+x}.$$

例 3. 求由方程 $y^5+2y-x-3x^7=0$ 所确定的隐函数 y 在 $x=0$ 处的导数 $\left.\dfrac{dy}{dx}\right|_{x=0}$.

解 将方程两边对 x 分别求导,得

$$5y^4 \cdot y' + 2y' - 1 - 21x^6 = 0$$

由此得

$$y' = \frac{1+21x^6}{5y^4+2}$$

因为当 $x=0$ 时,从原方程得 $y=0$,所以

$$\left.\frac{dy}{dx}\right|_{x=0} = \frac{1}{2}.$$

例 4. 求曲线 $x^2+y^3=17$ 在点 $x=4$ 处对应曲线上的点的切线方程.

解 将方程两边分别对 x 求导,得
$$2x+3y^2y'=0$$
$$y'=-\frac{2x}{3y^2}$$

因为当 $x=4$ 时,由原方程得 $y=1$,所以有
$$y'\bigg|_{\substack{x=4\\y=1}}=-\frac{2\times 4}{3\times 1^3}=-\frac{8}{3}$$

所以曲线在点 $(4,1)$ 处的切线的斜率 $k=-\frac{8}{3}$.

所求切线的方程为
$$y-1=-\frac{8}{3}(x-4)$$
即
$$8x+3y-35=0$$

例 5. 求函数 $y=x^x(x\neq 0)$ 的导数 y'.

解 两边分别取自然对数,得
$$\ln y=x\ln x$$

上式两边分别对 x 求导,得
$$\frac{1}{y}\cdot y'=\ln x+1$$

从而
$$y'=y(\ln x+1)=x^x(\ln x+1)$$

2.4.2 对数求导法

诸如上述例 5,对幂指函数求导的方法称为对数求导法. 这种方法是先对函数 $y=f(x)$ 的两边取自然对数,然后再求出函数 $y=f(x)$ 的导数.

对幂指函数 $y=u(x)^{v(x)}$ ($u(x)$、$v(x)$ 是 x 的可导函数)也可以采用下列方法求导:

对函数 $y=u(x)^{v(x)}$ 进行恒等变形,化为复合函数
$$y=u(x)^{v(x)}=e^{v(x)\ln u(x)}$$

再利用复合函数求导法求导
$$y'=e^{v(x)\ln u(x)}\left[v'(x)\ln u(x)+\frac{v(x)}{u(x)}\cdot u'(x)\right]$$
$$=u(x)^{v(x)}\left[v'(x)\ln u(x)+\frac{v(x)}{u(x)}\cdot u'(x)\right]$$

这种方法也称为对数求导法.

例 6. 求 $y=x^{\sin x}(x>0)$ 的导数.

解 方法一:

方程两边取对数,得

$$\ln y = \sin x \ln x$$

上式两边分别对 x 求导,得

$$\frac{1}{y} \cdot y' = \cos x \cdot \ln x + \frac{1}{x} \cdot \sin x$$

于是

$$y' = y\left(\ln x \cdot \cos x + \frac{1}{x} \cdot \sin x\right) = x^{\sin x}\left(\ln x \cdot \cos x + \frac{1}{x} \cdot \sin x\right).$$

方法二:

对原函数恒等变形

$$y = e^{\ln x^{\sin x}} = e^{\sin x \ln x}$$

则

$$y' = (e^{\sin x \ln x})' = e^{\sin x \ln x}\left(\cos x \cdot \ln x + \frac{\sin x}{x}\right) = x^{\sin x}\left(\cos x \cdot \ln x + \frac{\sin x}{x}\right)$$

一般来说,求幂指函数的导数,常常用对数求导法. 有的函数直接对其求导太繁琐,也常常采用对数求导法求导.

例 7. 求 $y = \sqrt{\dfrac{(x-1)(x-2)}{(x-3)(x-4)}}$ 的导数.

解 先对原式两边取对数,得

$$\ln y = \frac{1}{2}[\ln(x-1) + \ln(x-2) - \ln(x-3) - \ln(x-4)]$$

上式两边分别对 x 求导,得

$$\frac{1}{y} \cdot y' = \frac{1}{2}\left(\frac{1}{x-1} + \frac{1}{x-2} - \frac{1}{x-3} - \frac{1}{x-4}\right)$$

于是

$$y' = \frac{y}{2}\left(\frac{1}{x-1} + \frac{1}{x-2} - \frac{1}{x-3} - \frac{1}{x-4}\right).$$

2.4.3 由参数方程所确定的函数的求导法则

在解析几何中,参数方程的一般形式是

$$\begin{cases} x = \varphi(t) \\ y = \psi(t) \end{cases} \quad t \in I \tag{2-9}$$

其中 t 是参数.

一般地,若参数方程(2-9)确定了 y 与 x 的函数关系,则称该函数关系所表达的函数为由参数方程(2-9)所确定的函数.

在实际问题中,需要计算由参数方程(2-9)所确定的函数的导数. 但方程(2-9)中消去 t 有时会很困难. 因此,我们希望有一种方法能直接由参数方程(2-9)求出它所确定的函数的导数. 下面讨论由参数方程确定的函数的求导方法.

设 $x = \varphi(t)$ 的反函数 $t = \varphi^{-1}(x)$,并设它满足反函数的求导条件,于是可以把 y 看成由 $y = \psi(t)$、$t = \varphi^{-1}(x)$ 复合而成的复合函数. 由反函数和复合函数的求导法则,得

$$\frac{dy}{dx} = \frac{dy}{dt} \cdot \frac{dt}{dx} = \psi'(t) \cdot \frac{1}{\varphi'(t)} = \frac{\psi'(t)}{\varphi'(t)} \tag{2-10}$$

即
$$\frac{dy}{dx} = \frac{\psi'(t)}{\varphi'(t)} \tag{2-11}$$

这就是由参数方程所确定的函数的求导公式,简称参数方程的求导公式.

例 8. 求由参数方程 $\begin{cases} x = a\cos t \\ y = b\sin t \end{cases}$ 所确定的函数的导数.

解 由参数方程的求导公式得

$$\frac{dy}{dx} = \frac{\dfrac{dy}{dt}}{\dfrac{dx}{dt}} = \frac{b\cos t}{-a\sin t} = -\frac{b}{a}\cot t.$$

例 9. 求由参数方程 $\begin{cases} x = at^2 \\ y = bt^3 \end{cases}$ 所确定的函数的导数.

解 由参数方程求导法则有

$$\frac{dy}{dx} = \frac{\dfrac{dy}{dt}}{\dfrac{dx}{dt}} = \frac{3bt^2}{2at} = \frac{3b}{2a}t.$$

习题 2.4

1. 求由下列方程所确定的隐函数的导数 y'
   (1) $y^2 + 2xy + 3 = 0$；
   (2) $x = \sin(xy)$；
   (3) $xy = e^{x+y}$；
   (4) $y = 1 + xe^y$；
   (5) $2^x + 2^y = 2^{x \cdot y}$；
   (6) $y = \tan(x+y)$.

2. 求由下列方程所确定的隐函数在指定点的导数
   (1) $xe^y - ye^{-y} = x^2$, 求 $y' \big|_{x=0}$；
   (2) $e^y + (x-1)y = e$, 求 $y' |_{x=1}$.

3. 求下列函数的导数
   (1) $y = \left(\dfrac{x-1}{x+1}\right)^{\sin x}$；
   (2) $y = x^{2x}$；
   (3) $y = x^{(2x+1)}$；
   (4) $y = \sqrt{x\sin x \sqrt{1-e^x}}$；
   (5) $y = \dfrac{(x-1)^2(4-3x)}{(x+1)^3}$；
   (6) $y = \dfrac{\sqrt{x+2} \cdot (3-x)^4}{\sqrt[3]{x+1}}$.

4. 求下列参数方程所确定的函数的导数
   (1) $\begin{cases} x = 2t \\ y = 4t^2 \end{cases}$；
   (2) $\begin{cases} x = \theta(1-\sin\theta) \\ y = \theta\cos\theta \end{cases}$；
   (3) $\begin{cases} x = a\cos^3 t \\ y = b\sin^3 t \end{cases}$.

5. 写出下列曲线在所给参数的相应点处的切线方程和法线方程

(1) $\begin{cases} x = \sin t \\ y = \cos t \end{cases}$ 在 $t = \dfrac{\pi}{4}$ 处；　(2) $\begin{cases} x = \dfrac{t^2}{2} \\ y = 1+t \end{cases}$ 在 $t = 2$ 处.

§2.5 高阶导数

2.5.1 高阶导数的概念及求法

我们知道,变速直线运动的速度 $v(t)$ 是位移函数 $s(t)$ 对时间 t 的导数,即

$$v(t) = \frac{ds}{dt} \text{ 或 } v(t) = s'(t)$$

而加速度 $a(t)$ 又是速度 $v(t)$ 对时间 t 的导数,即

$$a(t) = \frac{dv}{dt} = \frac{d}{dt}\left(\frac{ds}{dt}\right) \text{ 或 } a = (s')'$$

这种导数的导数 $\dfrac{d}{dt}\left(\dfrac{ds}{dt}\right)$ 或 $(s')'$ 称为位移函数 $s(t)$ 对时间 t 的二阶导数,记为 $\dfrac{d^2 s}{dt^2}$ 或 $s''(t)$. 因此直线运动的加速度 $a(t)$ 就是位移函数 $s(t)$ 对时间 t 的二阶导数.

一般地,函数 $y=f(x)$ 的导数 $y'=f'(x)$ 仍然是 x 的函数. 如果导函数 $f'(x)$ 在点 x 处仍然可导,那么我们就把 $f'(x)$ 在点 x 处的导数称为函数 $y=f(x)$ 在点 x 处的二阶导数,记为 y'' 或 $\dfrac{d^2 y}{dx^2}$,即

$$y'' = (y')' \text{ 或 } \frac{d^2 y}{dx^2} = \frac{d}{dx}\left(\frac{dy}{dx}\right)$$

相应地,称 $f'(x)$ 为函数 $y=f(x)$ 的一阶导数.

类似地,二阶导数的导数称为函数 $y=f(x)$ 的三阶导数,三阶导数的导数称为函数 $y=f(x)$ 的四阶导数,……,$(n-1)$ 阶导数的导数称为函数 $y=f(x)$ 的 n 阶导数,分别记为

$$y''', y^{(4)}, \cdots, y^{(n)} \text{ 或 } \frac{d^3 y}{dx^3}, \frac{d^4 y}{dx^4}, \cdots, \frac{d^n y}{dx^n}.$$

二阶和二阶以上的导数统称为高阶导数.

由高阶导数的定义可知,求高阶导数就是逐次求导,直到所需要的阶数.

例 1. $y = ax+b$,求 y''.

解 $y' = a$, $y'' = 0$.

例 2. $y = xe^x$,求 y''.

解
$$y' = (x)' \cdot e^x + x(e^x)' = e^x + xe^x$$
$$y'' = (e^x)' + (x)'e^x + x(e^x)' = e^x + e^x + xe^x = (x+2)e^x.$$

例 3. $y = \sin\omega t$,求 y''.

解 $y' = \omega\cos\omega t$, $y'' = -\omega^2\sin\omega t$.

例 4. 求由方程 $y = 1 + xe^y$ 所确定的隐函数 y 的二阶导数 y''.

解 应用隐函数求导方法,得 $y' = e^y + xe^y y'$

于是
$$y' = \frac{e^y}{1 - xe^y} = \frac{e^y}{2 - y}$$

将上式两边再对 x 分别求导,得

$$y'' = \frac{e^y \cdot y' \cdot (2 - y) + e^y \cdot y'}{(2 - y)^2} = \frac{e^y \cdot (3 - y) \cdot y'}{(2 - y)^2}$$

$$= \frac{e^y(3 - y)}{(2 - y)^2} \cdot \frac{e^y}{2 - y} = \frac{e^{2y}(3 - y)}{(2 - y)^3}.$$

2.5.2 几个常见函数的 n 阶导数

例 5. 求 $y = e^x$ 的 n 阶导数.

解
$$y' = e^x$$
$$y'' = e^x$$
$$y''' = e^x$$
$$y^{(4)} = e^x$$

一般地,可得
$$y^{(n)} = e^x$$

即
$$(e^x)^{(n)} = e^x.$$

例 6. 求正弦函数与余弦函数的 n 阶导数.

解
$$y = \sin x$$
$$y' = \cos x = \sin\left(x + \frac{\pi}{2}\right)$$
$$y'' = \cos\left(x + \frac{\pi}{2}\right) = \sin\left(x + \frac{\pi}{2} + \frac{\pi}{2}\right)$$
$$y''' = \cos\left(x + 2 \cdot \frac{\pi}{2}\right) = \sin\left(x + \frac{3\pi}{2}\right)$$
$$y^{(4)} = \cos\left(x + 3 \cdot \frac{\pi}{2}\right) = \sin\left(x + \frac{4\pi}{2}\right)$$

一般地,可得
$$y^{(n)} = \sin\left(x + \frac{n\pi}{2}\right)$$

即
$$(\sin x)^{(n)} = \sin\left(x + \frac{n\pi}{2}\right).$$

用类似的方法,可得
$$(\cos x)^{(n)} = \cos\left(x + \frac{n\pi}{2}\right).$$

例 7. 求幂函数 $y=x^\mu$ (μ 是任意常数) 的 n 阶导数.

解
$$y'=\mu x^{\mu-1}$$
$$y''=\mu(\mu-1)x^{\mu-2}$$
$$y'''=\mu(\mu-1)(\mu-2)x^{\mu-3}$$
$$y^{(4)}=\mu(\mu-1)(\mu-2)(\mu-3)x^{\mu-4}$$

一般地,可得
$$y^{(n)}=\mu(\mu-1)(\mu-2)(\mu-3)\cdots(\mu-n+1)x^{\mu-n}.$$

当 $\mu=n$ 时
$$(x^n)^{(n)}=n(n-1)(n-2)\cdots 3\cdot 2\cdot 1=n!$$

而
$$(x^n)^{(n+1)}=0.$$

例 8. 求对数函数 $y=\ln(1+x)$ 的 n 阶导数.

解
$$y'=\frac{1}{1+x}$$
$$y''=(-1)^1\frac{1}{(1+x)^2}$$
$$y'''=(-1)^2\frac{1\cdot 2}{(1+x)^3}$$
$$y^{(4)}=(-1)^3\frac{1\cdot 2\cdot 3}{(1+x)^4}$$

一般地,可得
$$y^{(n)}=(-1)^{n-1}\frac{(n-1)!}{(1+x)^n}.$$

习题 2.5

1. 求下列函数的二阶导数
   (1) $y=x^5$;
   (2) $y=2x^2+\ln x$;
   (3) $y=e^{2x-1}$;
   (4) $y=e^{2x}\cos 3x$;
   (5) $y=\tan x$;
   (6) $y=\ln(1-x^2)$;
   (7) $y=(1-x)\arctan x$;
   (8) $y=\dfrac{e^x}{x}$.

2. 求下列函数的 n 阶导数
   (1) $y=x\ln x$; (2) $y=\dfrac{2x}{x^2-1}$; (3) $y=xe^x$.

3. 求由下列方程所确定的隐函数 y 的二阶导数
   (1) $y^3+x^3-12xy=0$; (2) $y\cdot\ln y=x+y$.

§2.6 微　分

在许多实际问题中,不仅需要知道自变量的变化引起函数变化的快慢程度,而且还需要计算当自变量在某一点取得一个微小增量时,函数取得相应增量的大小.一般说来,利用公式

$$\Delta y = f(x+\Delta x) - f(x)$$

计算函数 $y=f(x)$ 的增量 Δy 的精确值有时比较困难,而实际中往往只需要求出它的近似值.为此,我们引入微分的概念及其运算.

2.6.1 微分的概念及求法

1. 微分的定义

先分析一个具体问题,一块正方形金属薄片受温度变化的影响,其边长由 x_0 变到 $x_0+\Delta x$(如图 2-5 所示),试问该薄片的面积改变了多少?

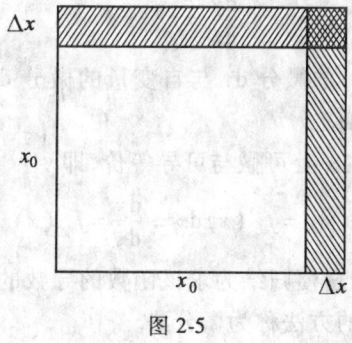

图 2-5

设该薄片的边长为 x,面积为 A,则 A 是 x 的函数 $A=x^2$.

薄片受温度变化的影响的改变量,可以看成是当自变量 x 自 x_0 取得增量 Δx 时,函数 A 相应的增量 ΔA,即

$$\Delta A = (x_0 + \Delta x)^2 - x^2 = 2x_0 \Delta x + (\Delta x)^2$$

上式中 ΔA 分为两部分,第一部分为 $2x_0\Delta x$,即图 2-5 中带斜线的两个部分之和;第二部分为 $(\Delta x)^2$,即图 2-5 中带交叉斜线的小正方形面积.当 $\Delta x \to 0$ 时,$(\Delta x)^2$ 是比 Δx 高阶的无穷小量,即 $(\Delta x)^2 = o(\Delta x)$.由此可见,如果边长改变很微小,即 $|\Delta x|$ 很小时,面积的改变量 ΔA 可以近似地用第一部分代替,即

$$\Delta A \approx 2x_0 \Delta x$$

并且当 $|\Delta x|$ 越小,近似程度越高.

又 $f'(x_0) = 2x_0$,所以

$$\Delta A \approx f'(x_0) \cdot \Delta x$$

对于任意函数 $y=f(x)$,它在任意一点 x 处当自变量改变 Δx 时,函数 $y=f(x)$ 的增量 Δy 也可以用式子 $f'(x) \cdot \Delta x$ 近似表示,即

$$\Delta y \approx f'(x) \cdot \Delta x$$

这个式子具有普遍性,因此,在数学中我们把 $f'(x) \cdot \Delta x$ 称为函数 $y=f(x)$ 在点 x 处的微分.

定义 2.3 如果函数 $y=f(x)$ 在点 x 处可导,则把函数 $y=f(x)$ 在点 x 处的导数 $f'(x)$ 与自变量在点 x 处的增量 Δx 之积 $f'(x) \cdot \Delta x$ 称为函数 $y=f(x)$ 在点 x 处的微分.记为 dy,即

$$dy = f'(x) \cdot \Delta x \tag{2-12}$$

这时也称函数 $y=f(x)$ 在 x 处可微.

自变量 x 的增量称为自变量的微分.记为 dx,即

$$dx = \Delta x$$

于是函数 $y=f(x)$ 的微分又可以记为

$$dy = f'(x) dx \tag{2-13}$$

由上式可得

$$\frac{dy}{dx} = f'(x)$$

这就是说,函数 $y=f(x)$ 的微分 dy 与自变量的微分 dx 之商等于函数 $y=f(x)$ 的导数,因此,导数也称为微商.

由此可见,函数 $f(x)$ 在 x 处可微与可导等价,即

$$dy = f'(x) dx \Leftrightarrow \frac{dy}{dx} = f'(x)$$

因此,求一个函数的微分问题便归结为求该函数的导数的问题.

求函数的导数或微分的方法称为微分法.

例 1. 求函数 $y = x^2 + 3$ 在 $x = 1$、$\Delta x = 0.01$ 时的 Δy 和 dy.

解 $\Delta y = f(x + \Delta x) - f(x) = (x + \Delta x)^2 + 3 - (x^2 + 3) = 2x \cdot \Delta x + (\Delta x)^2$

当 $x = 1$、$\Delta x = 0.01$ 时

$$\Delta y = 2 \cdot 1 \cdot 0.01 + (0.01)^2 = 0.0201$$

$$dy = y' dx = 2x \cdot \Delta x$$

当 $x = 1$、$\Delta x = 0.01$ 时

$$dy = 2 \cdot 1 \cdot 0.01 = 0.02.$$

例 2. 求函数 $y = \ln x$ 在 $x = 2$ 处的微分.

解 $dy = \frac{1}{x} dx$,当 $x = 2$ 时

$$dy = \frac{1}{2} dx.$$

例 3. 求函数 $y = \sin(x + 2)$ 的微分.

解 $$dy = y' dx = \cos(x + 2) dx.$$

2. 微分公式与微分法则

从函数微分表达式 $dy = f'(x)dx$ 可以看出，要计算函数的微分，只要计算函数的导数，再乘以自变量的微分即可. 由此可得如下的微分公式和运算法则.

1. 微分基本公式

(1) $d(c) = 0$ （c 为常数）;

(2) $d(x^\mu) = \mu \cdot x^{\mu-1} dx$;

(3) $d(a^x) = a^x \ln a\, dx$;

(4) $d(e^x) = e^x dx$;

(5) $d(\log_a x) = \dfrac{1}{x \ln a} dx$;

(6) $d(\ln x) = \dfrac{1}{x} dx$;

(7) $d(\sin x) = \cos x\, dx$;

(8) $d(\cos x) = -\sin x\, dx$;

(9) $d(\tan x) = \sec^2 x\, dx$;

(10) $d(\cot x) = -\csc^2 x\, dx$;

(11) $d(\sec x) = \sec x \tan x\, dx$;

(12) $d(\csc x) = -\csc x \cot x\, dx$;

(13) $d(\arcsin x) = \dfrac{1}{\sqrt{1-x^2}} dx$;

(14) $d(\arccos x) = -\dfrac{1}{\sqrt{1-x^2}} dx$;

(15) $d(\arctan x) = \dfrac{1}{1+x^2} dx$;

(16) $d(\text{arccot}\, x) = -\dfrac{1}{1+x^2} dx$.

2. 函数和、差、积、商的微分法则

$$d(u \pm v) = du \pm dv$$

$$d(cu) = c\, du \quad (c \text{ 为常数})$$

$$d(u \cdot v) = v\, du + u\, dv$$

$$d\left(\frac{u}{v}\right) = \frac{v\, du - u\, dv}{v^2} \quad (v \neq 0).$$

例 4. 求下列函数的微分

(1) $y = x^2 - 3\ln x$;　　(2) $y = e^x \sin x$;　　(3) $y = \dfrac{\arctan x}{e^x}$.

解 (1) $dy = d(x^2 - 3\ln x) = d(x^2) - d(3\ln x) = 2x\, dx - 3d(\ln x) = 2x\, dx - \dfrac{3}{x} dx = \left(2x - \dfrac{3}{x}\right) dx$.

(2) $dy = d(e^x \sin x) = \sin x\, d(e^x) + e^x d(\sin x) = e^x \sin x\, dx + e^x \cos x\, dx = e^x(\sin x + \cos x) dx$.

(3) $dy = d\left(\dfrac{\arctan x}{e^x}\right) = \dfrac{e^x d(\arctan x) - \arctan x\, d(e^x)}{(e^x)^2}$

$= \dfrac{\dfrac{e^x}{1+x^2} dx - e^x \arctan x\, dx}{e^{2x}} = \dfrac{1 - (1+x^2)\arctan x}{(1+x^2)e^x} dx$.

我们在计算上述例题时，都是利用微分运算法则，但是作为解题，当然也可以先从定义出发再往下计算，结果是一样的. 例如

$$d(e^x \sin x) = (e^x \sin x)' dx = (e^x \sin x + e^x \cos x) dx = e^x(\sin x + \cos x) dx.$$

2.6.2 微分的几何意义

分析微分的几何意义,可以对微分有比较直观的了解. 在直角坐标系中,函数 $y=f(x)$ 是一条曲线,如图 2-6 所示.

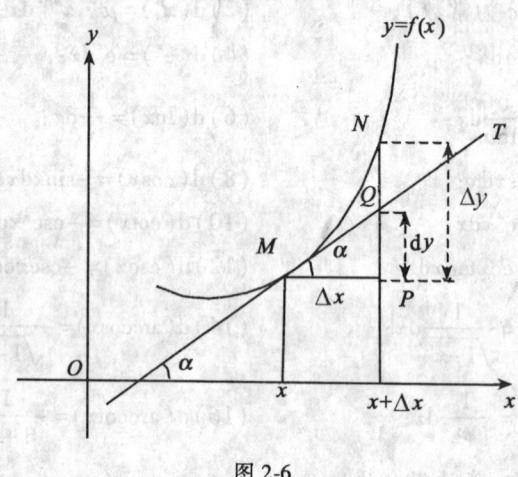

图 2-6

在曲线上取一个定点 $M(x,y)$ 及动点 $N(x+\Delta x,y+\Delta y)$. 过点 M 作曲线的切线 MT,该切线的倾斜角为 α. 由图 2-6 可知

$$MP = \Delta x, \qquad NP = \Delta y$$

则

$$PQ = \tan\alpha \Delta x = f'(x)\Delta x = dy$$

这就是说,当 Δy 是曲线 $y=f(x)$ 在点 x 处的纵坐标的增量时,dy 就是曲线 $y=f(x)$ 在点 x 处的切线 MT 在点 x 处的纵坐标的相应增量,并且当 $|\Delta x|$ 很小时,可以用 dy 近似地代替 Δy,其误差 $|\Delta y - dy|$ 比 Δx 小得多.

2.6.3 微分形式不变性

设 $y=f(u)$ 与 $u=\varphi(x)$ 都可导,
(1) 对函数 $y=f(u)$,$dy=f'(u)du$;
(2) 对复合函数 $y=f[\varphi(x)]$,根据复合函数求导法则有

$$dy = y'_x dx = f'(u) \cdot \varphi'(x) dx = f'(u) du$$

即

$$dy = f'(u) du \qquad (2\text{-}14)$$

由此可见,不论 u 是自变量还是中间变量,函数的微分形式总是 $dy=f'(u)du$,该性质称为微分形式不变性.

应用该性质可以比较方便地求出复合函数的微分.

例5. $y=\sin(2x+1)$,求 dy.

解 $$dy = \cos(2x+1)d(2x+1) = 2\cos(2x+1)dx.$$

例 6. $y = \ln(1+e^x)$,求 dy.

解 $$dy = \frac{1}{1+e^x}d(1+e^x) = \frac{e^x}{1+e^x}dx.$$

例 7. $y = e^{1-3x}\cos x$,求 dy.

解 $$dy = \cos x \, d(e^{1-3x}) + e^{1-3x}d(\cos x) = \cos x \cdot e^{1-3x}d(1-3x) + e^{1-3x}(-\sin x)dx$$
$$= (-3e^{1-3x}\cos x - e^{1-3x}\sin x)dx.$$

2.6.4 微分在近似计算中的应用

前面讲过,如果函数 $y=f(x)$ 在点 x_0 处可微($f'(x_0) \neq 0$),则当 $|\Delta x|$ 很小时,Δy 近似等于 dy,即

$$\Delta y \approx dy = f'(x_0)dx \tag{2-15}$$

式(2-15)又可以写成

$$\Delta y = f(x_0 + \Delta x) - f(x_0) \approx f'(x_0)\Delta x \tag{2-16}$$

或

$$f(x_0 + \Delta x) \approx f(x_0) + f'(x_0)\Delta x \tag{2-17}$$

在式(2-17)中,令 $x = x_0 + \Delta x$,即 $\Delta x = x - x_0$,则有表达函数的近似值的公式

$$f(x) \approx f(x_0) + f'(x_0)(x - x_0) \tag{2-18}$$

运用式(2-17)或式(2-18),可以求得函数在点 x_0 附近的近似值.

特别地,当 $x_0 = 0$ 时,如果 $|x|$ 很小,则有

$$f(x) \approx f(0) + f'(0)x \tag{2-19}$$

应用式(2-19)可以得到以下几个常用的近似值公式(假定 $|x|$ 很小):

(1) $\sqrt[n]{1+x} \approx 1 + \frac{1}{n}x$;   (2) $e^x \approx 1+x$;   (3) $\ln(1+x) \approx x$;

(4) $\sin x \approx x$;   (5) $\tan x \approx x$.

其中(4)、(5)中的 x 用弧度作单位.

例 8. 证明当 $|h|$ 很小时,$\ln(1+h) \approx h$.

证明 令 $f(x) = \ln(x+1)$,$x = h$. 因为 $|x|$ 很小,所以利用公式(2-19)得

$$f(x) \approx f(0) + f'(0) \cdot x = 0 + x = x$$

即 $$\ln(1+h) \approx h.$$

例 9. 计算 $\sin 30°30'$ 的近似值.

解 设 $f(x) = \sin x$,$x_0 = 30° = \frac{\pi}{6}$,$\Delta x = 30' = \frac{\pi}{360}$,则

$$f'(x) = \cos x, \quad f'\left(\frac{\pi}{6}\right) = \cos\frac{\pi}{6} = \frac{\sqrt{3}}{2}$$

由近似公式(2-17)有

$$\sin 30°30' = \sin\left(\frac{\pi}{6} + \frac{\pi}{360}\right) \approx \sin\frac{\pi}{6} + \cos\frac{\pi}{6} \cdot \frac{\pi}{360} = \frac{1}{2} + \frac{\sqrt{3}}{2} \cdot \frac{\pi}{360} \approx 0.5076.$$

例 10. 求 $\sqrt{0.97}$.

解 $\sqrt{0.97} = \sqrt{1-0.03} = \sqrt{1+(-0.03)}$

取 $x=-0.03, n=2$,利用公式 $\sqrt[n]{1+x} \approx 1 + \frac{1}{n}x$ 有

$$\sqrt{0.97} \approx 1 + \frac{1}{2}x = 1 + \frac{1}{2} \cdot (-0.03) = 0.985.$$

例 11. 一个外直径为 8cm 的球,球壳厚度为 $\frac{1}{24}$cm,试求该球壳体积的近似值.

解 已知半径为 r 的球体积为

$$V = f(r) = \frac{4}{3}\pi r^3$$

当 $r=4$cm, $\Delta r = -\frac{1}{24}$cm 时,用 dV 近似代替 ΔV,得

$$\Delta V \approx dV = f'(r)\Delta r = f'(4) \cdot \left(-\frac{1}{24}\right)$$

$$= \frac{4}{3}\pi \cdot 3 \cdot 4^2 \cdot \left(-\frac{1}{24}\right) \approx -8.3776.$$

所以球壳的体积为 8.3776cm³.

习题 2.6

1. 设函数 $y=x^2+x$,计算在 $x=2$ 处当 Δx 分别等于 $1, 0.1, 0.01$ 时的 Δy 和 dy.
2. 求函数 $y=e^{2x-1}$ 在 $x=1$ 处的微分.
3. 填空

   (1) $2x^2 dx = d(\quad)$;   (2) $\cos x dx = d(\quad)$;

   (3) $\sqrt{x} dx = d(\quad)$;   (4) $\frac{1}{1+x^2} dx = d(\quad)$;

   (5) $\frac{1}{x+2} dx = d(\quad)$;   (6) $\frac{1}{\sqrt{x}} dx = d(\quad)$;

   (7) $d(\quad) = \frac{1}{x^2} dx$;   (8) $d(\quad) = \frac{x}{\sqrt{1+x^2}} dx$;

   (9) $d(\quad) = \csc^2 x dx$;   (10) $d(\quad) = \frac{1}{\sqrt{1-x^2}} dx$;

   (11) $d(\quad) = e^{-2x} dx$;   (12) $d(\quad) = \sin 3t dt$.

4. 求下列函数的微分

   (1) $y = \frac{x}{2} + \frac{2}{x}$;   (2) $y = x\sin 2x$;

   (3) $y = xe^{-3x}$;   (4) $y = e^{-x}\cos(3-x)$;

(5) $y = \dfrac{\cos x}{1-x^2}$; (6) $y = \tan(1+2x^2)$;

(7) $y = 2^{\ln \sin x}$; (8) $y = A\sin(\omega x + \varphi)$ (A, ω, φ 是常数).

5. 计算下列近似值

(1) $\sqrt[3]{1.01}$; (2) $\sin 59°$; (3) $e^{1.01}$.

*历史的回顾与评述

关于微积分

你知道数学史上的三次危机吗？它们分别发生在公元前 5 世纪、公元 17 世纪和 19 世纪末. 都是西方文化大发展时期. 第一次危机是古希腊时代, 由于不可公度的线段——无理数的发现与一些直觉的经验相抵触而引发的；第二次是在牛顿(Newton, I.)和莱布尼兹(Leibniz, G. W.)建立了微积分的理论后, 由于对无穷小量的理解未及深透而引发的；第三次危机是当罗素(Russell, B. A. W.)发现了集合中的悖论, 危及了整个数学的基础而引发的.

这里只说一下第二次危机. 公元 17 世纪由牛顿和莱布尼兹建立起来的微积分学由于在自然科学中的广泛应用, 揭示了许多自然现象, 而被高度重视. 牛顿称微积分为"流数术", 莱布尼兹使用了"差的计算"与"和的计算". 后来, "差的计算"成为专门的术语"微分学", "和的计算"成为专门的术语"积分学". 两者合起来称为微积分, 在英文中简称为 Calculus. 这就是西方微分学和积分学术语的来源. 世界上第一本系统的微积分著作是洛必达(L'Hospital, G. F.)的《无穷小分析》(1696), 于是"无穷小分析"(简称"分析")便成了微积分学的别名. 中国古代许多微积分思想, 尤其是清代李善兰独创的尖锥术, 使中国迈进了微积分学的大门, 但还未形成多大影响时, 西方的微积分就传入了中国. 1859 年 5 月 10 日中国上海印刷发行了李善兰和伟列亚力合译的《代微积拾级》. 原书是罗密士的《解析几何与微积分基础》(1850). 译名的"代"是指解析几何, "微"是指微分, "积"是指积分. Calculus 译成"微积". 李善兰在序中说："是书先代数, 次微分, 由易而难, 若阶级之渐升", 故名"拾级". 这就是中国微积分学的来源. 历史上, 积分学先于微分学, 而不是今天讲述的先微分后积分. 人们在寻求图形的面积, 体积和弧长的问题上引起了求和过程, 导致了积分学的产生, 而在求曲线的切线等问题时导致了微分学的产生. 17 世纪开普勒(Kepler, J.)、卡瓦列利、费马(Fermat, P. D.)、奥利斯等都使用了无穷小分割求和的方法；伽利略、托里切利、巴罗、笛卡儿(Descartes, R.)、费马等都使用过切线构造法. 在此基础上, 牛顿和莱布尼兹各自独立地发明了微积分. 此后, 数学和科学就进入了生气勃勃的大革命状态. 微积分的应用成果使得 2000 年前欧几里得(Euclid)的《几何原本》的成就相形见绌, 数学家们为该成果的应用所陶醉, 喜不自胜, 狂热般地把微积分向前推进, 而没有感到要回过头来整理一下基础.使得一二百年内,这门学科缺乏令人信服的严格的理论基础,存在着明显的逻辑矛盾.

正因为在无穷小量中存在着这类矛盾,才使得当时的不少人对微积分这个新方法提出批评.在英国,最大胆的攻击来自一个不懂数学的颇具影响的大主教贝克莱.1734年他在一本名为《分析学家》的书中问到"这些流数是什么?是渐近于零的增量的速度.那么这些相同的渐近于零的增量又是什么呢?它们既不是有限量,又不是无穷小量,也不是虚无.难道可以把它们称为死去的量的幽灵吗?"意思是说,在微积分中有时把 Δx 作为零,有时又不为零,自相矛盾.贝克莱的批评不是建设性的,但却是正确的.他的指责在当时的数学界引起了混乱,这就是第二次数学危机的爆发.

不过,在无穷小量的危机中,无穷小量顶住了各种形式的责难,以自己不可取代的应用优势发挥着巨大的作用.经过科学家们近两个世纪的探索,最终在以零为极限的序列中找到了自己的位置.从19世纪下半叶开始,极限理论逐渐取代了无穷小量的方法,并且在分析基础理论中具有统治地位.这样就解决了第二次数学危机,微积分学才得以完善.

第3章 导数的应用

本章将介绍中值定理、利用导数求极限的方法——洛必达(L'Hospital)法则、利用导数判断函数的单调区间、凸性区间、求一元函数极值和函数作图法等.

§3.1 中值定理与洛必达法则

3.1.1 中值定理

定理 3.1 （罗尔(Rolle)定理）如果函数 $y=f(x)$ 满足条件：(1) 在 $[a,b]$ 上连续；(2) 在 (a,b) 内可导；(3) $f(a)=f(b)$，则至少存在一点 $\xi \in (a,b)$，使 $f'(\xi)=0$.
（证明从略）

罗尔中值定理的几何意义：如果连续光滑曲线 $y=f(x)$ 在点 A,B 处的纵坐标相等，那么，弧 AB 上至少有一点 $C(\xi,f(\xi))$，曲线在 C 点的切线为水平切线，如图 3-1 所示.

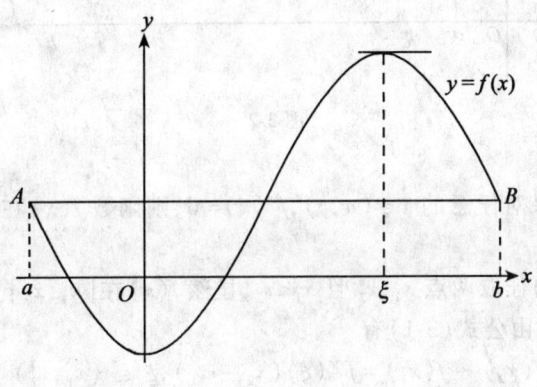

图 3-1

例1. 函数 $f(x)=x^2-3x-4$ 在 $[-1,4]$ 上是否满足罗尔中值定理的条件？如果满足，求区间 $(-1,4)$ 内满足罗尔中值定理的 ξ 值.

解 $f(x)=x^2-3x-4=(x+1)(x-4)$ 在 $[-1,4]$ 上连续，在 $(-1,4)$ 内可导，且 $f(-1)=f(4)=0$，所以满足罗尔中值定理条件. 解方程 $f'(x)=2x-3=0$，得 $x=\dfrac{3}{2} \in (-1,4)$，这即为满足罗尔中值定理的 ξ 值.

罗尔中值定理的三个条件缺一不可,否则定理的结论就可能不成立,请读者自己举出反例.

定理 3.2 （拉格朗日(Lagrange)定理） 如果函数 $y=f(x)$ 满足条件:(1)在 $[a,b]$ 上连续;(2)在 (a,b) 内可导.则在区间 (a,b) 内至少存在一点 ξ,使得

$$f'(\xi) = \frac{f(b)-f(a)}{b-a} \tag{3-1}$$

（证明从略）

拉格朗日中值定理的几何意义:假设函数 $y=f(x)$ 在区间 $[a,b]$ 上的图形是连续光滑的曲线弧 AB,如图 3-2 所示.连接点 $A(a,f(a))$ 和点 $B(b,f(b))$ 的弦 AB 的斜率为 $\frac{f(b)-f(a)}{b-a}$,而弧 AB 上某点 $C(\xi,f(\xi))$ 处的切线斜率为 $f'(\xi)$.定理结论表明:在 AB 上至少有一点 C,曲线在 C 点的切线平行于弦 AB.

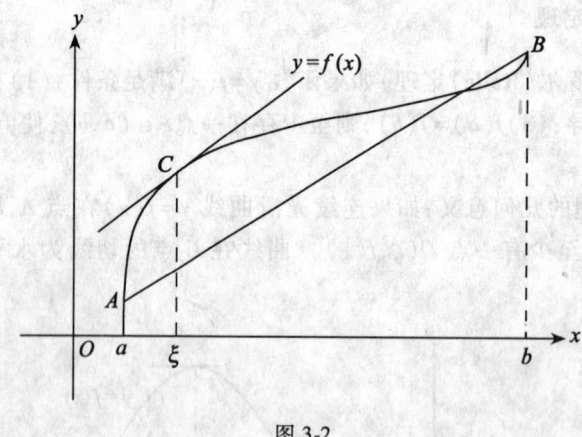

图 3-2

推论 3.1 如果对任意的 $x \in (a,b)$,$f'(x)=0$,则函数 $f(x)$ 在区间 (a,b) 内恒等于常数.

证 在 (a,b) 内任取两点 x_1,x_2 且 $x_1<x_2$,显然 $f(x)$ 在 $[x_1,x_2]$ 上满足拉格朗日中值定理的两个条件,由公式(3-1)有

$$f(x_2)-f(x_1)=f'(\xi)(x_2-x_1),\xi \in (x_1,x_2)$$

由假设可知 $f'(\xi)=0$,所以 $f(x_2)=f(x_1)$,再由 x_1,x_2 的任意性,因此 $f(x)$ 在区间 (a,b) 内是一常数.

例 2. 对于函数 $f(x)=\ln x$,在闭区间 $[1,e]$ 上验证拉格朗日中值定理的正确性.

解 显然 $f(x)=\ln x$ 在 $[1,e]$ 上连续,在 $(1,e)$ 内可导,又 $f(1)=\ln 1=0$,$f(e)=\ln e=1$,$f'(x)=\frac{1}{x}$,由拉格朗日中值定理,存在 $\xi \in (1,e)$,使得 $\frac{\ln e - \ln 1}{e-1}=\frac{1}{\xi}$,从而解得

$$\xi = e-1 \in (1,e).$$

在拉格朗日中值定理中,如果 $f(a)=f(b)$,则拉格朗日中值定理将转化成罗尔中

值定理,所以罗尔中值定理是拉格朗日中值定理的特例.

定理 3.3 （柯西(Cauchy)定理） 如果 $f(x), g(x)$ 满足以下条件：(1) 都在 $[a,b]$ 上连续，(2) 都在 (a,b) 内可导，(3) $g'(x) \neq 0, x \in (a,b)$，则存在 $\xi \in (a,b)$，使

$$\frac{f(b)-f(a)}{g(b)-g(a)} = \frac{f'(\xi)}{g'(\xi)} \tag{3-2}$$

（证明从略）

在式(3-2)中，如果 $g(x) = x$，则式(3-2)就转化成式(3-1)了，所以拉格朗日中值定理是柯西中值定理的特例.

3.1.2 洛必达(L'Hospital)法则

中值定理的一个重要的应用是计算函数的极限. 在第 1 章求极限时,我们遇到过许多无穷小之比或无穷大之比的极限. 这类极限可能存在,也可能不存在. 通常把这类极限称为不定式. 两个无穷小之比称为 $\dfrac{0}{0}$ 型不定式,两个无穷大之比称为 $\dfrac{\infty}{\infty}$ 型不定式,对于这两类极限,我们无法用"商的极限等于极限的商"这一规则进行运算. 洛必达法则是求不定式极限的一个简单有效的方法.

定理 3.4 （洛必达法则） 如果 $f(x)$ 和 $g(x)$ 满足下列条件：

(1) $\lim\limits_{x \to x_0} f(x) = 0, \lim\limits_{x \to x_0} g(x) = 0$;

(2) 在 x_0 的某一去心邻域内可导,且 $g'(x) \neq 0$;

(3) $\lim\limits_{x \to x_0} \dfrac{f'(x)}{g'(x)}$ 存在(或为无穷大).

则有

$$\lim_{x \to x_0} \frac{f(x)}{g(x)} = \lim_{x \to x_0} \frac{f'(x)}{g'(x)} \tag{3-3}$$

将定理 3.4 中的"$x \to x_0$"换为"$x \to \infty$"，定理的结论仍然成立.

例 3. 求 $\lim\limits_{x \to 0} \dfrac{2^x - 1}{x}$.

解
$$\lim_{x \to 0} \frac{2^x - 1}{x} = \lim_{x \to 0} \frac{2^x \ln 2}{1} = \ln 2.$$

例 4. 求 $\lim\limits_{x \to +\infty} \dfrac{\ln\left(1 + \dfrac{1}{x}\right)}{\operatorname{arccot} x}$.

解
$$\lim_{x \to +\infty} \frac{\ln\left(1+\dfrac{1}{x}\right)}{\operatorname{arccot} x} = \lim_{x \to +\infty} \frac{\dfrac{x}{x+1} \cdot \left(-\dfrac{1}{x^2}\right)}{\dfrac{-1}{1+x^2}} = \lim_{x \to +\infty} \frac{x^2+1}{x^2+x} = \lim_{x \to +\infty} \frac{1+\dfrac{1}{x^2}}{1+\dfrac{1}{x}} = 1.$$

例 5. 求 $\lim\limits_{x \to 0} \dfrac{\ln(1+3x)}{x^2}$.

解 $\lim\limits_{x\to 0}\dfrac{\ln(1+3x)}{x^2}=\lim\limits_{x\to 0}\dfrac{\dfrac{3}{1+3x}}{2x}=\lim\limits_{x\to 0}\dfrac{3}{2x(1+3x)}=\infty.$

例 6. 求 $\lim\limits_{x\to 0}\dfrac{\sin 3x}{3-\sqrt{2x+9}}.$

解 $\lim\limits_{x\to 0}\dfrac{\sin 3x}{3-\sqrt{2x+9}}=\lim\limits_{x\to 0}\dfrac{3\cos 3x}{-\dfrac{2}{2\sqrt{2x+9}}}=-\lim\limits_{x\to 0}3\sqrt{2x+9}\cos 3x=-9.$

定理 3.5（洛必达法则） 设函数 $f(x)$ 与 $g(x)$ 满足：

(1) $\lim\limits_{x\to x_0}f(x)=\infty,\lim\limits_{x\to x_0}g(x)=\infty$；

(2) 在点 x_0 的某一去心邻域内可导，且 $g'(x)\neq 0$；

(3) $\lim\limits_{x\to x_0}\dfrac{f'(x)}{g'(x)}$ 存在（或为无穷大）．

则有

$$\lim_{x\to x_0}\dfrac{f(x)}{g(x)}=\lim_{x\to x_0}\dfrac{f'(x)}{g'(x)} \tag{3-4}$$

将定理 3.4 中的"$x\to x_0$"换为"$x\to\infty$"，定理的结论仍然成立．

例 7. 求 $\lim\limits_{x\to 0^+}\dfrac{\ln\cot x}{\ln x}.$

解 $\lim\limits_{x\to 0^+}\dfrac{\ln\cot x}{\ln x}=\lim\limits_{x\to 0^+}\dfrac{\dfrac{1}{\cot x}(-\csc^2 x)}{\dfrac{1}{x}}=\lim\limits_{x\to 0^+}\dfrac{-x}{\sin x\cos x}=\lim\limits_{x\to 0^+}\left(-\dfrac{x}{\sin x}\right)\cdot\lim\limits_{x\to 0^+}\dfrac{1}{\cos x}=-1.$

例 8. 求 $\lim\limits_{x\to+\infty}\dfrac{\ln x}{x^n}$ $(n>0).$

解 $\lim\limits_{x\to+\infty}\dfrac{\ln x}{x^n}=\lim\limits_{x\to+\infty}\dfrac{\dfrac{1}{x}}{nx^{n-1}}=\lim\limits_{x\to+\infty}\dfrac{1}{nx^n}=0.$

习题 3.1

1. 证明：当 $x>0$ 时，$e^x>1+x.$

2. 证明恒等式 $\arctan x+\arctan\dfrac{1}{x}=\dfrac{\pi}{2},x>0.$

3. 若 $f'(x)=k$，证明 $f(x)=kx+b$（b 为任意常数）．

4. 求下列极限

(1) $\lim\limits_{x\to 0}\dfrac{x^3}{x-\sin x};$ (2) $\lim\limits_{x\to 0}\dfrac{e^{-\frac{1}{x^2}}}{x};$ (3) $\lim\limits_{x\to 0}\dfrac{x(e^x+1)-2(e^x-1)}{x^3};$

(4) $\lim\limits_{x\to 0}\dfrac{x\cdot(e^x-1)}{\cos x-1};$ (5) $\lim\limits_{x\to 0}\left(\dfrac{1}{x}-\dfrac{1}{e^x-1}\right).$

§3.2 函数的单调性与极值

一个函数在某个区间内单调增减的变化规律,是我们研究函数图形时首先要考虑的,在第1章我们已经给出了函数在某个区间内单调增减性的定义,本节介绍应用函数的导数讨论函数的单调性的方法.

3.2.1 函数的单调性

先从几何直观分析,考察图3-3,函数$f(x)$在区间(a,b)内所对应的曲线AB上的任意一点处的切线与Ox轴正向的夹角α均为锐角,所以其正切值大于零,即$\tan\alpha>0$,从而函数$f(x)$在对应点处的导数$f'(x)>0$,此时弧AB是一条沿Ox轴正向上升的曲线,那么函数$f(x)$在(a,b)内是单调增加的.相反地,图3-4中函数$f(x)$在(a,b)内所对应的曲线弧AB上每一点处的切线与Ox轴正向的夹角α均为钝角,所以其正切值小于零,即$\tan\alpha<0$,从而函数$f(x)$在对应点处的导数$f'(x)<0$,此时曲线弧AB是一条沿Ox轴正向下降的曲线,那么函数$f(x)$在区间(a,b)内是单调减少的.一般地,有下述判别定理:

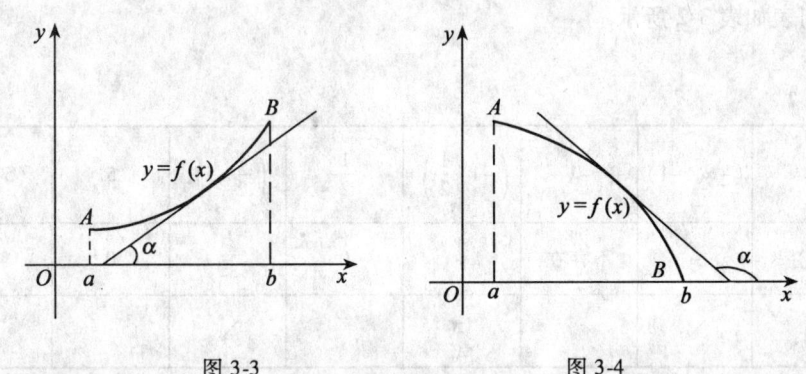

图3-3　　　　　图3-4

定理3.6 设函数$f(x)$在区间(a,b)内可导.
(1)如果在(a,b)内,$f'(x)>0$,那么函数$f(x)$在(a,b)内单调增加;
(2)如果在(a,b)内,$f'(x)<0$,那么函数$f(x)$在(a,b)内单调减少.
(证明从略)

例1. 判定函数$f(x)=x^3+x$的单调性.

解 由于$f'(x)=3x^2+1>0,x\in(-\infty,+\infty)$,因此$f(x)$在$(-\infty,+\infty)$内是单调增加的.

例2. 求函数$f(x)=x-e^x$的单调区间.

解 函数$f(x)=x-e^x$的定义域为$(-\infty,+\infty)$,由于$f'(x)=1-e^x$,令$f'(x)=0$,得$x=0$.列表3-1讨论如下:

表 3-1

x	$(-\infty, 0)$	0	$(0, +\infty)$
$f'(x)$	+	0	-
$f(x)$	↗		↘

所以函数在 $(-\infty, 0)$ 内单调增加,在 $(0, +\infty)$ 内单调减少.

例 3. 求函数 $f(x) = (x-5)^2 \sqrt[3]{(x+1)^2}$ 的单调区间.

解 函数 $f(x) = (x-5)^2 \sqrt[3]{(x+1)^2}$ 的定义域为 $(-\infty, +\infty)$.

$$f'(x) = 2(x-5)\sqrt[3]{(x+1)^2} + (x-5)^2 \frac{2}{3\sqrt[3]{x+1}}$$

$$= \frac{2(x-5)(3x+3+x-5)}{3\sqrt[3]{x+1}} = \frac{4(2x-1)(x-5)}{3\sqrt[3]{x+1}}$$

令 $f'(x) = 0$,得 $x_1 = \frac{1}{2}, x_2 = 5$,函数的不可导点为 $x = -1$,它们将定义域分成 4 个区间,列表如表 3-2 所示.

表 3-2

x	$(-\infty, -1)$	-1	$\left(-1, \frac{1}{2}\right)$	$\frac{1}{2}$	$\left(\frac{1}{2}, 5\right)$	5	$(5, +\infty)$
$f'(x)$	-	不存在	+	0	-	0	+
$f(x)$	↘		↗		↘		↗

由表 3-2 可以看出,函数在 $(-\infty, -1), \left(\frac{1}{2}, 5\right)$ 内单调减少,在 $\left(-1, \frac{1}{2}\right), (5, +\infty)$ 内单调增加.

例 4. 求函数 $f(x) = (1-x)^3(3x-2)^2$ 的单调区间.

解 函数 $f(x) = (1-x)^3(3x-2)^2$ 的定义域为 $(-\infty, +\infty)$.

$$f'(x) = -3(1-x)^2(3x-2)^2 + 6(1-x)^3(3x-2) = 3(1-x)^2(3x-2)(4-5x)$$

令 $f'(x) = 0$,得 $x_1 = \frac{2}{3}, x_2 = \frac{4}{5}, x_3 = 1$,它们将定义域分成 4 个区间,列表如表 3-3 所示.

表 3-3

x	$\left(-\infty,\dfrac{2}{3}\right)$	$\dfrac{2}{3}$	$\left(\dfrac{2}{3},\dfrac{4}{5}\right)$	$\dfrac{4}{5}$	$\left(\dfrac{4}{5},1\right)$	1	$(1,+\infty)$
$f'(x)$	$-$	0	$+$	0	$-$	0	$-$
$f(x)$	↘		↗		↘		↘

由表 3-3 可见,在 $\left(-\infty,\dfrac{2}{3}\right)$,$\left(\dfrac{4}{5},+\infty\right)$ 内函数单调减少,在 $\left(\dfrac{2}{3},\dfrac{4}{5}\right)$ 内函数单调增加.

3.2.2 函数的极值

从上述例 4 中可以看出,函数 $f(x)=(1-x)^3(3x-2)^2$ 在点 $x=\dfrac{2}{3}$ 的左侧附近是单调减少的,在点 $x=\dfrac{2}{3}$ 的右侧附近是单调增加的,点 $x=\dfrac{2}{3}$ 是 $f(x)$ 的单调区间的分界点,而且在该点的某个去心邻域内,$f(x)>f\left(\dfrac{2}{3}\right)$ 均成立,满足这种性质的点在应用上具有重要意义,现定义如下:

定义 3.1 设函数 $y=f(x)$ 在点 x_0 的某个邻域内有定义,x_0 是 (a,b) 内的一个点.

(1)若存在着点 x_0 的一个去心邻域,对于去心邻域内的任何点 x,恒有 $f(x)<f(x_0)$,则称 $f(x_0)$ 为函数 $f(x)$ 的极大值,并且称点 x_0 是 $f(x)$ 的极大值点.

(2)若存在着点 x_0 的一个去心邻域,对于去心邻域内的任何点 x,恒有 $f(x)>f(x_0)$,则称 $f(x_0)$ 为函数 $f(x)$ 的极小值,并且称点 x_0 是 $f(x)$ 的极小值点.

函数的极大值与极小值统称为函数的极值,极大值点与极小值点统称为函数的极值点.显然,极值是一个局部概念,它只是在与极值点的某邻域内点的函数值相比较而言,并不意味着函数的极值在函数的值域内的最大或最小,极大值与极小值的数值大小没有可比性,有可能出现函数 $f(x)$ 的某个极大值小于某个极小值的情形.如图 3-5 所示,函数 $f(x)$ 在定义域 $[a,b]$ 内有两个极大值 $f(x_1),f(x_4)$ 和两个极小值 $f(x_2),f(x_5)$,其中极小值 $f(x_5)$ 大于极大值 $f(x_1)$.

由图 3-5 可以看到,在可导的极值点 x_1,x_5 处,有 $f'(x_1)=f'(x_5)=0$,而在 $x=x_3$ 处,虽然 $f'(x_3)=0$,但 x_3 不是极值点.还有在 $x=x_2$ 及 $x=x_4$ 处,虽然 $f(x)$ 不可导,但这两点却是极值点.

函数极值的性质及判别法如下.

定理 3.7(必要条件) 设函数 $f(x)$ 在点 x_0 处可导,且点 x_0 是 $f(x)$ 的极值点,则在点 x_0 处的导数为零,即 $f'(x_0)=0$.

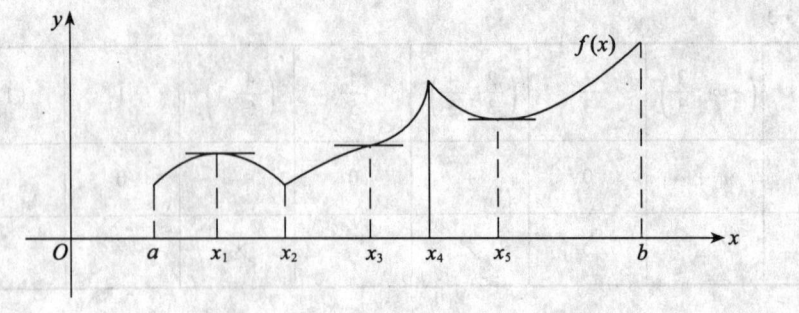

图 3-5

使导数为零的点(即方程 $f'(x)=0$ 的实根)称为函数 $f(x)$ 的驻点.

定理 3.7 说明,可导函数的极值点一定是驻点,但是,驻点却不一定是极值点,如图 3-5 中的点 x_3 就是其一;而不可导点,也不一定不是极值点,函数 $f(x)=(x-5)^2\sqrt[3]{(x+1)^2}$ 在点 $x=-1$ 处不可导,但 $f(-1)$ 却是 $f(x)$ 的极小值,下面给出两个判断极值的充分条件.

定理 3.8(判别法一) 设函数 $f(x)$ 在点 x_0 连续,在 x_0 的一个邻域内可导,且 $f'(x_0)=0$ 或 $f'(x_0)$ 不存在,则:

(1) 如果当 x 取 x_0 左侧邻近的值时, $f'(x)<0$,当 x 取 x_0 右侧邻近的值时 $f'(x)>0$,则 $f(x)$ 在 x_0 处取得极小值;

(2) 如果当 x 取 x_0 左侧邻近的值时 $f'(x)>0$,当 x 取 x_0 右侧邻近的值时 $f'(x)<0$,则 $f(x)$ 在 x_0 处取得极大值;

(3) 如果当 x 取 x_0 左、右两侧邻近的值时 $f'(x)$ 不变号,则 $f(x)$ 在 x_0 处没有极值.

例 5. 求 $f(x)=x^3(x-2)^2$ 的极值.

解 $$f(x)=x^3(x-2)^2 \quad (-\infty<x<+\infty),$$
$$f'(x)=3x^2(x-2)^2+2x^3(x-2)=x^2(x-2)(5x-6),$$

令 $f'(x)=0$,得到驻点 $x_1=0, x_2=\dfrac{6}{5}, x_3=2$,列表如表 3-4 所示.

表 3-4

x	$(-\infty,0)$	0	$\left(0,\dfrac{6}{5}\right)$	$\dfrac{6}{5}$	$\left(\dfrac{6}{5},2\right)$	2	$(2,+\infty)$
$f'(x)$	+	0	+	0	−	0	+
$f(x)$	↗	非极值	↗	极大值	↘	极小值	↗

由表 3-4 可见, $f(x)$ 的极大值为 $f\left(\dfrac{6}{5}\right)=\dfrac{3456}{3125}$,极小值为 $f(2)=0$.

例6. 求 $f(x)=\sqrt[3]{(2x-x^2)^2}$ 的极值.

解 所论函数的定义域是 $(-\infty,+\infty)$

$$f'(x)=\frac{2}{3}\frac{(2-2x)}{\sqrt[3]{2x-x^2}}=\frac{4(1-x)}{3\sqrt[3]{2x-x^2}}$$

令 $f'(x)=0$ 得到驻点 $x=1$,导数不存在的点是 $x=0,x=2$. 这三个点将定义域分为 4 个区间,列表如表 3-5 所示.

表 3-5

x	$(-\infty,0)$	0	$(0,1)$	1	$(1,2)$	2	$(2,+\infty)$
$f'(x)$	−	不存在	+	0	−	不存在	+
$f(x)$	↘	极小值 0	↗	极大值 1	↘	极小值 0	↗

由表 3-5 可见,$f(x)$ 的极小值为 $f(0)=f(2)=0$,极大值为 $f(1)=1$.

定理 3.9(判别法二) 设 $f(x)$ 在点 x_0 具有二阶导数,且 $f'(x_0)=0$,则:

(1) 当 $f''(x_0)>0$ 时,$f(x)$ 在点 x_0 处取极小值,

(2) 当 $f''(x_0)<0$ 时,$f(x)$ 在点 x_0 处取极大值.

对于 $f''(x_0)=0$ 的情况,定理 3.9 无法判别,这时,点 x_0 可能是极值点,也可能不是极值点,需用判别法一来判别,因此判别法一适用面更广.

例7. 求 $f(x)=\ln(1+x^2)$ 的极值.

解 函数的定义域为 $(-\infty,+\infty)$

$$f'(x)=\frac{1}{1+x^2}\cdot 2x=\frac{2x}{1+x^2}$$

令 $f'(x)=0$,得驻点 $x=0$. 又因

$$f''(x)=\frac{2(1-x^2)}{(1+x^2)^2}, f''(0)=2>0$$

故 $x=0$ 为极小值点. 极小值为 $f(0)=0$.

习题 3.2

1. 求函数 $f(x)=3x-x^3$ 的单调区间.

2. 讨论函数 $y=\dfrac{x}{\ln x}$ 的增减性.

3. 证明不等式 $\ln(1+x)<x$ $(x>0)$.

4. 当 $x>0$ 时,证明不等式 $x-\dfrac{x^2}{2}<\ln(1+x)$.

5. 求函数 $y=2x^3-3x^2-12x+14$ 的极值点和极值.

6. 求函数 $y=x^4-4x^3+6x^2-4x+4$ 的极值.

§3.3 最大值与最小值及经济应用举例

3.3.1 最大值与最小值问题

函数的最大值、最小值与极大值、极小值一般说是不同的.

若 $x_0 \in [a,b]$，对于一切 $x \in [a,b]$ 恒有

$$f(x_0) \geq f(x) \text{（或} f(x_0) \leq f(x)\text{）}$$

则称 $f(x_0)$ 是函数 $f(x)$ 在区间 $[a,b]$ 上的最大值（或最小值）.

由上述定义可知，极值是局部性的概念，而最大值（或最小值）是全局性的概念，极值只是函数在极值点的某邻域的最大值（或最小值），而最大值（或最小值）是函数在所考察的区间上全部函数值中的最大值（或最小值）.

对于一个闭区间 $[a,b]$ 上的连续函数 $f(x)$，函数 $f(x)$ 的最大值、最小值只能在区间的端点、驻点及不可导点处取得，将以上特殊点的函数值相比较，其中最大的就是函数 $f(x)$ 在 $[a,b]$ 上的最大值 $\max\limits_{a \leq x \leq b} f(x)$，最小的就是函数 $f(x)$ 在 $[a,b]$ 上的最小值 $\min\limits_{a \leq x \leq b} f(x)$.

例1. 求 $f(x) = (x-9)\sqrt[5]{x^4}$ 在 $[-2,6]$ 上的最大值和最小值.

解 $f(x)$ 在 $[-2,6]$ 上连续.

$$f'(x) = \sqrt[5]{x^4} + \frac{4}{5}(x-9)x^{-\frac{1}{5}} = \frac{9(x-4)}{5 \cdot \sqrt[5]{x}}$$

在 $x=0$ 处，$f'(x)$ 不存在，$x=4$ 为 $f(x)$ 的驻点.

$$f(-2) = -11\sqrt[5]{16} \approx -19.15, \quad f(0) = 0$$
$$f(4) = -5\sqrt[5]{256} \approx -15.16, \quad f(6) = -3\sqrt[5]{1296} \approx -12.58$$

比较以后，可知 $f(x)$ 在 $[-2,6]$ 上的最大值为 $f(0)=0$，最小值为 $f(-2)=-11\sqrt[5]{16}$.

例2. 求 $f(x) = x^4 - 2x^2 + 1$ 在 $\left[-\frac{1}{2}, 2\right]$ 上的最大值和最小值.

解 $f(x)$ 在 $\left[-\frac{1}{2}, 2\right]$ 上连续.

$$f'(x) = 4x^3 - 4x = 4x(x-1)(x+1),$$

$f(x)$ 有三个驻点：$x=-1, x=0, x=1$. 其中 $x=-1$ 不在指定区间内.

$$f\left(-\frac{1}{2}\right) = \frac{9}{16}, \quad f(0) = 1, \quad f(1) = 0, \quad f(2) = 9$$

比较以后，可知 $f(x)$ 在 $\left[-\frac{1}{2}, 2\right]$ 上的最大值为 $f(2)=9$，最小值为 $f(1)=0$.

如果函数 $f(x)$ 在区间 (a,b) 内只有一个驻点 x_0，并且 x_0 是函数 $f(x)$ 的极值点，那么当 $f(x_0)$ 是极大（小）值时，$f(x_0)$ 也是 $f(x)$ 在区间 $[a,b]$ 上的最大（小）值.

特别地，对于实际问题，如果函数 $f(x)$ 在区间 (a,b) 内只有一个驻点 x_0，而且从

实际问题本身又可以断定函数 $f(x)$ 在区间 (a,b) 内确有最大(小)值,那么 $f(x_0)$ 就是所要求的最大(小)值.

例3. 如图 3-6 所示,有一块边长为 am 的正方形铁皮,从 4 个角截去同样的小方块,做成一个无盖的小方盒子,试问小方块的边长为多少时才能使盒子容积最大?

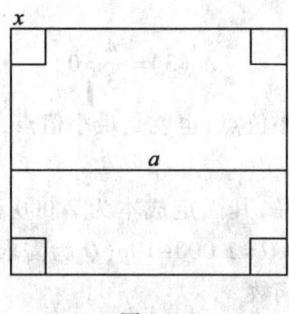

图 3-6

解 设小方块的边长为 xm $\left(0<x<\dfrac{a}{2}\right)$,则无盖方盒子的容积为

$$V = x(a-2x)^2 = 4x^3 - 4ax^2 + a^2x$$
$$V' = 12x^2 - 8ax + a^2 = (2x-a)(6x-a)$$

令 $V'=0$,求得 $x_1 = \dfrac{a}{2}, x_2 = \dfrac{a}{6}$.

因为 $V'' = 24x - 8a$,$V''\left(\dfrac{a}{2}\right) = 4a > 0$,$V''\left(\dfrac{a}{6}\right) = -4a < 0$,所以 $x_2 = \dfrac{a}{6}$ 是极大值点,$x_1 = \dfrac{a}{2}$ 舍去.

由于 V 在区间 $\left(0, \dfrac{a}{2}\right)$ 内只有唯一的极大值,则这个极大值就是最大值. 所以,小方块的边长为 $\dfrac{a}{6}$m,盒子的容积最大,最大容积为

$$V\left(\dfrac{a}{6}\right) = \dfrac{2}{27}a^3 (\text{m}^3).$$

3.3.2 经济应用举例

例4. 某产品的固定成本是 18(万元),变动成本是 $2x^2+5x$(万元),其中 x 为产量(单位:百台),试求平均成本最低时的产量.

解 成本函数为 $\quad C(x) = 2x^2 + 5x + 18$,

平均成本 $\quad \bar{A}(x) = \dfrac{C(x)}{x}$

即 $\quad \bar{A}(x) = 2x + 5 + \dfrac{18}{x}$

求导 $$\bar{A}'(x) = 2 - \frac{18}{x^2}$$

令 $\bar{A}'(x) = 0$,解得驻点 $x = \pm 3$,取 $x = 3$($x = -3$ 舍去).

又 $$\bar{A}''(x) = \frac{36}{x^3}$$

则 $$\bar{A}''(3) = \frac{4}{3} > 0$$

故 $x = 3$ 是唯一的一个极小值点,也就是最小值点,因此当产量 $x = 3$(百台)时,平均成本最低.

例 5. 某工厂生产某种产品,其固定成本为 2 000 元,每生产一吨产品的成本为 60 元,该种产品的需求函数为 $Q = 1\,000 - 10p$(Q 为需求量,p 为价格). 试求:

(1) 总成本函数,总收入函数.

(2) 产量为多少吨时,利润最大?

(3) 获得最大利润时的价格.

解 (1) 成本函数为 $C(Q) = 60Q + 2\,000$,因需求函数 $Q = 1\,000 - 10p$,知 $p = 100 - \frac{Q}{10}$,所以,总收入函数为

$$R(Q) = pQ = 100Q - \frac{1}{10}Q^2.$$

(2) 利润函数为

$$L(Q) = R(Q) - C(Q) = -\frac{1}{10}Q^2 + 40Q - 2\,000$$

$$L'(Q) = -\frac{1}{5}Q + 40$$

令 $L'(Q) = 0$,解得 $Q = 200$.

又 $L''(Q) = -\frac{1}{5} < 0$,所以 $Q = 200$ 为唯一的一个极大值点,也是最大值点,即当产量为 200 吨时利润最大.

(3) 获得最大利润时的价格为

$$p = 100 - \frac{1}{10} \times 200 = 80(元).$$

习题 3.3

1. 求下列函数的最大值,最小值.

   (1) $y = 2x^3 - 3x^2$, $-1 \leq x \leq 4$;

   (2) $y = x^4 - 8x^2 + 2$, $-1 \leq x \leq 3$.

2. 某车间靠墙壁要盖一间长方形小屋,现有存砖只够砌 20 m 长的墙壁,试问应围成怎样的长方形才能使这间小屋面积最大?

3. 将一根长为36cm的铁丝截成两段,一段加工成圆,另一段加工成正方形,试问怎样截法,才能使圆和正方形面积之和最小?

4. 把一根直径为 r 的圆木锯成截面为矩形的梁,试问矩形截面的高 h 和宽 b 怎样选择才能使梁的抗弯截面模量最大 $\left(抗弯模量为 \omega=\dfrac{1}{6}bh^2\right)$?

5. 某工厂全年需要购进某种材料 3 200 吨,每次购进材料需要采购费 200 元,每吨材料库存一年需要库存费 2 元,如果每次购进的材料数量(即批量)相等,并且材料的消耗是均匀的(这时平均库存量为批量的一半).(1)试写出全年采购费和库存费的总和 $p(x)$ 与批量之间的函数关系;(2)试问批量 x 等于多少时,才能使全年采购费和库存费的总和 $p(x)$ 最小?

6. 某工厂的总收益函数与总成本函数分别为 $R(Q)=18Q$ 与 $C(Q)=Q^3-9Q^2+33Q+10$ (Q 是产量),其最大生产能力为 10,即 $Q\leq 10$,试求:(1)Q 为多少时利润最大,并写出最大利润;(2)利润最大时的产品销售单价是多少.

7. 设某工厂生产某种商品的固定成本为 200(百元),每生产一个单位商品,成本增加 5(百元),且已知需求函数 $Q=100-2p$(其中 p 为价格,Q 为产量),这种商品在市场上是畅销的.(1)试分别列出该商品的总成本函数 $C(p)$ 和总收益函数 $R(p)$ 的表达式;(2)求出使该商品的总利润最大的产量;(3)求出最大利润.

8. 设生产某种产品 x 个单位时的成本函数为 $C(x)=100+6x+\dfrac{x^2}{4}$(万元/单位),试求当产量 x 是多少时,平均成本最小.

§3.4 经济分析模型——边际分析与弹性分析*

3.4.1 边际分析

边际概念是经济学中的一个重要概念,一般是指经济函数的变化率. 设函数 $y=f(x)$ 是可导的,那么导函数 $f'(x)$ 在经济学中称为边际函数,在经济学中有边际需求、边际成本、边际收入、边际利润、边际效益等.

设产品的成本 C 与产量 Q 的函数关系为
$$C=C(Q),\quad (Q>0)$$
当产量从 Q_0 到 $Q_0+\Delta Q$ 时,成本的平均变化率为 $\dfrac{\Delta C}{\Delta Q}$,当产量为 Q_0 时,成本的变化率为
$$\lim_{\Delta Q\to 0}\dfrac{\Delta C}{\Delta Q}=\lim_{\Delta Q\to 0}\dfrac{C(Q_0+\Delta Q)-C(Q_0)}{\Delta Q}=C'(Q_0) \tag{3-5}$$
我们称变化率 $C'(Q_0)$ 为成本函数 $C=C(Q)$ 在 $Q=Q_0$ 处的边际成本,记为 $MC=C'(Q_0)$. 因为
$$\Delta C=C(Q_0+\Delta Q)-C(Q_0)\approx C'(Q_0)\Delta Q$$
当 $\Delta Q=1$ 时,有

$$\Delta C = C(Q_0 + 1) - C(Q_0) \approx C'(Q_0) = MC$$

上式表明当产量达到 Q_0 时,再生产一个单位产品所增加的成本为 ΔC,可以用成本函数 $C(Q)$ 在点 Q_0 处的变化率 $C'(Q_0)$(即边际成本 MC)近似地表示. 类似地,收入函数 $R(Q)$ 对产量 Q 的变化率 $R'(Q)$ 称为边际收入,记为 MR. 利润函数 $L(Q)$ 对产量 Q 的变化率 $L'(Q)$ 称为边际利润,记为 ML,等等.

例1. 设某产品的总成本函数和收入函数分别为

$$C(Q) = 3 + 2\sqrt{Q}, \quad R(Q) = \frac{5Q}{Q+1}$$

其中 Q 为该产品的销售量,试求该产品的边际成本、边际收入和边际利润.

解 边际成本为

$$MC = C'(Q) = 2 \cdot \frac{1}{2} Q^{-\frac{1}{2}} = \frac{1}{\sqrt{Q}}$$

边际收入为

$$MR = R'(Q) = \frac{5(Q+1) - 5Q}{(Q+1)^2} = \frac{5}{(Q+1)^2}$$

利润函数为

$$L(Q) = R(Q) - C(Q) = \frac{5Q}{Q+1} - 3 - 2\sqrt{Q}$$

边际利润为

$$ML = L'(Q) = R'(Q) - C'(Q) = \frac{5}{(Q+1)^2} - \frac{1}{\sqrt{Q}}.$$

例2. 某种商品的需求量 Q 与价格 p 的关系为

$$Q = 1600 \left(\frac{1}{4}\right)^p$$

(1) 试求边际需求 MQ;
(2) 当商品的价格 $p = 10$ 元时,试求该商品的边际需求量.

解 (1) $MQ = Q'(p) = 1600 \cdot \left(\frac{1}{4}\right)^p \ln\left(\frac{1}{4}\right) = -3200 \left(\frac{1}{4}\right)^p \ln 2.$

(2) $MQ(10) = Q'(10) = -3200 \left(\frac{1}{4}\right)^{10} \cdot \ln 2 = -\frac{25}{2^{13}} \ln 2.$

3.4.2 弹性分析

函数 $y = f(x)$ 的改变量 $\Delta y = f(x + \Delta x) - f(x)$ 称为函数在点 x 处的绝对改变量,Δx 为自变量在点 x 处的绝对改变量,函数在点 x 处的绝对改变量与函数在该点处的函数值之比 $\frac{\Delta y}{y}$ 称为函数在点 x 处的相对改变量.

定义3.2 设函数 $y = f(x)$ 在点 x 处可导,则称极限

$$\lim_{\Delta x \to 0} \frac{\frac{\Delta y}{y}}{\frac{\Delta x}{x}} = \lim_{\Delta x \to 0} \frac{\Delta y}{\Delta x} \cdot \frac{x}{y} = \frac{x}{y} \cdot f'(x) = \frac{x}{y} \cdot \frac{dy}{dx} \tag{3-6}$$

为函数 $y=f(x)$ 在点 x 处的相对变化率,或弹性,记为 η,即

$$\eta = \frac{x}{y} \cdot \frac{dx}{dy}. \tag{3-7}$$

函数 $y=f(x)$ 在点 x 处的弹性 η 反映了当自变量 x 变化 1% 时,函数 $f(x)$ 变化的百分数为 $|\eta|\%$.

若函数 $Q=Q(p)$ 为需求函数,其中,p 为价格,Q 为需求量,则需求弹性为

$$\eta_p = \frac{p}{Q} Q'(p).$$

若商品的需求弹性满足:
(1) $|\eta_p|>1$,则称该商品的需求富有弹性;
(2) $|\eta_p|=1$,则称该商品的需求具有单位弹性;
(3) $|\eta_p|<1$,则称该商品的需求缺乏弹性.

例 3. 某商品的需求函数为

$$Q = 10 - \frac{p}{2}$$

试求:(1) 需求价格弹性函数;
(2) 当 $p=5$ 时的需求价格弹性,并说明其经济意义;
(3) 当 $p=10$ 时的需求价格弹性,并说明其经济意义;
(4) 当 $p=15$ 时的需求价格弹性,并说明其经济意义.

解 (1) 按弹性定义

$$\eta_p = \frac{p}{Q} \cdot Q' = \frac{p}{10-\frac{p}{2}} \cdot \left(-\frac{1}{2}\right) = \frac{p}{p-20}.$$

(2) $$\eta_p(5) = \frac{5}{5-20} = \frac{1}{3}$$

由于 $|\eta_p(5)| = \frac{1}{3} < 1$,所以当 $p=5$ 时,该商品的需求缺乏弹性,此时价格上涨 1%,需求量下降 $\frac{1}{3}\%$.

(3) $$\eta_p(10) = \frac{10}{10-20} = -1$$

由于 $|\eta_p(10)|=1$,所以当 $p=10$ 时,该商品具有单位弹性,此时价格上涨 1%,将引起需求量下降 1%.

(4) $$\eta_p(15) = \frac{15}{15-20} = -3$$

由于 $|\eta_p(15)|=3>1$,所以当 $p=15$ 时,该商品是富有弹性的,此时若价格下降 1%,将导致需求量增加 3%.

习题 3.4

1. 设某商品的价格 p 关于需求量 Q 的函数为 $p=10-\dfrac{Q}{5}$,试求当 $p=6$ 时的总收益、平均收益、边际收益和需求价格弹性.

2. 设生产某产品 x 个单位的成本函数为 $C(x)=100+6x+\dfrac{x^2}{4}$,试求当 $x=10$ 时的总成本、平均成本、边际成本.

3. 设某商品的需求量 Q 对价格 p 的函数为 $Q=25\mathrm{e}^{-3p}$,试求当 $p=4$ 时的边际需求及价格弹性.

4. 设某商品的需求价格函数为 $Q=42-5p$,试求:(1)边际需求函数和需求价格弹性;(2)当 $p=6$ 时,若价格上涨 1%,总收益是增加还是减少? 总收益将变化多少?

§3.5 曲线的凹凸性与拐点、函数作图

3.5.1 曲线的凹凸性与拐点

前面我们已经讨论了函数的单调性和极值,这对于我们了解函数的性态与函数的作图都很有帮助,但这还不能全面反映函数图形的主要特性,例如函数曲线弯曲的方向该如何描述等.下面给出曲线凹凸性的概念.

定义 3.3 设函数 $f(x)$ 在 (a,b) 内连续.
(1) 如果对于任意的 $x_1, x_2 \in (a,b)$ 都有

$$f\left(\frac{x_1+x_2}{2}\right) < \frac{f(x_1)+f(x_2)}{2} \tag{3-8}$$

那么称 $f(x)$ 在 (a,b) 内的图形是凹的;
(2) 如果对于 $x_1, x_2 \in (a,b)$ 都有

$$f\left(\frac{x_1+x_2}{2}\right) > \frac{f(x_1)+f(x_2)}{2} \tag{3-9}$$

那么称 $f(x)$ 在 (a,b) 内的图形是凸的.

我们先来观察一下上述定义反映的几何性质. 如图 3-7 所示,如果任取两点,则连接这两点之间的弦总位于这两点之间弧段上方,而如图 3-8 所示的情形正好相反,曲线这种性质就是曲线的凹凸性.因此曲线的凹凸性可以用连接曲线弧上任意两点弦的中点与曲线弧上相应点的位置关系来描述.

我们也可以从另外一个方面来理解函数的凹凸性概念:凹弧上过任一点的切线

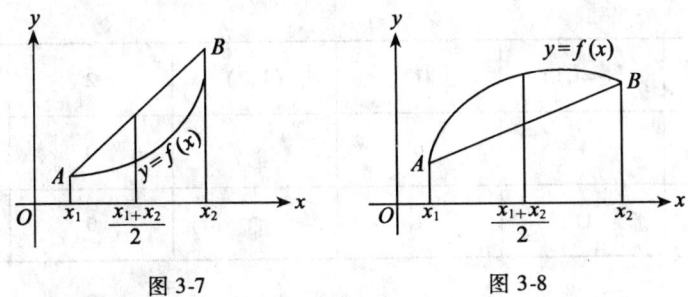

图 3-7　　　　　　　　　图 3-8

都在曲线弧之下,而凸弧上过任一点的切线都在曲线弧之上,如图 3-9 所示.

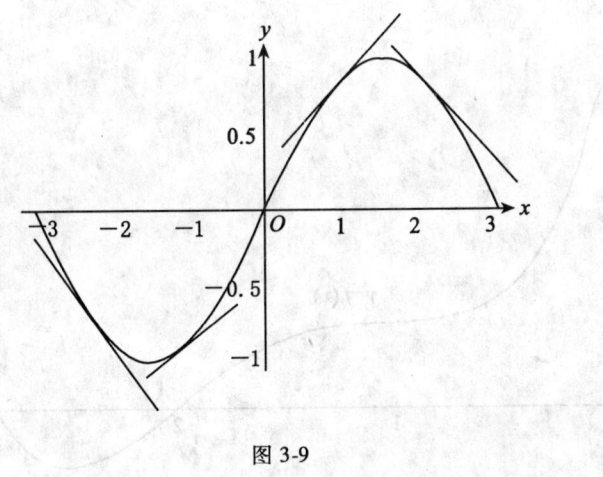

图 3-9

下面我们通过函数的二阶导数来刻画函数曲线的凹凸性:

定理 3.10　设 $f(x)$ 在 $[a,b]$ 上连续,在 (a,b) 内具有一阶导数和二阶导数.

(1) 如果在 (a,b) 内 $f''(x)>0$,则曲线 $y=f(x)$ 在 $[a,b]$ 上是凹的;

(2) 如果在 (a,b) 内 $f''(x)<0$,则曲线 $y=f(x)$ 在 $[a,b]$ 上是凸的.

(证明从略)

定义 3.4　设点 $M(x_0,f(x_0))$ 为曲线 $y=f(x)$ 上一点,若曲线在 M 点两侧有不同的凹凸性,则称点 M 为曲线 $y=f(x)$ 的一个拐点.

例 1. 求曲线 $f(x)=x^4-6x^3+12x^2-10x+4$ 的凹凸区间与拐点.

解
$$f'(x)=4x^3-18x^2+24x-10$$
$$f''(x)=12x^2-36x+24=12(x-1)(x-2)$$

令 $f''(x)=0$,解得 $x=1,x=2$,它们将定义域 $(-\infty,+\infty)$ 分成三个子区间,列表如表 3-6 所示.

表 3-6

x	$(-\infty,1)$	1	$(1,2)$	2	$(2,+\infty)$
$f''(x)$	+	0	−	0	+
$y=f(x)$	∪	1	∩	0	∪

从表 3-6 中得知区间 $(-\infty,1)$ 和 $(2,+\infty)$ 是曲线 $y=f(x)$ 的凹区间,区间 $(1,2)$ 是函数 $y=f(x)$ 的凸区间,曲线上 $(1,1),(2,0)$ 两点为拐点. 如图 3-10 所示.

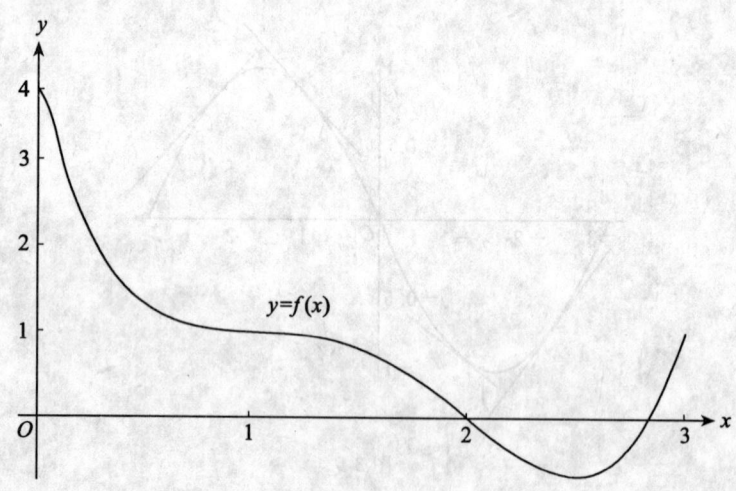

图 3-10

例 2. 求曲线 $f(x)=x\sqrt[3]{x+1}$ 的凹凸区间与拐点.

解
$$f'(x)=\sqrt[3]{x+1}+\frac{x}{3\sqrt[3]{(x+1)^2}}$$

$$f''(x)=\frac{1}{3\sqrt[3]{(x+1)^2}}+\frac{1}{3\sqrt[3]{(x+1)^2}}-\frac{2x}{9\sqrt[3]{(x+1)^5}}=\frac{2(2x+3)}{9\sqrt[3]{(x+1)^5}}$$

当 $x=-1$ 时,$f''(x)$ 不存在,令 $f''=0$,得 $x=-\frac{3}{2}$,这时 $f''\left(-\frac{3}{2}\right)=0$,$x=-1$ 和 $x=-\frac{3}{2}$ 将定义域 $(-\infty,+\infty)$ 分成三个子区间,列表如表 3-7 所示.

表 3-7

x	$\left(-\infty, -\dfrac{3}{2}\right)$	$-\dfrac{3}{2}$	$\left(-\dfrac{3}{2}, -1\right)$	-1	$(-1, +\infty)$
$f''(x)$	+	0	−	不存在	+
$y=f(x)$	∪	$\dfrac{3\sqrt[3]{4}}{4}$	∩	0	∪

从表 3-7 中得知区间 $\left(-\infty, -\dfrac{3}{2}\right)$ 和 $(-1, +\infty)$ 是曲线 $y=f(x)$ 的凹区间,区间 $\left(-\dfrac{3}{2}, -1\right)$ 是曲线 $y=f(x)$ 的凸区间. 曲线上 $\left(-\dfrac{3}{2}, \dfrac{3\sqrt[3]{4}}{4}\right)$ 和 $(-1, 0)$ 两点为拐点,如图 3-11 所示.

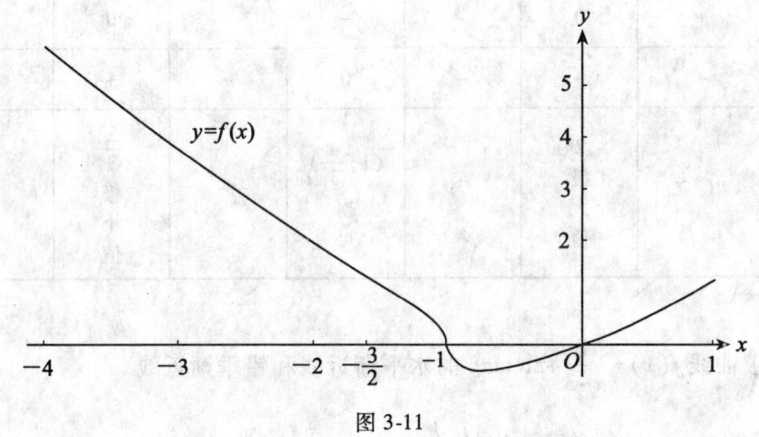

图 3-11

3.5.2 渐近线

当曲线 $y=f(x)$ 上的一动点 P 沿着曲线移向无穷远时,如果点 P 到某定直线 L 的距离趋向于零,那么直线 L 就称为曲线 $y=f(x)$ 的一条渐近线.

渐近线分为水平渐近线、铅垂渐近线和斜渐近线三种. 这里只讲水平渐近线和铅垂渐近线.

(1) 水平渐近线

如果 $\lim\limits_{x\to\infty}f(x)=b$,则称直线 $y=b$ 为曲线 $y=f(x)$ 的一条水平渐近线.

(2) 铅直渐近线

如果 $\lim\limits_{x\to x_0}f(x)=\infty$,则称直线 $x=x_0$ 为曲线 $y=f(x)$ 的一条铅垂渐近线.

例 3. 已知函数 $y=\dfrac{x^3}{3}-x^2+2$,试求其极值点和极值,求曲线的拐点.

解 函数定义域为 $(-\infty, +\infty)$.

$y' = x^2 - 2x = x(x-2)$，令 $y' = 0$ 得驻点 $x = 0$ 和 $x = 2$.

$y'' = 2(x-1)$，令 $y'' = 0$ 得 $x = 1$. 列表如表 3-8 所示.

表 3-8 中 "⌒" 表示曲线上升且凸的，"⌢" 表示曲线下降且凸的，"⌣" 表示曲线下降且凹的，"⌣" 表示曲线上升且凹的.

根据上述讨论，极大值点为 $x = 0$，极大值为 $y(0) = 2$，极小值点为 $x = 2$，极小值为 $y(2) = \dfrac{2}{3}$；拐点为 $\left(1, \dfrac{4}{3}\right)$.

表 3-8

x	$(-\infty, 0)$	0	$(0,1)$	1	$(1,2)$	2	$(2,+\infty)$
y'	+	0	−	−	−	0	+
y''	−	−	−	0	+	+	+
y（曲线）	⌒	2 极大值	⌢	$\left(1,\dfrac{4}{3}\right)$ 拐点	⌣	$\dfrac{2}{3}$ 极小值	⌣

例 4. 求曲线 $f(x) = \dfrac{1}{x-3} + \arctan x$ 的水平渐近线和铅垂渐近线.

解 因为
$$\lim_{x \to -\infty} f(x) = \lim_{x \to -\infty}\left(\dfrac{1}{x-3} + \arctan x\right) = -\dfrac{\pi}{2}$$
$$\lim_{x \to +\infty} f(x) = \lim_{x \to +\infty}\left(\dfrac{1}{x-3} + \arctan x\right) = \dfrac{\pi}{2}$$

所以 $y = -\dfrac{\pi}{2}$ 及 $y = \dfrac{\pi}{2}$ 是曲线的两条水平渐近线.

又因为 $\lim_{x \to 3} f(x) = \lim_{x \to 3}\left(\dfrac{1}{x-3} + \arctan x\right) = \infty$，

所以 $x = 3$ 是曲线的铅垂渐近线.

例 5. 求曲线 $f(x) = \dfrac{x^2 + x}{(x-2)(x+3)}$ 的水平渐近线和铅垂渐近线.

解 因为 $\lim_{x \to \infty} f(x) = \lim_{x \to \infty} \dfrac{x^2 + x}{(x-2)(x+3)} = 1$

所以 $y = 1$ 是曲线的一条水平渐近线.

又因为 $\lim_{x \to 2} f(x) = \lim_{x \to 2} \dfrac{x^2 + x}{(x-2)(x+3)} = \infty$

$$\lim_{x \to -3} f(x) = \lim_{x \to -3} \frac{x^2 + x}{(x-2)(x+3)} = \infty$$

所以 $x=2$ 及 $x=-3$ 是曲线的两条铅垂渐近线.

3.5.3 函数作图*

借助于一阶导数的符号,可以确定函数图形在哪个区间内上升,在哪个区间内下降,在什么地方有极值点;借助于二阶导数的符号,可以确定函数图形在哪个区间内为凹,在哪个区间内为凸,在什么地方有拐点.知道了函数图形的升降、凹凸以及极值点和拐点后,也就可以掌握函数的性态,并把函数的图形绘制得比较准确.

现在,随着现代计算机技术的进步,借助于计算机和许多数学软件,可以方便地绘制出各种函数的图形.但是,如何识别机器作图中的误差,如何掌握图形上的关键点,如何选择作图的范围等,从而进行人工干预,仍然需要我们在运用微分学的方法描绘函数图形的基本知识.

利用导数描绘函数图形的一般步骤如下:

第一步 确定函数 $y=f(x)$ 的定义域及函数所具有的某些特性(如奇偶性、周期性等),并求出函数的一阶导数 $f'(x)$ 和二阶导数 $f''(x)$;

第二步 求出一阶导数 $f'(x)$ 和二阶导数 $f''(x)$ 在函数定义域内的全部零点,并求出函数 $f(x)$ 的间断点及 $f'(x)$ 和 $f''(x)$ 不存在的点,并用这些点把函数的定义域划分成若干个部分区间;

第三步 确定在这些部分区间内 $f'(x)$ 和 $f''(x)$ 的符号,并由此确定函数图形的升降和凹凸,极值点和拐点;

第四步 确定函数图形的水平渐近线、铅垂渐近线以及其他变化趋势;

第五步 计算出 $f'(x)$ 和 $f''(x)$ 的零点以及不存在的点所对应的函数值,定出图形上相应的点;为了把图形描绘得准确些,有时还需要补充一些点;然后结合第三步、第四步中得出的结果,连接这些点绘制出函数 $y=f(x)$ 的图形.

例 6. 绘制 $f(x) = \dfrac{x}{x^2+1}$ 的图形.

解 (1) $f(x)$ 的定义域为 $(-\infty, +\infty)$,$f(x)$ 为奇函数,无周期性.由 $f(x)$ 的奇函数性质,我们只作 $[0, +\infty)$ 内的图形,$(-\infty, 0)$ 内的图形,由对称性画出;

(2) $$f'(x) = \frac{1-x^2}{(x^2+1)^2}, \quad f''(x) = \frac{2x(x^2-3)}{(x^2+1)^3}$$

$f(x)$ 的零点是 $x=0$,$f'(x)$ 在 $[0, +\infty)$ 内的零点是 $x=1$,$f''(x)$ 在 $[0, +\infty)$ 内的零点是 $x=0, x=\sqrt{3}$,$f(x), f'(x), f''(x)$ 在 $[0, +\infty)$ 上都存在.

(3) $x=0, 1, \sqrt{3}$ 将区间 $[0, +\infty)$ 分成三个子区间,并列表如表 3-9 所示.

表 3-9

x	0	(0,1)	1	$(1,\sqrt{3})$	$\sqrt{3}$	$(\sqrt{3},+\infty)$
$f'(x)$	+	+	0	-	-	-
$f''(x)$	0	-	-	-	0	+
$f(x)$	0	↗	$\dfrac{1}{2}$	↘	$\dfrac{\sqrt{3}}{4}$	↘

由表 3-9 可知:函数 $f(x)$ 在 $x=1$ 处取极大值，$f(1)=\dfrac{1}{2}$，曲线上有拐点 $\left(\sqrt{3},\dfrac{\sqrt{3}}{4}\right)$.

(4) 因为 $\lim\limits_{x\to\infty}f(x)=\lim\limits_{x\to\infty}\dfrac{x}{x^2+1}=0$，所以 $y=0$ 为一条水平渐近线.

(5) 综合以上分析，可以绘制出 $y=f(x)$ 在区间 $[0,+\infty)$ 内的图形，如图 3-12 所示. 再由 $f(x)$ 是奇函数，其图形关于原点对称的性质，绘制出 $f(x)$ 在 $(-\infty,0)$ 内的图形.

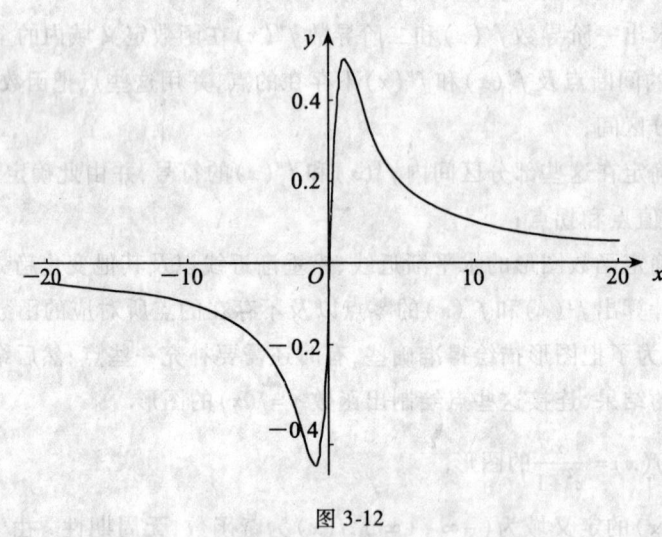

图 3-12

习题 3.5

1. 确定曲线 $y=2x^4-6x^2$ 的凹凸区间与拐点.

2. 确定曲线 $y=x\ln(1+x)$ 的凹凸区间与拐点.

3. 求曲线 $y=\dfrac{e^x}{x^2+2x-3}$ 的渐近线.

4. 求曲线 $y = e^{\frac{1}{x}} - 1$ 的水平渐近线.

5. 求曲线 $y = 1 + \dfrac{a}{(x-b)^2}$ (a,b 均为常数)的铅垂渐近线.

6. 作函数 $f(x) = \dfrac{1}{1-x^2}$ 的图形.

7. 作函数 $f(x) = \dfrac{1}{1+x^2}$ 的图形.

*历史的回顾与评述

关于拉格朗日、柯西、洛必达

拉格朗日(Lagrange, J. L. 法国物理学家、数学家) 18世纪第一流的数学家是约瑟夫·路易斯·拉格朗日. 他出生都灵,19岁时就在他的家乡出任炮兵学校的数学教授. 1756年,他曾把欧洲第一流的数学家提出的等周问题的一般解告诉欧拉(Euler),其证明过程发展了变分学,他的有关这个问题的论文马上使他被公认为欧洲第一流的数学家之一,那时他才不过20岁. 1758年,他创立了都灵科学院,并在6年中给他的期刊《都灵杂录》写了大量具有极高价值的论文. 1764年,因月球天平动的短论荣获巴黎科学院的奖金. 两年后因为钻研木星的卫星运动这一高深的课题,又一次获得科学院的奖金.

1766年他应菲特烈大帝的诚恳邀请来到柏林. 在那里居住了20年,这段时间他的作品浩如烟海. 他最有价值的一些贡献是在方程论方面,对数论也有特殊的才能,但最伟大的著作乃是《分析力学》,可以毫不夸张地说,这本书奠定了现代力学的基础. 拉格朗日的工作对于以后几个世纪中数学所遵循的路线有着深远的影响,在以后一百多年的时间里,几乎没有什么发现不是直接和他的各种研究有联系的.

菲特烈大帝去世后,拉格朗日便应路易十六之邀来到巴黎,被派往一个为了改革度量衡而设立的委员会里去,两年后任高等师范学校的数学教授. 该校维持了几个月时间即结束,他又回到工科大学任数学教授. 其间,拿破仑曾颁给他许多勋章,曾任元老院议员并被封为伯爵.

柯西(Cauchy, A. L. 法国数学家) 奥格斯丁·路易斯·柯西,杰出的法国数学家. 他受教于工科大学,1816年成为该校的力学教授. 后成为科学院院士,1832年当选为皇家学会会员. 当他由于精彩论文而受到包括拉格朗日和拉普拉斯(Laplace. P. S. M)在内的同代人的注意时,才22岁.

柯西曾随查理十世流亡到都灵,在那里他接受了教授的职位. 1838年回到巴黎后,被提名为法兰西高等学院的天文教授,他接受了这个职位,但在1852年因不愿进行忠于拿破仑三世的宣示而弃职.

柯西的著作非常多,几乎涉及所有的数学分支. 在最后的20年,就有500篇论文. 他的三部论著:《国立工科大学的分析教程》,1821;《工科大学的微积分讲义》,

1823；《微积分在几何学中的应用》，1827，对以后 100 年间的数学发展产生了深远的影响．但是，他对数学最伟大的贡献在于他对这门学科采取了清楚严谨的论述方式．他的全部著作都具有强调严密性的特点．

洛必达（L'Hospital，G. F. 法国数学家） 吉劳美·法兰索斯·安东尼·洛必达（1661—1704），欧洲大陆上关于微积分的最早一篇论文《无穷小分析》的作者．他是约翰·伯努利的学生．学习中很快就从他的老师那里获得了对新方法的热忱．事实上，可以毫不夸张地说，新方法之所以在法国普及，很大程度上是由于他的热忱．洛必达在不同的数学分支里都有著作，但最令人难忘的是他把新方法介绍到法国．

第4章 不定积分

我们在前面已研究了求已知函数的导数(或微分)的问题,但是,在许多实际问题中,常常需要解决相反的问题,即由一个函数的导函数(或微分)求出这个函数,为此,我们介绍不定积分的概念及其求法.

§4.1 不定积分的概念

4.1.1 不定积分的概念

定义 4.1 设 $F(x)$ 及 $f(x)$ 在区间 I 上都有定义,若在 I 上 $F'(x)=f(x)$,则称 $F(x)$ 为 $f(x)$ 在区间 I 上的一个原函数.

例如,$\frac{1}{3}x^3$ 是 x^2 在区间 $(-\infty,+\infty)$ 上的一个原函数,因为 $\left(\frac{1}{3}x^3\right)'=x^2$;又 $-\frac{1}{a}\cos ax\,(a\neq 0)$ 是 $\sin ax$ 在区间 $(-\infty,+\infty)$ 上的一个原函数,因为

$$\left(-\frac{1}{a}\cos ax\right)'=\sin ax.$$

研究原函数,必须解决下面两个重要问题:
(1)在什么条件下,一个函数的原函数存在? 如果存在,是否只有一个?
(2)若已知某函数的原函数存在,怎样将这个原函数求出来?

定理 4.1(原函数存在定理) 若函数 $f(x)$ 在区间 I 上连续,那么在区间 I 上存在原函数 $F(x)$,即 $F'(x)=f(x),x\in I$.

简单地说就是:连续函数一定有原函数.

由于初等函数在其定义区间上是连续的,因此初等函数在其定义区间内一定有原函数.

定理 4.2 设 $F(x)$ 是 $f(x)$ 在区间 I 上的一个原函数,则 $F(x)+C$ 也是 $f(x)$ 的原函数,C 为任意常数.

证明 因为 $(F(x)+C)'=F'(x)=f(x)$,所以 $F(x)+C$ 也是 $f(x)$ 的原函数.

这个定理表明,如果函数有一个原函数存在,则必有无穷多个,且它们彼此之间相差一个常数.

根据原函数的这种性质我们引入下面的定义:

定义 4.2 $f(x)$ 在区间 I 上的原函数全体称为 $f(x)$ 在 I 上的不定积分,记为

$$\int f(x)dx$$

其中 $\int$ 为积分号,$f(x)$ 为被积函数,$f(x)dx$ 为被积表达式,x 为积分变量.

如果 $F(x)$ 是 $f(x)$ 的一个原函数,则由定义有

$$\int f(x)dx = F(x) + C \tag{4-1}$$

其中 C 为任意常数.

由此可知,求一个函数的不定积分实际上只需求出该函数的一个原函数,再加上任意常数 C 即得.

例1. 求 $\int \sqrt{x}\,dx$.

解 因为 $\left(\dfrac{2}{3}x^{\frac{3}{2}}\right)' = x^{\frac{1}{2}} = \sqrt{x}$

所以 $\int \sqrt{x}\,dx = \dfrac{2}{3}x^{\frac{3}{2}} + C.$

例2. 求 $\int \dfrac{1}{x}dx$.

解 当 $x > 0$ 时,因为 $(\ln x)' = \dfrac{1}{x}$,所以

$$\int \dfrac{1}{x}dx = \ln x + C \quad (x > 0)$$

当 $x < 0$ 时,$-x > 0$,$[\ln(-x)]' = \dfrac{1}{-x}(-1) = \dfrac{1}{x}$ 所以

$$\int \dfrac{1}{x}dx = \ln(-x) + C \quad (x < 0)$$

合并上面两式,得到

$$\int \dfrac{1}{x}dx = \ln|x| + C \quad (x \neq 0).$$

不定积分的几何意义:若 $F(x)$ 是 $f(x)$ 的一个原函数,则称 $y = F(x)$ 的图像为 $f(x)$ 的一条积分曲线,于是函数 $f(x)$ 的不定积分表示 $f(x)$ 的某一条积分曲线沿着纵轴方向任意平行移动所得到的所有积分曲线组成的曲线族.

例3. 求经过点 $(1,3)$,且其切线的斜率为 $2x$ 的曲线方程.

解 设所求的曲线方程为 $y = f(x)$,按照题意,曲线上任一点 (x,y) 处的切线斜率为 $\dfrac{dy}{dx} = 2x$,即 $f(x)$ 是 x 的一个原函数.由 $\int 2xdx = x^2 + C$ 得曲线族 $y = x^2 + C$,将 $x = 1, y = 3$ 代入,得 $C = 2$,所以

$$y = x^2 + 2$$

就是所求曲线方程.

4.1.2 不定积分的性质

由不定积分的定义,可得如下性质:

性质 4.1 $\left[\int f(x)dx\right]' = f(x)$, 或 $d\left[\int f(x)dx\right] = f(x)dx$.

性质 4.2 $\int F'(x)dx = F(x) + C$, 或 $\int dF(x) = F(x) + C$.

也就是:不定积分的导数(或微分)等于被积函数(或被积表达式);一个函数的导数(或微分)的不定积分与这个函数相差一个任意常数.

性质 4.3 两个函数之和(差)的不定积分等于这两个函数的不定积分之和(差),即

$$\int [f(x) \pm g(x)]dx = \int f(x)dx \pm \int g(x)dx \qquad (4\text{-}2)$$

读者可以自己证明.

性质 4.4 求不定积分时,被积函数中不为零的常数因子可以提到积分号外面来,即

$$\int kf(x)dx = k\int f(x)dx \qquad (k \text{ 是常数},\text{且 } k \neq 0) \qquad (4\text{-}3)$$

4.1.3 直接积分法

因为求不定积分是求导数的逆运算,所以由基本导数公式对应可以得到基本积分公式:

(1) $\int 0dx = C$ (C 为常数);

(2) $\int x^\alpha dx = \dfrac{1}{\alpha + 1}x^{\alpha+1} + C$ ($\alpha \neq -1$);

(3) $\int \dfrac{1}{x}dx = \ln|x| + C$;

(4) $\int a^x dx = \dfrac{1}{\ln a}a^x + C$ ($a > 0, a \neq 1$);

(5) $\int e^x dx = e^x + C$;

(6) $\int \sin x dx = -\cos x + C$;

(7) $\int \cos x dx = \sin x + C$;

(8) $\int \sec^2 x dx = \tan x + C$;

(9) $\int \csc^2 x dx = -\cot x + C$;

(10) $\int \tan x \sec x dx = \sec x + C$;

(11) $\int \cot x \csc x dx = -\csc x + C$;

(12) $\int \dfrac{1}{1 + x^2}dx = \arctan x + C$;

(13) $\int \dfrac{1}{\sqrt{1 - x^2}}dx = \arcsin x + C$.

以上所列出的基本积分公式,是求不定积分的工具,必须熟记.结合不定积分的性质和基本积分公式便可以直接计算,称为直接积分法.按该方法我们就可以求一些不定积分.

例 4. 求 $\int(2-\sqrt{x})x\mathrm{d}x$.

解
$$\int(2-\sqrt{x})x\mathrm{d}x = \int(2x - x^{\frac{3}{2}})\mathrm{d}x = \int 2x\mathrm{d}x - \int x^{\frac{3}{2}}\mathrm{d}x$$
$$= x^2 - \frac{x^{\frac{3}{2}+1}}{\frac{3}{2}+1} + C = x^2 - \frac{2}{5}x^{\frac{5}{2}} + C.$$

例 5. 求 $\int(e^x + 2\sin x)\mathrm{d}x$.

解 $\int(e^x + 2\sin x)\mathrm{d}x = \int e^x\mathrm{d}x + 2\int \sin x\mathrm{d}x = e^x - 2\cos x + C.$

例 6. 求 $\int \dfrac{x^4}{1+x^2}\mathrm{d}x$.

解 由于 $\dfrac{x^4}{1+x^2} = x^2 - 1 + \dfrac{1}{1+x^2}$,所以
$$\int \frac{x^4}{1+x^2}\mathrm{d}x = \int\left(x^2 - 1 + \frac{1}{1+x^2}\right)\mathrm{d}x = \int x^2\mathrm{d}x - \int \mathrm{d}x + \int \frac{1}{1+x^2}\mathrm{d}x$$
$$= \frac{x^3}{3} - x + \arctan x + C.$$

例 7. 求 $\int \sin^2\dfrac{x}{2}\mathrm{d}x$.

解 $\int \sin^2\dfrac{x}{2}\mathrm{d}x = \int \dfrac{1-\cos x}{2}\mathrm{d}x = \dfrac{1}{2}\int \mathrm{d}x - \dfrac{1}{2}\int \cos x\mathrm{d}x = \dfrac{1}{2}x - \dfrac{1}{2}\sin x + C.$

例 8. 求 $\int \tan^2 x\mathrm{d}x$.

解 $\int \tan^2 x\mathrm{d}x = \int(\sec^2 x - 1)\mathrm{d}x = \tan x - x + C.$

例 9. 求 $\int \dfrac{\cos 2x}{\cos^2 x \sin^2 x}\mathrm{d}x$.

解
$$\int \frac{\cos 2x}{\cos^2 x \sin^2 x}\mathrm{d}x = \int \frac{\cos^2 x - \sin^2 x}{\cos^2 x \cdot \sin^2 x}\mathrm{d}x = \int \frac{1}{\sin^2 x}\mathrm{d}x - \int \frac{1}{\cos^2 x}\mathrm{d}x$$
$$= -(\cot x + \tan x) + C.$$

习题 4.1

1. 求下列不定积分

(1) $\int(1-3x^2)\mathrm{d}x$;   (2) $\int(2^x + x^2)\mathrm{d}x$;   (3) $\int \sqrt{x}(x-3)\mathrm{d}x$;

(4) $\int \dfrac{(t+1)^3}{t}\mathrm{d}t$;   (5) $\int \dfrac{u^2}{1+u^2}\mathrm{d}u$;   (6) $\int \dfrac{\sin 2x}{\cos x}\mathrm{d}x$;

(7) $\int \dfrac{1}{1+\cos 2x}\mathrm{d}x$;　　(8) $\int \cos^2 \dfrac{x}{2}\mathrm{d}x$;　　(9) $\int \dfrac{1}{\sin^2 x \cos^2 x}\mathrm{d}x$;

(10) $\int \sec x(\sec x - \tan x)\mathrm{d}x$.

2. 一曲线通过点 $(e^2, 3)$，且在任一点处的切线斜率等于该点横坐标的倒数，试求该曲线的方程.

3. 一物体以速度 $v = 3t^2 + 4t(\mathrm{m/s})$ 做直线运动，当 $t = 2\mathrm{s}$ 时，物体经过的路程 $s = 16\mathrm{m}$，试求该物体的运动规律.

§4.2　换元积分法

利用基本积分公式与不定积分的性质只能计算一些简单的不定积分，对一些较复杂的积分问题，需要寻求其他的积分方法. 本节我们将把复合函数微分的步骤倒过去，利用中间变量代换，得到复合函数积分法，称为换元积分法，按照选取中间变量的不同方式通常将换元法分为两类，现分别介绍如下.

4.2.1　第一类换元积分法（凑微分法）

设 $f(u)$ 具有原函数 $F(u)$，即

$$F'(u) = f(u), \quad \int f(u)\mathrm{d}u = F(u) + C$$

如果 u 是另一变量 x 的函数 $u = \varphi(x)$，且设 $\varphi(x)$ 可微，根据复合函数微分法有

$$\mathrm{d}F(u) = \mathrm{d}F[\varphi(x)] = f[\varphi(x)]\varphi'(x)\mathrm{d}x$$

根据不定积分的定义得

$$\int f[\varphi(x)]\varphi'(x)\mathrm{d}x = \int f[\varphi(x)]\mathrm{d}\varphi(x) = \left[\int f(u)\mathrm{d}u\right]_{u=\varphi(x)} = [F(u) + C]_{u=\varphi(x)}$$

于是有下列结论：

定理 4.3　设 $f(u)$ 具有原函数，$u = \varphi(x)$ 可导，则有

$$\int f(\varphi(x))\varphi'(x)\mathrm{d}x = \left[\int f(u)\mathrm{d}u\right]_{u=\varphi(x)} \tag{4-4}$$

如何利用公式(4-4)来求不定积分？这个公式就是通常所称的"凑微分公式"，这个方法的使用思路是：当积分 $\int g(x)\mathrm{d}x$ 不易计算时，先通过凑微分，将 $g(x)$ 表达成 $f[\varphi(x)]\varphi'(x)$ 的形式，再令 $u = \varphi(x)$，得积分 $\int f(u)\mathrm{d}u$，而该积分容易求出，这就扩大了基本积分表的使用范围. 例如

$$\int e^{\sin x}\cos x\mathrm{d}x \xrightarrow{\substack{\text{凑微分}\\ \cos x\mathrm{d}x = \mathrm{d}\sin x}} \int e^{\sin x}\mathrm{d}\sin x$$

$$\xrightarrow{\text{令 } u = \sin x} \int e^u \mathrm{d}u = e^u + C \xrightarrow{u = \sin x} e^{\sin x} + C.$$

例 1. 求 $\int \dfrac{1}{3x+1} dx$.

解 令 $u = 3x + 1$,则 $du = 3dx$,得
$$\int \dfrac{1}{3x+1} dx = \dfrac{1}{3}\int \dfrac{1}{u} du = \dfrac{1}{3}\ln |u| + C$$

再将 $u = 3x+1$ 代入上式得
$$\int \dfrac{1}{3x+1} dx = \dfrac{1}{3}\ln |3x+1| + C.$$

例 2. 求 $\int \dfrac{x}{\sqrt{x^2-3}} dx$.

解 令 $u = x^2 - 3$,则 $du = 2x dx$,得
$$\int \dfrac{x}{\sqrt{x^2-3}} dx = \dfrac{1}{2}\int u^{-\frac{1}{2}} du = \sqrt{u} + C$$

所以
$$\int \dfrac{x}{\sqrt{x^2-3}} dx = \sqrt{x^2-3} + C.$$

例 3. 求 $\int x e^{x^2} dx$.

解 令 $u = x^2$,则 $du = 2x dx$,得
$$\int x e^{x^2} dx = \dfrac{1}{2}\int e^u du = \dfrac{1}{2} e^u + C$$

所以
$$\int x e^{x^2} dx = \dfrac{1}{2} e^{x^2} + C.$$

当运算熟练以后,可以不必把 u 写出来,直接将被积表达式凑微分,然后再用积分公式.如

$$\int x e^{x^2} dx = \dfrac{1}{2}\int e^{\boxed{x^2}} d(\boxed{x^2}) = \dfrac{1}{2} e^{\boxed{x^2}} + C.$$

例 4. 求 $\int \tan x dx$.

解 $\int \tan x dx = \int \dfrac{\sin x}{\cos x} dx = -\int \dfrac{1}{\cos x} d\cos x = -\ln |\cos x| + C.$

同理
$$\int \cot x dx = \ln |\sin x| + C.$$

例 5. 求 $\int \dfrac{1}{a^2 - x^2} dx$.

解 $\int \dfrac{1}{a^2 - x^2} dx = \dfrac{1}{2a}\int \left(\dfrac{1}{a+x} + \dfrac{1}{a-x} \right) dx = \dfrac{1}{2a}\int \dfrac{dx}{a+x} + \dfrac{1}{2a}\int \dfrac{dx}{a-x}$
$= \dfrac{1}{2a}\ln |a+x| - \dfrac{1}{2a}\ln |a-x| + C$

$$= \frac{1}{2a}\ln\left|\frac{a+x}{a-x}\right| + C \quad (a>0).$$

例 6. 求 $\int \frac{1}{a^2+x^2}dx$.

解 $\int \frac{1}{a^2+x^2}dx = \int \frac{1}{a^2}\cdot\frac{1}{1+\left(\frac{x}{a}\right)^2}dx = \frac{1}{a}\int\frac{1}{1+\left(\frac{x}{a}\right)^2}\cdot d\frac{x}{a} = \frac{1}{a}\arctan\frac{x}{a}+C.$

例 7. 求 $\int \csc x\, dx$.

解 $\int \csc x\, dx = \int \frac{dx}{\sin x} = \int \frac{\cos\frac{x}{2}}{\sin\frac{x}{2}}d\tan\frac{x}{2} = \int\frac{d\tan\frac{x}{2}}{\tan\frac{x}{2}} = \ln\left|\tan\frac{x}{2}\right| + C$

$= \ln|\csc x - \cot x| + C.$

例 8. 求 $\int \sec x\, dx$.

解 $\int \sec x\, dx = \int \frac{dx}{\cos x} = \int \frac{d\left(x+\frac{\pi}{2}\right)}{\sin\left(x+\frac{\pi}{2}\right)} = \ln\left|\csc\left(x+\frac{\pi}{2}\right)-\cot\left(x+\frac{\pi}{2}\right)\right|+C$

$= \ln|\sec x + \tan x| + C.$

4.2.2 第二类换元积分法(三角换元法)

从上面几个例子可以看到,使用第一换元积分法,关键是设法把被积表达式 $g(x)dx$ 凑成 $f[\varphi(x)]\varphi'(x)dx$ 的形式,再适当选取 $u=\varphi(x)$,把 $g(x)dx$ 化成 $f(u)du$,使得原函数容易求出.

另有一些不定积分 $\int g(x)dx$,经适当选择 $x=\varphi(t)$ 之后,得到容易求出的 $\int f[\varphi(t)]\varphi'(t)dt$.

定理 4.4(三角换元法) 设 $x=\varphi(t)$ 是单调的、可导的函数,并且 $\varphi'(t)\neq 0$,又设 $f[\varphi(t)]\varphi'(t)$ 具有原函数,则有换元公式

$$\int f(x)dx = \left\{\int f[\varphi(t)]\varphi'(t)dt\right\}_{t=\varphi^{-1}(x)} \tag{4-5}$$

其中 $\varphi^{-1}(x)$ 是 $x=\varphi(t)$ 的反函数.

下面举例说明公式(4-5)的应用.

例 9. 求 $\int \sqrt{a^2-x^2}\,dx \quad (a>0).$

解 设 $x = a\sin t, t\in\left(-\frac{\pi}{2},\frac{\pi}{2}\right)$,则 $dx = a\cos t\, dt\,(a>0)$

$$\sqrt{a^2-x^2} = \sqrt{a^2-a^2\sin^2 t} = a\cos t$$

于是
$$\int \sqrt{a^2-x^2}\,\mathrm{d}x = \int a\cos t \cdot a\cos t\,\mathrm{d}t = a^2 \int \cos^2 t\,\mathrm{d}t$$

$$= a^2 \int \frac{1+\cos 2t}{2}\mathrm{d}t = \frac{a^2}{2}\left(t+\frac{1}{2}\sin 2t\right)+C,$$

将 $t=\arcsin\dfrac{x}{a}$ 代入,并由 $\sin t = \dfrac{x}{a}$, $\cos t = \dfrac{1}{a}\sqrt{a^2-x^2}$ 有

$$\int \sqrt{a^2-x^2}\,\mathrm{d}x = \frac{a^2}{2}\arcsin\frac{x}{a} + \frac{x}{2}\sqrt{a^2-x^2}+C.$$

例 10. 求 $\displaystyle\int \frac{\mathrm{d}x}{\sqrt{a^2+x^2}}$ $(a>0)$.

解 令 $x=a\tan t$, $\left(-\dfrac{\pi}{2}<t<\dfrac{\pi}{2}\right)$, 那么

$$\sqrt{x^2+a^2} = \sqrt{a^2+a^2\tan^2 t} = a\sqrt{1+\tan^2 t} = a\sec t, \mathrm{d}x = a\sec^2 t\,\mathrm{d}t$$

于是
$$\int \frac{\mathrm{d}x}{\sqrt{x^2+a^2}} = \int \frac{a\sec^2 t}{a\sec t}\mathrm{d}t = \int \sec t\,\mathrm{d}t = \ln|\sec t + \tan t| + C.$$

为了把 $\sec t$ 换成 x 的函数,我们可以根据 $\tan t = \dfrac{x}{a}$ 作辅助三角形(如图 4-1 所示),即得 $\sec t = \dfrac{\sqrt{a^2+x^2}}{a}$,因此

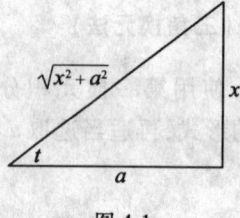

图 4-1

$$\int \frac{\mathrm{d}x}{\sqrt{a^2+x^2}} = \ln\left|\frac{\sqrt{a^2+x^2}}{a}+\frac{x}{a}\right| + C_1 = \ln\left|x+\sqrt{a^2+x^2}\right| + C$$

其中 $C = C_1 - \ln a$.

例 11. 求 $\displaystyle\int \frac{\mathrm{d}x}{\sqrt{x^2-a^2}}$ $(a>0)$.

解 令 $x = a\sec t$ $\left(0<t<\dfrac{\pi}{2}\right)$, 则

$$\mathrm{d}x = a\sec t \cdot \tan t \cdot \mathrm{d}t$$

于是
$$\int \frac{\mathrm{d}x}{\sqrt{x^2-a^2}} = \int \frac{1}{a\tan t} \cdot a \cdot \sec t \cdot \tan t \cdot \mathrm{d}t = \int \sec t\,\mathrm{d}t = \ln|\sec t + \tan t| + C_1$$

为了把 $\tan t$ 换成 x 的函数,我们根据 $\sec t = \dfrac{x}{a}$ 作辅助三角形(如图 4-2 所示),即有 $\tan t = \dfrac{\sqrt{x^2 - a^2}}{a}$,从而

$$\int \frac{\mathrm{d}x}{\sqrt{x^2 - a^2}} = \ln\left| \frac{x}{a} + \frac{\sqrt{x^2 - a^2}}{a} \right| + C_1 = \ln\left| x + \sqrt{x^2 - a^2} \right| + C$$

其中 $C = C_1 - \ln a$.

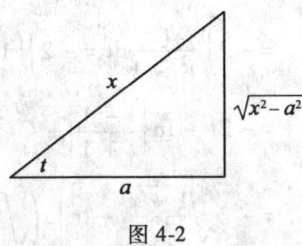

图 4-2

从上面三个例子可以看出,当被积函数含有 $\sqrt{x^2 \pm a^2}$ 时,为了化去根式,可以采用三角代换化去根式,但具体解题时要分析被积函数的具体情况,选取尽可能简捷的代换,不要局限于上述代换.

4.2.3 一类无理式的换元法

这里,我们只讨论一些简单的含 $\sqrt[n]{ax + b}$ 及 $\sqrt[n]{\dfrac{ax + b}{cx + d}}$ 无理函数的积分.

例 12. 求 $\displaystyle\int \dfrac{x}{\sqrt{x - 3}} \mathrm{d}x$.

解 令 $t = \sqrt{x - 3}, x = t^2 + 3$ $(t > 0)$,此时 $\mathrm{d}x = 2t\mathrm{d}t$. 于是

$$\int \frac{x}{\sqrt{x - 3}} \mathrm{d}x = \int \frac{t^2 + 3}{t} 2t\mathrm{d}t = 2\int (t^2 + 3) \mathrm{d}t = \frac{2}{3} t^3 + 6t + C$$

再将 $t = \sqrt{x - 3}$ 代回整理得

$$\int \frac{x}{\sqrt{x - 3}} \mathrm{d}x = \frac{2}{3}(x + 6)(x - 3)^{\frac{1}{2}} + C.$$

例 13. 求 $\displaystyle\int \dfrac{\mathrm{d}x}{1 + \sqrt[3]{x + 2}}$.

解 令 $t = \sqrt[3]{x + 2}$,于是 $x = t^3 - 2, \mathrm{d}x = 3t^2 \mathrm{d}t$,则

$$\int \frac{\mathrm{d}x}{1 + \sqrt[3]{x + 2}} = \int \frac{3t^2}{1 + t} \mathrm{d}t = 3\int \frac{t^2 - 1 + 1}{1 + t} \mathrm{d}t$$

$$= 3\int \left(t - 1 + \frac{1}{1 + t} \right) \mathrm{d}t = 3\left(\frac{1}{2} t^2 - t + \ln|1 + t| \right) + C$$

$$= \frac{3}{2}\sqrt[3]{(x+2)^2} - 3\sqrt[3]{x+2} + 3\ln\left|1 + \sqrt[3]{x+2}\right| + C.$$

例 14. 求 $\int \frac{1}{x}\sqrt{\frac{1+x}{x}}dx$.

解 令 $t = \sqrt{\frac{1+x}{x}}, x = \frac{1}{t^2-1}, dx = -\frac{2tdt}{(t^2-1)^2}$，从而

$$\int \frac{1}{x}\sqrt{\frac{1+x}{x}}dx = \int (t^2-1) \cdot t \frac{-2t}{(t^2-1)^2}dt$$

$$= -2\int \frac{t^2}{t^2-1}dt = -2\int \left(1 + \frac{1}{t^2-1}\right)dt$$

$$= -2t - \ln\left|\frac{t-1}{t+1}\right| + C$$

$$= -2\sqrt{\frac{1+x}{x}} - \ln\left|x\left(\sqrt{\frac{1+x}{x}} - 1\right)^2\right| + C.$$

习题 4.2

求下列不定积分

1. $\int (2-x)^{\frac{5}{2}}dx$;
2. $\int a^{3x}dx$;
3. $\int e^{-x}dx$;
4. $\int \frac{2x}{1+x^2}dx$;
5. $\int x\sqrt{x^2-5}\,dx$;
6. $\int \frac{e^{\frac{1}{x}}}{x^2}dx$;
7. $\int \frac{(\ln x)^2}{x}dx$;
8. $\int \frac{e^x}{e^x+1}dx$;
9. $\int \frac{1}{4+9x^2}dx$;
10. $\int \sin^2 3x\,dx$;
11. $\int e^{\sin x}\cos x\,dx$;
12. $\int e^x\cos e^x\,dx$;
13. $\int \frac{x^2}{\sqrt{1-x^2}}dx$;
14. $\int \frac{dx}{\sqrt{9x^2-4}}$;
15. $\int \sqrt[3]{x+a}\,dx$;
16. $\int x\sqrt{x+1}\,dx$;
17. $\int \frac{dx}{\sqrt{x}+\sqrt[3]{x}}$;
18. $\int \frac{dx}{\sqrt{2x-3}+1}$.

§4.3 分部积分法

如果 $u = u(x)$ 与 $v = v(x)$ 都有连续的导数，则由函数乘积的微分公式

$$d(uv) = vdu + udv$$

移项得

$$udv = d(uv) - vdu$$

所以有

$$\int u\mathrm{d}v = uv - \int v\mathrm{d}u \qquad (4\text{-}6)$$

这个公式称为分部积分公式,当积分 $\int u\mathrm{d}v$ 不易计算,而积分 $\int v\mathrm{d}u$ 比较容易计算时,就可以使用这个公式.

例1. 求 $\int x\sin x\mathrm{d}x$.

解 设 $u = x$, $v' = \sin x$,则 $u' = 1$, $v = -\cos x$,代入分部积分公式得
$$\int x\sin x\mathrm{d}x = \int x\mathrm{d}(-\cos x) = -x\cos x + \int \cos x\mathrm{d}x$$
$$= -x\cos x + \sin x + C.$$

如果本例中选 $u = \cos x$, $v' = x$,则用分部积分公式不易求出不定积分. 由此可见,如果 u 和 $\mathrm{d}v$ 选取不当,就求不出结果,所以应用分部积分法时,恰当选取 u 和 $\mathrm{d}v$ 是关键,选取 u 和 $\mathrm{d}v$ 一般要考虑:

(1) v 应容易求得;

(2) $\int v\mathrm{d}u$ 应比 $\int u\mathrm{d}v$ 容易积出.

例2. 求 $\int x\mathrm{e}^x\mathrm{d}x$.

解 设 $u = x$, $\mathrm{d}v = \mathrm{e}^x\mathrm{d}x$,则 $\mathrm{d}u = \mathrm{d}x$, $v = \mathrm{e}^x$,于是
$$\int x\mathrm{e}^x\mathrm{d}x = x\mathrm{e}^x - \int \mathrm{e}^x\mathrm{d}x = x\mathrm{e}^x - \mathrm{e}^x + C = \mathrm{e}^x(x-1) + C.$$

总结上述两个例子可以知道,如果被积函数是幂函数和正(余)弦函数或幂函数和指数函数的乘积,就可以考虑用分部积分法,并设幂函数为 u.

例3. 求 $\int \ln x\mathrm{d}x$.

解 设 $u = \ln x$, $\mathrm{d}v = \mathrm{d}x$,则 $\mathrm{d}u = \dfrac{1}{x}\mathrm{d}x$, $v = x$,于是
$$\int \ln x\mathrm{d}x = x\ln x - \int x \cdot \frac{1}{x}\mathrm{d}x = x\ln x - x + C.$$

例4. 求 $\int x\arctan x\mathrm{d}x$.

解 设 $u = \arctan x$, $\mathrm{d}v = x\mathrm{d}x$,则 $\mathrm{d}u = \dfrac{1}{1+x^2}\mathrm{d}x$, $v = \dfrac{1}{2}x^2$,于是
$$\int x\arctan x\mathrm{d}x = \frac{x^2}{2}\arctan x - \frac{1}{2}\int \frac{x^2}{1+x^2}\mathrm{d}x = \frac{x^2}{2}\arctan x - \frac{1}{2}\int \left(1 - \frac{1}{1+x^2}\right)\mathrm{d}x$$
$$= \frac{x^2}{2}\arctan x - \frac{1}{2}(x - \arctan x) + C$$
$$= \frac{1}{2}(x^2 + 1)\arctan x - \frac{1}{2}x + C.$$

总结上述两个例子可以看出,如果被积函数是幂函数和对数函数或幂函数和反

三角函数的乘积,就可以考虑用分部积分法,并设对数函数或反三角函数为 u.

例 5. 求 $\int e^x \sin x \, dx$.

解 $\int e^x \sin x \, dx = \int e^x d(-\cos x) = -e^x \cos x + \int e^x \cos x \, dx$

$$= -e^x \cos x + \int e^x d(\sin x) = -e^x \cos x + e^x \sin x - \int e^x \sin x \, dx$$

即 $\int e^x \sin x \, dx = -e^x \cos x + e^x \sin x - \int e^x \sin x \, dx$

将上式整理得

$$\int e^x \sin x \, dx = \frac{1}{2}(\sin x - \cos x)e^x + C.$$

例 6. 求 $\int \sec^3 x \, dx$.

解 $\int \sec^3 x \, dx = \int \sec x \cdot d\tan x = \sec x \tan x - \int \tan^2 x \cdot \sec x \, dx$

$$= \sec x \tan x - \int \sec x (\sec^2 x - 1) \, dx$$

$$= \sec x \tan x - \int \sec^3 x \, dx + \int \sec x \, dx$$

$$= \sec x \tan x + \ln|\sec x + \tan x| - \int \sec^3 x \, dx$$

移项得

$$\int \sec^3 x \, dx = \frac{1}{2}(\sec x \tan x + \ln|\sec x + \tan x|) + C.$$

习题 4.3

求下列不定积分

1. $\int x^2 e^x \, dx$;   2. $\int x \cos x \, dx$;   3. $\int \ln x \, dx$;

4. $\int \arcsin x \, dx$;   5. $\int x^2 \ln x \, dx$;   6. $\int x \cos \frac{x}{2} \, dx$;

7. $\int x e^{-2x} \, dx$;   8. $\int x^2 \sin x \, dx$;   9. $\int e^x \sin^2 x \, dx$;

10. $\int x \cos^3 x \, dx$.

§4.4 用积分表与用 Mathematica 求不定积分

4.4.1 简易积分表的用法

通过前面的讨论已经看到,积分的计算比导数的计算往往要困难得多. 因此不仅要求大家掌握积分的基本方法——直接积分法、换元积分法与分部积分法,对于一些复杂的积分可以通过查积分表来计算,积分表是按被积函数的类型来排列的,求不定积分时,可以根据被积函数的类型或直接地经过简单的变形后,在表内查得所需的结果.本书末附录 4 为简易积分表,可供查阅.下面举例说明积分表的用法.

例 1. 求 $\int \dfrac{\mathrm{d}x}{5 + 4\cos x}$.

解 被积函数含有三角函数,在积分表 11 中查得关于积分 $\int \dfrac{\mathrm{d}x}{a + b\cos x}$ 的公式,但是公式有两个,要看 $a^2 > b^2$ 或 $a^2 < b^2$ 而决定采用哪一个,现 $a = 5, b = 4, a^2 > b^2$,所以有

$$\int \dfrac{\mathrm{d}x}{5 + 4\cos x} = \dfrac{2}{5 + 4}\sqrt{\dfrac{5+4}{5-4}} \arctan\left(\sqrt{\dfrac{5+4}{5-4}}\tan\dfrac{x}{2}\right) + C$$

$$= \dfrac{2}{3}\arctan\left(3\tan\dfrac{x}{2}\right) + C.$$

例 2. 求 $\int \dfrac{\mathrm{d}x}{x\sqrt{4x^2 + 9}}$.

解 这个积分不能在表中直接查到,需要先进行变量代换.

令 $2x = u$,则 $\sqrt{4x^2 + 9} = \sqrt{u^2 + 3^2}, x = \dfrac{u}{2}, \mathrm{d}x = \dfrac{1}{2}\mathrm{d}u$,于是

$$\int \dfrac{\mathrm{d}x}{x\sqrt{4x^2+9}} = \int \dfrac{\dfrac{1}{2}\mathrm{d}u}{\dfrac{u}{2}\sqrt{u^2+3^2}} = \int \dfrac{\mathrm{d}u}{u\sqrt{u^2+3^2}}$$

被积函数中含有 $\sqrt{u^2 + 3^2}$,在积分表 6 中查到公式

$$\int \dfrac{\mathrm{d}x}{x\sqrt{x^2+a^2}} = \dfrac{1}{a}\ln\dfrac{\sqrt{x^2+a^2}-a}{|x|} + C$$

现 $a = 3, x$ 相当于 u,于是

$$\int \dfrac{\mathrm{d}u}{u\sqrt{u^2+3^2}} = \dfrac{1}{3}\ln\dfrac{\sqrt{u^2+3^2}-3}{|u|} + C$$

再把 $u = 2x$ 代入,最后得到

$$\int \dfrac{\mathrm{d}x}{x\sqrt{4x^2+9}} = \dfrac{1}{3}\ln\dfrac{\sqrt{4x^2+9}-3}{2|x|} + C.$$

一般说来,查积分表可以节省计算积分的时间,但是,只有掌握了前面学过的基本积分方法才能灵活使用积分表.

4.4.2 用 Mathematica 软件求不定积分

打开 Mathematica 软件包后会出现一个命令框,按 Enter 键,光标就会出现在命令

框内,然后在命令框内输入命令或程序即可. 输完命令或程序后,只要光标在命令框内(任何位置都行),按键盘上数字区的 Enter 键,软件包就会执行命令框里的指定命令,并输出带有编号的结果.

例 3. 求 $\int x^2 \sin x \mathrm{d}x$.

键入:Integrate$[x^{\wedge}2\sin[x],x]$.

按小键盘"Enter"键,得 $-(-2+x^2)\cos[x]+2x\sin[x]$.

例 4. 求 $\int \dfrac{\mathrm{d}x}{(x-1)^2(x^2-1)}$.

键入:Integrate$[1/((x-1)^{\wedge}2(x^{\wedge}2-1)),x]]$.

按小键盘"Enter"键,得

$$-\frac{1}{4(-1+x)^2}+\frac{1}{4(-1+x)}+\frac{1}{8}\lg[-1+x]-\frac{1}{8}\lg[1+x].$$

例 5. 求 $\int f'(x) \cdot f^2(x) \mathrm{d}x$.

键入:Integrate$[f'[x]f(x)^{\wedge}2,x]$.

按小键盘"Enter"键,得 $\dfrac{f[x]^3}{3}$.

在本章结束之前,我们有两点还要加以说明:一是由于积分时使用的方法不同,结果可以不一样,例如积分 $\int \sin x \cdot \cos x \mathrm{d}x$ 用三种方法求解如下:

方法 1: $\quad \int \sin x \cdot \cos x \mathrm{d}x = \int \sin x \mathrm{d}\sin x = \dfrac{1}{2}\sin^2 x + C.$

方法 2: $\quad \int \sin x \cdot \cos x \mathrm{d}x = -\int \cos x \mathrm{d}\cos x = -\dfrac{1}{2}\cos^2 x + C.$

方法 3: $\quad \int \sin x \cdot \cos x \mathrm{d}x = \dfrac{1}{2}\int \sin 2x \mathrm{d}x = -\dfrac{1}{4}\cos 2x + C.$

显然积分结果不一样,但这些结果之间只是相差一个常数. 二是有些积分"积不出来",如 $\int e^{-x^2}\mathrm{d}x, \int \dfrac{\sin x}{x}\mathrm{d}x, \int \dfrac{\mathrm{d}x}{\ln x}, \int \dfrac{\mathrm{d}x}{\sqrt{1+x^4}}$ 等,这里不是说这些被积函数不存在原函数,只是它们的原函数不能用初等函数表达出来.

习题 4.4

利用积分表计算下列不定积分

1. $\int \dfrac{\mathrm{d}x}{(x^2+9)^2}$;
2. $\int \dfrac{\mathrm{d}x}{\sin^3 x}$;
3. $\int \cos^6 x \mathrm{d}x$;
4. $\int \sqrt{\dfrac{1-x}{1+x}}\mathrm{d}x$;

5. $\int (\ln x)^3 dx$;   6. $\int \dfrac{x+5}{x^2-2x-1} dx$.

*历史的回顾与评述

关于牛顿

艾萨克·牛顿(Newton,I. 英国物理学家、数学家、天文学家),1642年12月25日(旧历)生于英国北部一个名叫乌尔索姆的小村庄里,1727年3月30日去世,是有史以来最伟大的数学家、物理学家、微积分的发明者之一.

牛顿出生在一个人口不多,家境中等的农场主家庭.父亲死时牛顿还没出生,由于母亲繁重的劳动和家务,使牛顿不足月就出生了.刚出世的牛顿非常弱小,许多人都认为他可能活不长,想不到他竟活到85岁的高龄.

从小学到中学他在学习成绩上都没有任何突出的表现,他似乎厌恶学校生活,由于体弱不能像其他的孩子那样玩耍,他就独立思考,发明了许多新奇的玩意儿.在这些小发明中他的天才展露出来.此后,牛顿博览群书,并且在笔记本上记下各种各样神秘的小符号和不同凡响的意见.后来,他成了学校成绩最好的学生.1656年,牛顿的继父去世,母亲带着三个同母异父的弟妹回到乌尔索姆.生活的拮据,使牛顿只好弃学务农,走边耕边读的道路.他读书经常入迷,下田时忘了劳动,放羊时忘了照看羊群,以致羊群常常糟蹋了庄稼.

1661年,牛顿进了剑桥三一学院,成为一个半工费生(做仆人的工作挣钱交学费的学生).尽管年轻的牛顿开始感到很孤独,但他专心致志于他的工作.从笛卡儿那里继承了解析几何;从开普勒那里继承了行星运动三大定律;从伽利略那里得到了他自己的运动三定律中的头两个.而且,除了从前人那里继承了科学和数学知识外,他还接受了另外两个礼物——神学和炼金术.牛顿作为一个天生具有科学头脑的人,只是通过试验去探索炼金士们的主张是怎么回事.至于神学,在那个时代仍然是科学的皇后,大多数有知识的人都以亲自弄懂创世的传说为己任.

牛顿的数学老师是巴罗,一位神学家和数学家.他高兴地看到比自己更杰出的人出现了,1669年,巴罗辞去剑桥大学鲁卡斯数学教授职位,让位于这个无与伦比的学生.1664—1666年牛顿奠定了在数学和科学上的全部工作基础.1664—1665年黑死病流行,大学关闭了,两年中的大部分时间,牛顿隐居在乌尔索姆沉思.此时他发明了流数方法、发现了万有引力定律、通过试验证明了光的合成,这其中任何一项,都足以使他名垂千史.1667年牛顿回到剑桥,不久被选为三一学院的评议员.1669年代表剑桥被选入议会.1671年《皇家学会会报》发表了他的光学理论,并被选为皇家学会会员.1684年哈雷访问了他,敦促他于1687年发表《原理》一书.牛顿1696年出任造币局监督,三年后任局长.1703年成为皇家学会会长,两年后获得爵士头衔.晚年因于病弱,于1727年去世.

第5章 定积分及其应用

第4章中给出了不定积分的计算方法和技巧.其实不定积分的计算问题是由定积分的计算问题提出来的.本章讨论定积分及其计算和应用问题,可以看出积分学的精髓是定积分的思想和方法,也是微积分学的基本问题.

§5.1 定积分的概念

5.1.1 定积分的定义

在实际工作中经常需要计算这样或那样的量.例如,要计算一条曲线围成的图形的面积;要计算一个几何体的体积;要计算一个质点在外力作用下移动时所做的功;要计算一个密度不均匀的物体的质量,等等.以计算由连续曲线 $y=f(x)(>0)$,直线 $x=a,x=b$ 及 $y=0$ 所围成的曲边梯形面积为例,所要计算的图形显然是很不规则的,怎么办呢?退一步,先求其近似值.比如,将以曲线为边界的区域分割成一小块一小块,每一小块都可以近似地看做一个小矩形,如图 5-1 所示.

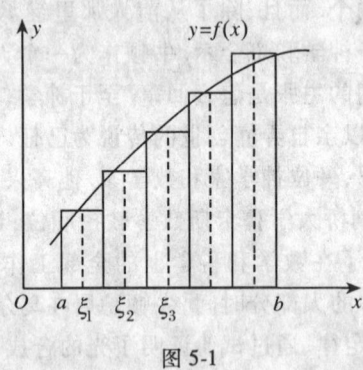

图 5-1

曲边梯形的面积也就可以近似地看做若干个小矩形的面积之和.当然这若干个小矩形面积之和就是所要求的曲边梯形面积的近似值.可以想象,如果分割越"细密",近似程度就越高.由第1章学过的极限与连续知道,要想得到精确值,就必须利用极限这一工具.

观察一下面积,体积,功,质量等都不过是一类事物的表象. 这一类事物精确值的取得,都归结于一种特殊形状的和式的极限,这就是定积分概念,也可以称为定积分模型.

历史上,定积分起源于求平面图形的面积. 在现代,人们说平面图形的面积是定积分生动的几何直观描述,直线上变速运动的路程是定积分绝妙的物理原型.

例1. 求由 $y=x^2$, $x=1$ 和 $y=0$ 所围曲边梯形 OAB 的面积,如图5-2所示.

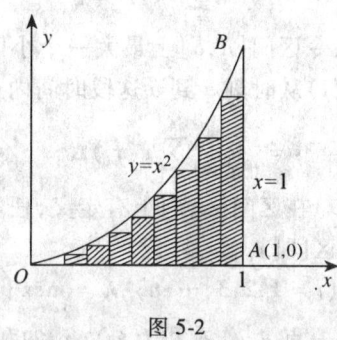

图5-2

解 用下列各点

$$0, \frac{1}{n}, \frac{2}{n}, \cdots, \frac{n-1}{n}, 1$$

把区间 $[0,1]$ 分成 n 个相等的小段,计算出有阴影的矩形面积之和,为

$$A_n = 0 \cdot \frac{1}{n} + \left(\frac{1}{n}\right)^2 \cdot \frac{1}{n} + \left(\frac{2}{n}\right)^2 \cdot \frac{1}{n} + \cdots + \left(\frac{n-1}{n}\right)^2 \cdot \frac{1}{n}$$

$$= \frac{1}{n^3}[1^2 + 2^2 + 3^2 + \cdots + (n-1)^2]$$

利用数学归纳法,可以证明

$$1^2 + 2^2 + \cdots + (n-1)^2 = \frac{1}{6}(n-1)n(2n-1)$$

于是

$$A_n = \frac{1}{6n^3}(n-1)n(2n-1)$$

该值就可以作为曲边形 AOB 面积的近似值. 若需得出精确值,取极限

$$A = \lim_{n \to \infty} A_n = \frac{1}{3}$$

A 就是曲边形 AOB 的面积.

例2. 求变速直线运动的路程.

解 设物体运动的速度函数 $v=v(t)$ 是连续变化的,在很短的一段时间内,其速度变化非常小,接近于等速,现计算物体在时间区间 $[a,b]$ 内运动的路程 s.

(1)用分点

$$a = t_0 < t_1 < \cdots < t_{n-1} < t_n = b$$

将时间区间 $[a,b]$ 分成 n 个小区间 $[t_{i-1}, t_i]$,则每个小区间的长分别为 $\Delta t_i = t_i - t_{i-1}$,($i$

(2) 在每个小区间内任取一时刻 $\tau_i(t_{i-1} \leq \tau_i \leq t_i)$，以 τ_i 时刻的速度 $v(\tau_i)$ 来代替 $[t_{i-1}, t_i]$ 上各个时刻的速度，这样可以得部分路程 Δs_i 的近似值，即

$$\Delta s_i \approx v(\tau_i)\Delta t_i \quad (i=1,2,3,\cdots,n)$$

(3) 物体在时间区间 $[a,b]$ 上运动的路程 s 的近似值为

$$s \approx \sum_{i=1}^{n} v(\tau_i)\Delta t_i$$

(4) 当分点无限增加时，令区间 $[a,b]$ 上最大一个小区间长度 $\|\Delta t\|$ 趋于零，则总和的极限就是物体以变速 $v(t)$ 从时刻 a 到 b 这段时间内运动的路程 s，即

$$s = \lim_{\|\Delta t\| \to 0} \sum_{i=1}^{n} v(\tau_i)\Delta t_i.$$

定义 5.1 如果函数 $f(x)$ 在区间 $[a,b]$ 上有定义，任取分点 $a=x_0<x_1<x_2<\cdots<x_{n-1}<x_n=b$，将 $[a,b]$ 分为 n 个小区间 $[x_{i-1},x_i]$，记

$$\Delta x_i = x_i - x_{i-1}(i=1,2,3,\cdots,n), \lambda = \max_{1\leq i\leq n}\{\Delta x_i\} \text{ 或 } \|\Delta x\|$$

在每一个小区间内任取一点 ξ_i，作乘积 $f(\xi_i)\Delta x_i$ 的和式

$$\sum_{i=1}^{n} f(\xi_i)\Delta x_i$$

若当 $\lambda \to 0$ 时，和式的极限存在，且该极限值不依赖于 ξ_i 的选择，也不依赖于对区间 $[a,b]$ 的分法，则称这个极限值为函数 $f(x)$ 在区间 $[a,b]$ 上的定积分，记为

$$\int_a^b f(x)\,\mathrm{d}x = \lim_{\lambda \to 0} \sum_{i=1}^{n} f(\xi_i)\Delta x_i \tag{5-1}$$

其中 $f(x)$ 称为被积函数，$f(x)\mathrm{d}x$ 称为被积表达式，x 称为积分变量，$[a,b]$ 称为积分区间，a,b 分别称为积分下限和积分上限，如果 $f(x)$ 在 $[a,b]$ 的定积分存在，就说 $f(x)$ 在 $[a,b]$ 上可积.

根据定积分的定义，前面两个实例可以表述如下：

例 3. 曲边形 AOB 的面积是曲线方程 $y=x^2$ 在区间 $[0,1]$ 上的定积分，即

$$A_n = \int_0^1 x^2\,\mathrm{d}x = \frac{1}{3}.$$

例 4. 物体做变速直线运动所经过的路程是速度函数 $v=v(t)$ 在时间区间 $[a,b]$ 上的定积分，即

$$s = \int_a^b v(t)\,\mathrm{d}t.$$

注意：(1) 定积分表示的是一个数，定积分只取决于被积函数和积分区间，而与积分变量用什么字母无关，即

$$\int_a^b f(x)\,\mathrm{d}x = \int_a^b f(t)\,\mathrm{d}t$$

(2) 在定积分的定义中，假定 $a<b$；若 $a=b, a>b$，有如下规定：

当 $a=b$ 时，$\int_a^b f(x)\,\mathrm{d}x = 0$，即 $\int_a^a f(x)\,\mathrm{d}x = 0.$

当 $a > b$ 时，$\int_a^b f(x)\,dx = -\int_b^a f(x)\,dx$.

(3)对于 $f(x)$ 在什么条件下可积,也就是说函数 $y=f(x)$ 在区间 $[a,b]$ 上满足怎样的条件,函数 $y=f(x)$ 在 $[a,b]$ 上的定积分一定存在？即定积分的存在问题．下面不作证明地给出定积分的存在定理．

定理 5.1 若函数 $f(x)$ 在区间 $[a,b]$ 上连续,则 $f(x)$ 在 $[a,b]$ 上可积．

定理 5.2 若函数 $f(x)$ 在区间 $[a,b]$ 上有界,且只有有限个间断点,则 $f(x)$ 在 $[a,b]$ 上可积．

初等函数在其定义区间上都是连续的,因此初等函数在其定义区间上都是可积的．

5.1.2 定积分的几何意义

在讨论曲边梯形的面积问题时,所见的是如果 $f(x)>0$,曲边梯形的图形在 Ox 轴上方,积分值是正的,即

$$\int_a^b f(x)\,dx = A \quad (A > 0).$$

如果 $f(x)<0$,则曲边梯形的图形在 Ox 轴下方,积分值是负的,即

$$\int_a^b f(x)\,dx = -A \quad (A > 0).$$

如果 $f(x)$ 在 $[a,b]$ 上有正有负时,那么积分值就等于曲线 $y=f(x)$ 在 Ox 轴上方和 Ox 轴下方部分面积的代数和．如图 5-3 所示,有

$$\int_a^b f(x)\,dx = A_1 - A_2 + A_3.$$

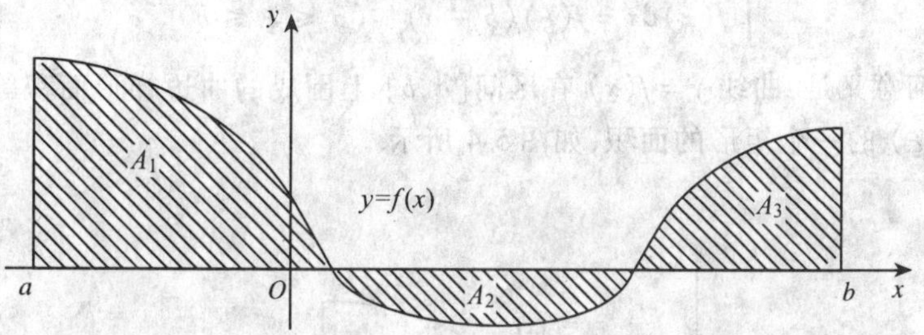

图 5-3

5.1.3 定积分的性质

设所讨论的函数都是可积的．

性质 5.1 代数和的定积分等于定积分的代数和,即

$$\int_a^b [f(x) \pm g(x)]\,dx = \int_a^b f(x)\,dx \pm \int_a^b g(x)\,dx \tag{5-2}$$

性质 5.2 常数因子可以提到积分号外面,即

$$\int_a^b kf(x)\,\mathrm{d}x = k\int_a^b f(x)\,\mathrm{d}x \quad (k\text{ 为常数}) \tag{5-3}$$

性质 5.3 若被积函数 $f(x)=1$,则有

$$\int_a^b f(x)\,\mathrm{d}x = \int_a^b \mathrm{d}x = b - a \tag{5-4}$$

性质 5.4(定积分的可加性) 如果 $a<c<b$,则有

$$\int_a^b f(x)\,\mathrm{d}x = \int_a^c f(x)\,\mathrm{d}x + \int_c^b f(x)\,\mathrm{d}x \tag{5-5}$$

上述 4 个性质都可以用定积分定义证明.

性质 5.5 如果函数 $f(x)$ 与 $g(x)$ 在区间 $[a,b]$ 上,有 $f(x)\leqslant g(x)$ 成立,则

$$\int_a^b f(x)\,\mathrm{d}x \leqslant \int_a^b g(x)\,\mathrm{d}x \tag{5-6}$$

性质 5.6 设 M 与 m 分别是函数 $y=f(x)$ 在区间 $[a,b]$ 上的最大值与最小值,则有

$$m(b-a) \leqslant \int_a^b f(x)\,\mathrm{d}x \leqslant M(b-a) \tag{5-7}$$

这是因为 $m\leqslant f(x)\leqslant M$,由性质 5.3 有

$$\int_a^b m\,\mathrm{d}x \leqslant \int_a^b f(x)\,\mathrm{d}x \leqslant \int_c^b M\,\mathrm{d}x$$

再由性质 5.3、性质 5.4 得

$$m(b-a) \leqslant \int_a^b f(x)\,\mathrm{d}x \leqslant M(b-a)$$

性质 5.7(积分中值定理) 如果 $f(x)$ 在闭区间 $[a,b]$ 上连续,则至少存在一个 $\xi\in[a,b]$ 使得

$$\int_a^b f(x)\,\mathrm{d}x = f(\xi)(b-a) \quad (a\leqslant\xi\leqslant b) \tag{5-8}$$

其几何意义是:曲线 $y=f(x)$ 在区间 $[a,b]$ 上围成的曲边梯形面积等于同一底边,高为 $f(\xi)$ 的一个矩形的面积,如图 5-4 所示.

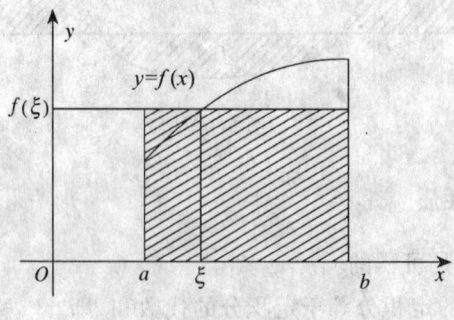

图 5-4

例 5. 估计定积分 $\int_{-1}^{1} e^{-x^2} dx$ 的值.

解 先求 e^{-x^2} 在闭区间 $[-1,1]$ 上的最小值和最大值.

对 $f(x) = e^{-x^2}$ 求一阶导数,$f'(x) = -2xe^{-x^2}$,再令 $f'(x) = 0$,得到驻点 $x = 0$,而
$$f(0) = 1, \quad f(-1) = f(1) = e^{-1} = \frac{1}{e}$$

所以最大值 $M = 1$,最小值 $m = \frac{1}{e}$,则
$$\frac{2}{e} \leq \int_{-1}^{1} e^{-x^2} dx \leq 2.$$

习题 5.1

1. 定积分与不定积分有什么区别?

2. 定积分 $\int_0^1 x^2 dx$ 的几何意义是什么? 不定积分 $\int x^2 dx$ 的几何意义是什么?

3. 定积分 $\int_a^b f(x) dx$ 与哪些因素有关? 与哪些因素无关?

4. 试将图 5-5 中的面积用定积分表示.

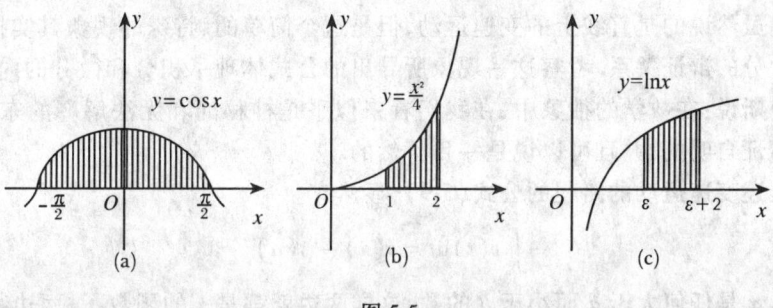

图 5-5

5. 利用定积分的几何意义,说明下列各等式成立

(1) $\int_a^b k dx = k(b-a)$ ($a < b, k$ 为常数);

(2) $\int_a^b x dx = \frac{1}{2}(b^2 - a^2)$ ($a < b$);

(3) $\int_0^a \sqrt{a^2 - x^2} dx = \frac{\pi}{4} a^2$ ($a > 0$).

6. 设物体以速度 $v = at$(a 为常数,且大于零)做直线运动,试求物体从静止开始经过时间 T 所走过的路程.

§5.2 微积分基本定理

利用定积分的定义求定积分的值是非常复杂和困难的,微分和积分有没有内在联系?它们之间是否互逆?什么是积分和微分的内在的、本质的联系?要解答这些问题,还是从物理原型说起.考虑质点在直线上的变速运动.

假定在时刻 t 质点的位置是 $s(t)$,那么从时刻 $t=a$ 起到时刻 $t=b$ 止,质点实际上走了多远呢?显然就是 $s(b)-s(a)$,人们说它是质点从时刻 a 到时刻 b 所走过的路程.这是一个方面.

再看另一个方面,已知质点在 t 时刻的速度为 $v(t)$,那么可以从 $v(t)$ 计算出质点所走过的路程等于

$$\lim_{\|\Delta t\|\to 0}\sum_{i=1}^{n}v(\xi_i)\Delta t_i = \int_a^b v(t)\,dt$$

同是一个物理量——路程,它的两种不同的数学表达或者说形态,自然应该是相等的,所以

$$\int_a^b v(t)\,dt = s(b) - s(a)$$

即

$$\int_a^b s'(t)\,dt = s(b) - s(a) \tag{5-9}$$

这里虽然说的是直线上的变速运动,但是这个简单的、特殊的现象其实揭示了定积分和微分的辩证关系.考察这一现象所导出的公式体现了积分和微分的内在联系.

恩格斯说:在数学的抽象中,在我们看来似乎是神秘的和无法解释的东西,在这里却是不证自明的,并且可以说是一目了然的.

从上述变速运动的路程的公式(5-9),显然有

$$\int_a^x v(t)\,dt = s(x) - s(a) \tag{5-10}$$

这里 x 是任何大于 a 而小于 b 的数,这样两边就都是 x 的函数了.两边都对 x 求导数,并且注意到 $s'(x)=v(x)$,便得到积分与微分的互逆关系

$$\frac{d}{dx}\int_a^x v(t)\,dt = v(x) \tag{5-11}$$

对于速度和路程而言,式(5-9)和式(5-11)都成立.以下的问题是要舍去速度、路程这些特殊的、具体的内容,寻找该公式所赖以成立的本质,以便将公式推广到一般的积累问题上去.

5.2.1 可变积分上限的定积分

设函数 $f(x)$ 在 $[a,b]$ 上连续,$x\in[a,b]$,把积分

$$\int_a^x f(x)\,dx$$

称为可变上限的定积分或变上限积分,显然当积分上限 x 在 $[a,b]$ 上任意取值时,由函数的定义,变上限积分在 $[a,b]$ 上定义了一个函数. 为了把积分上限 x 与积分变量 x 区别开来,这里把积分变量 x 换成 t,即有

$$\Phi(x) = \int_a^x f(t)\,dt \quad (a \leqslant x \leqslant b) \tag{5-12}$$

这个函数通常称为可变积分上限函数或变上限积分,其几何意义如图 5-6 所示.

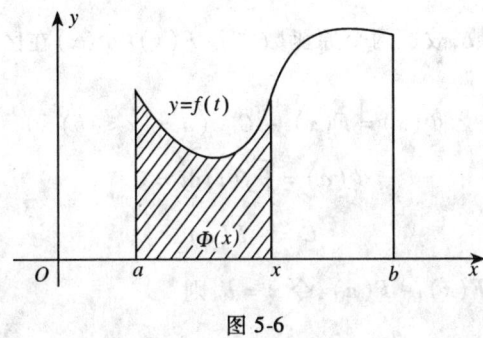

图 5-6

如 $\int_a^x \sin t\,dt$,$\int_1^x \dfrac{3t-2}{2t^2-t}\,dt$ 均为变上限积分.

定理 5.3 如果函数 $f(x)$ 在区间 $[a,b]$ 上连续,则变上限积分 $\Phi(x) = \int_a^x f(t)\,dt$ 在区间 $[a,b]$ 上可导,且导数为

$$\Phi'(x) = \frac{d}{dx}\int_a^x f(t)\,dt = f(x) \quad (a \leqslant x \leqslant b) \tag{5-13}$$

这说明 $\Phi(x)$ 是连续函数 $f(x)$ 的一个原函数,故可以得到以下定理.

定理 5.4 如果函数 $f(x)$ 在区间 $[a,b]$ 上连续,则函数

$$\Phi(x) = \int_a^x f(t)\,dt \tag{5-14}$$

是函数 $f(x)$ 在区间 $[a,b]$ 上的一个原函数.

这个定理既肯定了连续函数的原函数是存在的,又初步揭示了积分学中的定积分和原函数之间的联系,故可以用原函数来计算定积分.

例1. 已知 $\Phi(x) = \int_0^x e^{t^2}\,dt$,求 $\Phi'(x)$.

解 $\Phi'(x) = \left(\int_0^x e^{t^2}\,dt\right)' = e^{x^2}$.

例2. 已知 $F(x) = \int_x^0 \cos(3t+1)\,dt$,求 $F'(x)$.

解 $F'(x) = \left[\int_x^0 \cos(3t+1)\,dt\right]' = \left[-\int_0^x \cos(3t+1)\,dt\right]' = -\cos(3x+1)$.

5.2.2 牛顿—莱布尼兹(Newton-Leibniz)公式

定理 5.5 如果函数 $F(x)$ 是连续函数 $f(x)$ 在区间 $[a,b]$ 上的一个原函数,则

$$\int_a^b f(x)\,\mathrm{d}x = F(b) - F(a) \tag{5-15}$$

证明 $F(x)$ 是连续函数 $f(x)$ 的一个原函数,由定理 5.4

$$\Phi(x) = \int_a^x f(t)\,\mathrm{d}t$$

也是 $f(x)$ 的一个原函数,故这两个原函数之差 $F(x)-\Phi(x)$ 在区间 $[a,b]$ 上一定是一个常数 C,即

$$\Phi(x) = F(x) + C \quad (a \leqslant x \leqslant b)$$

因为
$$\Phi(a) = \int_a^a f(t)\,\mathrm{d}t = 0$$

所以
$$C = -F(a)$$

故 $\Phi(x) = \int_a^x f(t)\,\mathrm{d}t = F(x) - F(a)$,令 $x = b$,则

$$\Phi(b) = \int_a^b f(t)\,\mathrm{d}t = F(b) - F(a)$$

即
$$\int_a^b f(x)\,\mathrm{d}x = F(b) - F(a).$$

为了方便起见,通常以 $[F(x)]_a^b$ 表示 $F(b)-F(a)$,即

$$\int_a^b f(x)\,\mathrm{d}x = [F(x)]_a^b = F(b) - F(a) \tag{5-16}$$

式(5-16)是积分学中的一个基本公式,称为牛顿—莱布尼兹公式.式(5-16)进一步揭示了定积分与不定积分之间的联系,也说明了一个连续函数在区间 $[a,b]$ 上的定积分等于该函数的任一个原函数在区间 $[a,b]$ 上的增量,这个公式提供了一个非常有效而又简便的计算定积分的方法.从而大大简化了定积分的计算,通常把牛顿—莱布尼兹 公式称为微积分的基本定理.

下面给出几个应用公式来计算定积分的简单例子.

例 3. $\int_0^1 x^2\,\mathrm{d}x = \left[\dfrac{1}{3}x^3\right]_0^1 = \dfrac{1}{3} - 0 = \dfrac{1}{3}.$

例 4. $\int_{-1}^{\sqrt{3}} \dfrac{\mathrm{d}x}{1+x^2} = [\arctan x]_{-1}^{\sqrt{3}} = \arctan\sqrt{3} - \arctan(-1) = \dfrac{\pi}{3} - \left(-\dfrac{\pi}{4}\right) = \dfrac{7}{12}\pi.$

例 5. $\int_3^9 \dfrac{\mathrm{d}x}{x} = [\ln x]_3^9 = \ln 9 - \ln 3 = \ln 3.$

例 6. $\int_1^3 \left(x + \dfrac{1}{x}\right)\mathrm{d}x = \left[\dfrac{1}{2}x^2 + \ln x\right]_1^3 = \dfrac{9}{2} + \ln 3 - \dfrac{1}{2} - \ln 1 = 4 + \ln 3.$

例 7. 求 $\int_{-1}^3 |2 - x|\,\mathrm{d}x.$

解 因 $|2-x| = \begin{cases} 2-x & (x \leq 2) \\ x-2 & (x > 2) \end{cases}$，所以

$$\int_{-1}^{3} |2-x| \, dx = \int_{-1}^{2} (2-x) \, dx + \int_{2}^{3} (x-2) \, dx$$

$$= \left[2x - \frac{x^2}{2} \right]_{-1}^{2} + \left[\frac{x^2}{2} - 2x \right]_{2}^{3} = 5.$$

例 8. 计算

$$\int_{0}^{\frac{\pi}{3}} \frac{1 + \sin^2 x}{\cos^2 x} dx = \int_{0}^{\frac{\pi}{3}} (\sec^2 x + \tan^2 x) \, dx = \int_{0}^{\frac{\pi}{3}} (2\sec^2 x - 1) \, dx$$

$$= \left[2\tan x - x \right]_{0}^{\frac{\pi}{3}} = 2\tan\frac{\pi}{3} - \frac{\pi}{3} - 0 + 0 = 2\sqrt{3} - \frac{\pi}{3}.$$

习题 5.2

1. 利用牛顿 — 莱布尼兹公式计算下列各定积分

(1) $\int_{1}^{2} (3x-1) \, dx$；

(2) $\int_{-1}^{1} \frac{1}{(x-3)^2} dx$；

(3) $\int_{\frac{\pi}{3}}^{\pi} \sin\left(x + \frac{\pi}{3}\right) dx$；

(4) $\int_{0}^{\pi} (1 - \sin^3 \theta) \, d\theta$；

(5) $\int_{0}^{\frac{\pi}{4}} \cos 2x \sqrt{4 - \sin 2x} \, dx$；

(6) $\int_{0}^{\pi} \sqrt{\sin^3 \theta - \sin^5 \theta} \, d\theta$；

(7) $\int_{0}^{4} (2 - \sqrt{x})^2 \, dx$；

(8) $\int_{0}^{2a} \left(a^2 y - \frac{1}{2} y^3 + \frac{1}{16a^2} y^5 \right) dy$；

(9) $\int_{\frac{\pi}{4}}^{\frac{5\pi}{6}} \csc^2 x \, dx$；

(10) $\int_{0}^{1} 10^{2x+1} \, dx$.

2. 设 $f(x) = \begin{cases} 1 + x^2, & 0 \leq x < 1 \\ 2 - x, & 1 \leq x \leq 2 \end{cases}$，求 $\int_{0}^{2} f(x) \, dx$.

§5.3 定积分的换元法和分部积分法

定积分的计算方法与不定积分的基本积分方法相对应，同样也有换元法和分部积分法.

5.3.1 定积分的换元法

在第 4 章中，用换元法可以求一些函数的原函数，由牛顿 — 莱布尼兹公式可知，可以通过换元法来计算定积分.

定积分的换元法举例如下.

例1. 计算 $\int_0^4 \dfrac{x+2}{\sqrt{2x+1}}dx$.

解 设 $\sqrt{2x+1}=t$，即 $x=\dfrac{t^2-1}{2}$，$dx=tdt$，且当 $x=0$ 时，$t=1$；当 $x=4$ 时，$t=3$. 故

$$\int_0^4 \dfrac{x+2}{\sqrt{2x+1}}dx = \int_1^3 \dfrac{\dfrac{t^2-1}{2}+2}{t}tdt = \dfrac{1}{2}\int_1^3 (t^2+3)dt$$

$$= \dfrac{1}{2}\left[\left(\dfrac{t^3}{3}+3t\right)\right]_1^3 = \dfrac{1}{2}\left[\left(\dfrac{27}{3}+9\right)-\left(\dfrac{1}{3}+3\right)\right] = \dfrac{22}{3}.$$

从例1可以看出，应用换元法计算定积分时要注意两点：

（1）把原来的变量 x 代换成新变量 t 时，积分的上限和下限也要换成新变量 t 的积分上限和下限.

（2）计算定积分时求一个原函数 $F(t)$ 后，不必像计算不定积分那样，再把 $F(t)$ 变换成原来的变量 x 的原函数，而只需把新变量 t 的上、下限分别代入 $F(t)$ 中相减就可以了.

一般地，定积分的换元法可以叙述为：

设函数 $f(x)$ 在区间 $[a,b]$ 上连续，令 $x=\varphi(t)$，如果：

（1）$\varphi(t)$ 在区间 $[\alpha,\beta]$ 上有连续导数；

（2）$\varphi(\alpha)=a$，$\varphi(\beta)=b$，且当 t 在区间 $[\alpha,\beta]$ 上变化时，$x=\varphi(t)$ 的值在 $[a,b]$ 上变化，则有定积分的换元公式为

$$\int_a^b f(x)dx = \int_\alpha^\beta f[\varphi(t)]\varphi'(t)dt \tag{5-17}$$

下面再来看几个例子，以便通过这些例题来熟悉定积分的换元法.

例2. 计算 $\int_0^a \sqrt{a^2-x^2}\,dx\,(a>0)$.

解 设 $x=a\sin t$，则 $dx=a\cos t dt$. 当 $x=0$ 时，$t=0$；当 $x=a$ 时，$t=\dfrac{\pi}{2}$. 故

$$\int_0^a \sqrt{a^2-x^2}\,dx = a^2\int_0^{\frac{\pi}{2}}\cos^2 t\,dt = \dfrac{a^2}{2}\int_0^{\frac{\pi}{2}}(1+\cos 2t)dt = \dfrac{a^2}{2}\left[t+\dfrac{1}{2}\sin 2t\right]_0^{\frac{\pi}{2}} = \dfrac{\pi a^2}{4}.$$

例3. 计算 $\int_0^{\ln 2}\sqrt{e^x-1}\,dx$.

解 设 $\sqrt{e^x-1}=t$，即 $x=\ln(t^2+1)$，$dx=\dfrac{2t}{t^2+1}dt$. 当 $x=0$ 时，$t=0$；当 $x=\ln 2$ 时，$t=1$，故

$$\int_0^{\ln 2}\sqrt{e^x-1}\,dx = \int_0^1 t\cdot\dfrac{2t}{t^2+1}dt = 2\int_0^1\left(1-\dfrac{1}{t^2+1}\right)dt$$

$$= 2\left[t-\arctan t\right]_0^1 = 2-\dfrac{\pi}{2}.$$

例 4. 计算 $\int_0^8 \dfrac{\mathrm{d}x}{1+\sqrt[3]{x}}$.

解 设 $x = t^3$,则 $\mathrm{d}x = 3t^2 \mathrm{d}t$. 当 $x = 0$ 时,$t = 0$;当 $x = 8$ 时,$t = 2$,故

$$\int_0^8 \frac{\mathrm{d}x}{1+\sqrt[3]{x}} = \int_0^2 \frac{3t^2}{1+t} \mathrm{d}t = 3\left[\frac{t^2}{2} - t + \ln(1+t)\right]_0^2 = 3\ln 3.$$

例 5. 计算 $\int_0^{\frac{\pi}{2}} \cos^5 x \sin x \mathrm{d}x$.

解 设 $t = \cos x$,则 $\mathrm{d}t = -\sin x \mathrm{d}x$. 当 $x = 0$ 时,$t = 1$;当 $x = \dfrac{\pi}{2}$ 时,$t = 0$,故

$$\int_0^{\frac{\pi}{2}} \cos^5 x \sin x \mathrm{d}x = -\int_1^0 t^5 \mathrm{d}t = \left[\frac{t^6}{6}\right]_0^1 = \frac{1}{6}.$$

例 6. 证明:(1) 若 $f(x)$ 在 $[-a,a]$ 上连续且为偶函数,则

$$\int_{-a}^a f(x) \mathrm{d}x = 2\int_0^a f(x) \mathrm{d}x;$$

(2) 若 $f(x)$ 在 $[-a,a]$ 上连续且为奇函数,则

$$\int_{-a}^a f(x) \mathrm{d}x = 0.$$

证明 (1) 因为 $\int_{-a}^a f(x) \mathrm{d}x = \int_{-a}^0 f(x) \mathrm{d}x + \int_0^a f(x) \mathrm{d}x$,令 $x = -t$,则有

$$\int_{-a}^0 f(x) \mathrm{d}x = -\int_a^0 f(-t) \mathrm{d}(-t) = \int_0^a f(-t) \mathrm{d}t = \int_0^a f(-x) \mathrm{d}x$$

又 $f(x)$ 是偶函数,故有 $f(-x) = f(x)$,所以

$$\int_{-a}^a f(x) \mathrm{d}x = \int_{-a}^0 f(x) \mathrm{d}x + \int_0^a f(x) \mathrm{d}x = \int_0^a f(-x) \mathrm{d}x + \int_0^a f(x) \mathrm{d}x$$

$$= \int_0^a f(x) \mathrm{d}x + \int_0^a f(x) \mathrm{d}x = 2\int_0^a f(x) \mathrm{d}x.$$

(2) 若 $f(x)$ 是奇函数,则有 $f(-x) = -f(x)$,所以

$$\int_{-a}^a f(x) \mathrm{d}x = \int_{-a}^0 f(x) \mathrm{d}x + \int_0^a f(x) \mathrm{d}x$$

$$= \int_0^a f(-x) \mathrm{d}x + \int_0^a f(x) \mathrm{d}x = -\int_0^a f(x) \mathrm{d}x + \int_0^a f(x) \mathrm{d}x = 0.$$

由例 6 的结论,可以简化计算偶函数、奇函数在对称于原点的区间内的定积分.

5.3.2 定积分的分部积分法

定积分的分部积分法可以叙述为:设函数 $u(x)$、$v(x)$ 在区间 $[a,b]$ 上具有连续导数 $u'(x)$,$v'(x)$,则有

$$\int_a^b u \, \mathrm{d}v = uv \Big|_a^b - \int_a^b v \, \mathrm{d}u \tag{5-18}$$

也就是说先积出来的一部分代入上限、下限计算出其值,余下的那部分继续积分,通过这样运算比直接求出原函数再代入上限、下限求值更简便一些. 数学中将这种计算

方法称为定积分的分部积分法.

例 7. 计算 $\int_0^1 e^{\sqrt{x}} dx$.

解 设 $\sqrt{x} = t$，则 $x = t^2, dx = 2tdt$，当 $x = 0$ 时，$t = 0$；当 $x = 1$ 时，$t = 1$. 故

$$\int_0^1 e^{\sqrt{x}} dx = 2\int_0^1 te^t dt = 2\left(\left[te^t\right]\Big|_0^1 - \int_0^1 e^t dt\right)$$

$$= 2\left[te^t - e^t\right]_0^1 = 2\left[e - (e-1)\right] = 2.$$

例 8. 计算 $\int_0^{\frac{\pi}{2}} x^2 \cos x \, dx$.

解 $\int_0^{\frac{\pi}{2}} x^2 \cos x \, dx = \int_0^{\frac{\pi}{2}} x^2 d(\sin x) = x^2 \sin x \Big|_0^{\frac{\pi}{2}} - \int_0^{\frac{\pi}{2}} 2x \sin x \, dx = \frac{\pi^2}{4} + 2\int_0^{\frac{\pi}{2}} x \, d(\cos x)$

$$= \frac{\pi^2}{4} + 2\left[x\cos x\right]_0^{\frac{\pi}{2}} - 2\int_0^{\frac{\pi}{2}} \cos x \, dx = \frac{\pi^2}{4} - 2\left[\sin x\right]_0^{\frac{\pi}{2}} = \frac{\pi^2}{4} - 2.$$

例 9. 计算 $\int_0^{\frac{1}{2}} \arcsin x \, dx$.

解 $\int_0^{\frac{1}{2}} \arcsin x \, dx = x \arcsin x \Big|_0^{\frac{1}{2}} - \int_0^{\frac{1}{2}} \frac{x \, dx}{\sqrt{1-x^2}}$

$$= \frac{1}{2} \cdot \frac{\pi}{6} + \frac{1}{2}\int_0^{\frac{1}{2}} (1-x^2)^{-\frac{1}{2}} d(1-x^2)$$

$$= \frac{\pi}{12} + \left[\sqrt{1-x^2}\right]_0^{\frac{1}{2}} = \frac{\pi}{12} + \frac{\sqrt{3}}{2} - 1.$$

例 10. 计算 $\int_1^2 \ln x \, dx$.

解 $\int_1^2 \ln x \, dx = \left[x \ln x\right]_1^2 - \int_1^2 x \cdot \frac{1}{x} dx = 2\ln 2 - \left[x\right]_1^2 = 2\ln 2 - 1.$

例 11. 设 $f(x)$ 在 $[0,\pi]$ 上具有二阶连续导数，若 $f(\pi) = 2$，$\int_0^\pi [f(x) + f''(x)] \sin x \, dx = 5$，试求 $f(0)$.

解 $\int_0^\pi f(x) \sin x \, dx = \int_0^\pi f(x) d(-\cos x)$

$$= -f(x) \cos x \Big|_0^\pi + \int_0^\pi \cos x f'(x) dx$$

$$= f(\pi) + f(0) + \int_0^\pi f'(x) d(\sin x)$$

$$= f(\pi) + f(0) + \left[f'(x) \sin x\right]_0^\pi - \int_0^\pi \sin x f''(x) dx$$

$$= f(\pi) + f(0) - \int_0^\pi f''(x) \sin x \, dx$$

所以 $f(0) = \int_0^\pi f''(x)\sin x\,dx + \int_0^\pi f(x)\sin x\,dx - f(\pi)$

$= \int_0^\pi [f(x) + f''(x)]\sin x\,dx - f(\pi) = 5 - 2 = 3.$

习题 5.3

1. 计算下列各定积分

(1) $\int_3^8 \dfrac{x}{\sqrt{1+x}}\,dx$;

(2) $\int_1^2 \dfrac{\sqrt{x^2-1}}{x}\,dx$;

(3) $\int_0^1 (x-1)^{10} x^2\,dx$;

(4) $\int_0^1 x^2\sqrt{1-x^2}\,dx$;

(5) $\int_{\frac{1}{\pi}}^{\frac{2}{\pi}} \dfrac{1}{x^2}\sin\dfrac{1}{x}\,dx$;

(6) $\int_0^{\frac{\pi}{4}} \dfrac{1+\sin^2 t}{\cos^2 t}\,dt$;

(7) $\int_0^1 \sqrt{(1-x^2)^3}\,dx$.

2. 计算定积分 $\int_0^\pi x\sin^3 x\,dx$.

3. 计算下列各定积分

(1) $\int_0^1 x\arctan x\,dx$;

(2) $\int_0^\pi \sin^3\dfrac{\theta}{2}\,d\theta$;

(3) $\int_0^{\frac{\pi}{2}} e^{2t}\cos t\,dt$;

(4) $\int_0^\pi x^2\cos 2x\,dx$;

(5) $\int_{\frac{1}{e}}^{e} |\ln x|\,dx$;

(6) $\int_{-\frac{1}{2}}^{\frac{1}{2}} \dfrac{x\arcsin x}{\sqrt{1-x^2}}\,dx$.

§5.4 广义积分*

前面所讨论的定积分,都是以有限积分区间和有界函数(特别是连续函数)为前提的,但有时在讨论实际问题中,不得不考察无限区间上的积分或无界函数的积分,数学中将这两类积分称为广义积分,或称为反常积分.

5.4.1 无限区间上的广义积分(无穷限积分)

定义 5.2 设函数 $f(x)$ 在 $[a,+\infty)$ 上连续,取 $b > a$,将极限 $\lim\limits_{b\to+\infty}\int_a^b f(x)\,dx$ 称为 $f(x)$ 在 $[a,+\infty)$ 上的广义积分,记为

$$\int_a^{+\infty} f(x)\,dx = \lim_{b\to+\infty}\int_a^b f(x)\,dx \tag{5-19}$$

如果该极限存在,则称广义积分 $\int_a^{+\infty} f(x)\mathrm{d}x$ 存在或收敛;若该极限不存在,则称广义积分 $\int_a^{+\infty} f(x)\mathrm{d}x$ 不存在或发散.

类似可以定义 $f(x)$ 在 $(-\infty, b)$ 与 $(-\infty, +\infty)$ 上的广义积分

$$\int_{-\infty}^b f(x)\mathrm{d}x = \lim_{a\to -\infty}\int_a^b f(x)\mathrm{d}x$$

$$\int_{-\infty}^{+\infty} f(x)\mathrm{d}x = \int_{-\infty}^c f(x)\mathrm{d}x + \int_c^{+\infty} f(x)\mathrm{d}x \quad (\text{其中 } c \in (-\infty, +\infty)) \tag{5-20}$$

广义积分 $\int_{-\infty}^{+\infty} f(x)\mathrm{d}x$ 收敛的充分必要条件是: $\int_{-\infty}^c f(x)\mathrm{d}x$ 和 $\int_c^{+\infty} f(x)\mathrm{d}x$ 都收敛.

例 1. 求广义积分 $\int_0^{+\infty} x\mathrm{e}^{-x^2}\mathrm{d}x$.

解
$$\int_0^{+\infty} x\mathrm{e}^{-x^2}\mathrm{d}x = \lim_{b\to +\infty}\int_0^b x\mathrm{e}^{-x^2}\mathrm{d}x = \lim_{b\to +\infty}\left[-\frac{1}{2}\int_0^b \mathrm{e}^{-x^2}\mathrm{d}(-x^2)\right]$$
$$= -\frac{1}{2}\lim_{b\to +\infty}\left[\mathrm{e}^{-x^2}\right]_0^b = -\frac{1}{2}\lim_{b\to +\infty}(\mathrm{e}^{-b^2} - \mathrm{e}^0) = \frac{1}{2}.$$

为了书写方便,在计算广义积分的过程中常常省去极限符号,而直接利用牛顿—莱布尼兹公式计算. 即

$$\int_a^{+\infty} f(x)\mathrm{d}x = \left[F(x)\right]_a^{+\infty}$$

$$\int_{-\infty}^b f(x)\mathrm{d}x = \left[F(x)\right]_{-\infty}^b$$

$$\int_{-\infty}^{+\infty} f(x)\mathrm{d}x = \left[F(x)\right]_{-\infty}^{+\infty}.$$

例 2. 讨论 $\int_2^{+\infty} \dfrac{\mathrm{d}x}{x\ln x}$ 的敛散性.

解
$$\int_2^{+\infty} \frac{\mathrm{d}x}{x\ln x} = \int_2^{+\infty} \frac{\mathrm{d}(\ln x)}{\ln x} = \left[\ln(\ln x)\right]_2^{+\infty} = +\infty$$

所以广义积分 $\int_2^{+\infty} \dfrac{\mathrm{d}x}{x\ln x}$ 是发散的.

例 3. 讨论 $\int_1^{+\infty} \dfrac{\mathrm{d}x}{x^p}$ 的敛散性 $(p > 0)$.

解 (1) 当 $p > 1$ 时, $\int_1^{+\infty} \dfrac{\mathrm{d}x}{x^p} = \left[\dfrac{1}{1-p}x^{1-p}\right]_1^{+\infty} = \dfrac{1}{p-1}$(收敛).

(2) 当 $p = 1$ 时, $\int_1^{+\infty} \dfrac{\mathrm{d}x}{x^p} = \int_1^{+\infty} \dfrac{\mathrm{d}x}{x} = \left[\ln x\right]_1^{+\infty} = +\infty$ (发散).

(3) 当 $p < 1$ 时, $\int_1^{+\infty} \dfrac{\mathrm{d}x}{x^p} = \left[\dfrac{1}{1-p}x^{1-p}\right]_1^{+\infty} = +\infty$ (发散).

因此,当 $p > 1$ 时,广义积分 $\int_1^{+\infty} \dfrac{\mathrm{d}x}{x^p}$ 收敛,其值为 $\dfrac{1}{p-1}$;当 $p \leqslant 1$ 时,广义积分

$\int_1^{+\infty} \dfrac{\mathrm{d}x}{x^p}$ 发散.

5.4.2 无界函数的广义积分*

下面定义将定积分推广到被积函数为无界函数的情形.

定义 5.3 设函数 $f(x)$ 在区间 $(a,b]$ 内连续,且 $\lim\limits_{x \to a^+} f(x) = \infty$,则称极限 $\lim\limits_{\varepsilon \to 0^+} \int_{a+\varepsilon}^b f(x)\mathrm{d}x (\varepsilon > 0)$ 为无界函数 $f(x)$ 在区间 $(a,b]$ 上的广义积分,记为

$$\int_a^b f(x)\mathrm{d}x = \lim_{\varepsilon \to 0^+} \int_{a+\varepsilon}^b f(x)\mathrm{d}x \quad (\varepsilon > 0) \tag{5-21}$$

若上述极限存在,则称广义积分 $\int_a^b f(x)\mathrm{d}x$ 收敛;若上述极限不存在,则称广义积分 $\int_a^b f(x)\mathrm{d}x$ 发散.

类似地,可以定义 $f(x)$ 在 $[a,b)$ 上有定义,而当 $x \to b^-$ 时 $f(x) \to \infty$ 以及 $f(x)$ 在 $[a,b]$ 上除 c 点外连续,而当 $x \to c$ 时 $f(x) \to \infty$ 的广义积分

$$\int_a^b f(x)\mathrm{d}x = \lim_{\varepsilon \to 0^+} \int_a^{b-\varepsilon} f(x)\mathrm{d}x \quad (\varepsilon > 0) \tag{5-22}$$

$$\int_a^b f(x)\mathrm{d}x = \lim_{\varepsilon_1 \to 0^+} \int_a^{c-\varepsilon_1} f(x)\mathrm{d}x + \lim_{\varepsilon_2 \to 0^+} \int_{c+\varepsilon_2}^b f(x)\mathrm{d}x \quad (\varepsilon_1, \varepsilon_2 > 0) \tag{5-23}$$

例 4. 计算 $\int_0^1 \ln x \mathrm{d}x$.

解
$$\int_0^1 \ln x \mathrm{d}x = \lim_{\varepsilon \to 0^+} \int_\varepsilon^1 \ln x \mathrm{d}x = \lim_{\varepsilon \to 0^+} \left(x\ln x \Big|_\varepsilon^1 - \int_\varepsilon^1 \mathrm{d}x \right)$$
$$= \lim_{\varepsilon \to 0^+} (-\varepsilon\ln\varepsilon - 1 + \varepsilon) = -1.$$

这里有:$\lim\limits_{\varepsilon \to 0^+} \varepsilon\ln\varepsilon = \lim\limits_{\varepsilon \to 0^+} \dfrac{\ln\varepsilon}{\dfrac{1}{\varepsilon}} = \lim\limits_{\varepsilon \to 0^+} \dfrac{\dfrac{1}{\varepsilon}}{-\dfrac{1}{\varepsilon^2}} = 0$(采用洛必达法则).

例 5. 证明广义积分 $\int_a^b \dfrac{\mathrm{d}x}{(x-a)^p}$,当 $p < 1$ 时收敛;当 $p \geq 1$ 时发散.

证 当 $p = 1$ 时
$$\int_a^b \dfrac{\mathrm{d}x}{(x-a)^p} = \int_a^b \dfrac{\mathrm{d}x}{x-a} = \lim_{\varepsilon \to 0^+} \int_{a+\varepsilon}^b \dfrac{\mathrm{d}x}{x-a} = \lim_{\varepsilon \to 0^+} \left[\ln(x-a) \right]_{a+\varepsilon}^b$$
$$= \lim_{\varepsilon \to 0^+} [\ln(b-a) - \ln(a+\varepsilon-a)] = \ln(b-a) - \lim_{\varepsilon \to 0^+} \ln\varepsilon = +\infty$$

当 $p \neq 1$ 时
$$\int_a^b \dfrac{\mathrm{d}x}{(x-a)^p} = \left[\dfrac{(x-a)^{1-p}}{1-p} \right]_a^b = \begin{cases} \dfrac{(b-a)^{1-p}}{1-p} & (p < 1) \\ +\infty & (p > 1) \end{cases}$$

因此,当 $p \geq 1$ 时,所论广义积分发散;当 $p < 1$ 时,所论广义积分收敛于 $\dfrac{(b-a)^{1-p}}{1-p}$.

习题 5.4

判断下列各广义积分的敛散性,如果收敛求其值

1. $\displaystyle\int_{1}^{+\infty} \dfrac{1}{(1+x)\sqrt{x}} dx$;

2. $\displaystyle\int_{1}^{2} \dfrac{x}{\sqrt{x-1}} dx$;

3. $\displaystyle\int_{0}^{1} \dfrac{x}{\sqrt{1-x^2}} dx$;

4. $\displaystyle\int_{1}^{+\infty} \dfrac{\arctan x}{x^2} dx$;

5. $\displaystyle\int_{-\infty}^{+\infty} \dfrac{1}{x^2+2x+2} dx$;

6. $\displaystyle\int_{0}^{+\infty} e^{-ax} \cos bx \, dx \quad (a>0)$;

7. $\displaystyle\int_{a}^{2a} \dfrac{1}{(x-a)^{3/2}} dx$;

8. $\displaystyle\int_{1}^{+\infty} \dfrac{1}{x^2(x+1)} dx$;

9. $\displaystyle\int_{-\frac{\pi}{4}}^{\frac{3\pi}{4}} \dfrac{1}{\cos^2 x} dx$.

§5.5 定积分应用的数学建模——"微元法"

本节重点介绍用"微元法"将具体问题表示成定积分的分析方法,同时使读者初步体会数学建模的思想.

5.5.1 定积分的微元法

一般地,如果一个所求量 Q 符合下列条件:

(1) Q 与一个变量 x 的变化区间 $[a,b]$ 有关.

(2) Q 对区间 $[a,b]$ 具有可加性. 即若把区间 $[a,b]$ 分成若干部分小区间,则 Q 相应地分成若干部分分量 ΔQ,而 Q 等于所有部分分量的和,即 $Q = \sum \Delta Q$.

(3) 在任意一个小区间 $[x, x+dx]$ 上,部分分量 ΔQ 的近似值 $f(x)dx$ 与 ΔQ 之差是比 dx 高阶的无穷小量.

则所求量 Q 可以用定积分 $\displaystyle\int_{a}^{b} f(x) dx$ 表示.

通常把实际问题的所求量 Q 转化为定积分的步骤是:

第一步:根据实际问题选取积分变量(例如 x),并确定其变化范围(例如区间 $[a,b]$),如图 5-7 所示.

第二步:在区间 $[a,b]$ 的任意一个小区间 $[x, x+dx]$ 上,求出 Q 相应的部分分量 ΔQ 的近似值 $f(x)dx$(以直代曲或以不变代变),若近似值 $f(x)dx$ 与 ΔQ 之差是比 dx

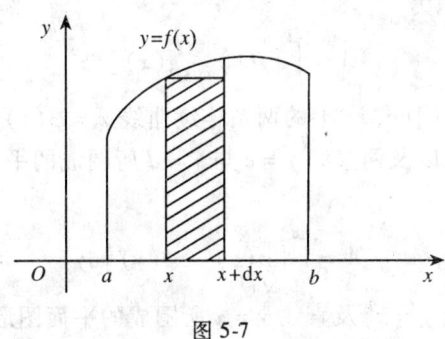

图 5-7

高阶的无穷小量. 记为 $dQ = f(x)dx$.

称 dQ 为所求量 Q 的微分单元, 简称微元(或元素). 所求量 Q 可以表示成定积分
$$\int_a^b f(x)dx.$$

上述方法通常称为定积分的微元法(或元素法).

5.5.2 平面图形的面积

由于表示平面图形边界曲线的方程有多种不同的形式,下面分三种情况讨论.

1. 直角坐标系

计算由区间 $[a,b]$ 上的两条连续曲线 $y=f(x)$ 与 $y=g(x)$, 且 $f(x) \geq g(x)$, 以及两直线 $x=a$ 与 $x=b$ 所围成的平面图形的面积.

由微元法, 取 x 为积分变量, 其变化范围为区间 $[a,b]$, 在区间 $[a,b]$ 的任意一个小区间 $[x, x+dx]$ 上, 相应的面积可以用以点 x 处的函数值 $[f(x) - g(x)]$ 为高, 以 dx 为底的矩形面积近似代替(如图 5-8 所示), 从而得到面积微元
$$dA = [f(x) - g(x)]dx$$

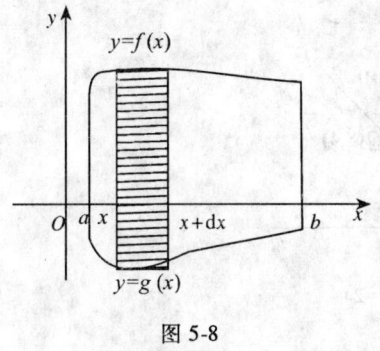

图 5-8

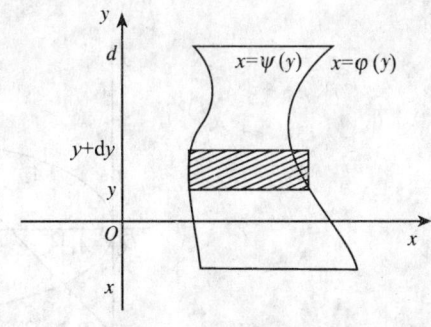

图 5-9

故所求平面图形的面积为

$$A = \int_a^b [f(x) - g(x)] dx \tag{5-24}$$

类似地可得,由区间 $[c,d]$ 上的两条连续曲线 $x = \varphi(y)$ 与 $x = \psi(y)$,且 $\forall y \in [c,d], \varphi(y) \geq \psi(y)$,以及两直线 $y = c$ 与 $y = d$ 所围成的平面图形的面积(如图5-9所示)为

$$A = \int_c^d [\varphi(y) - \psi(y)] dy \tag{5-25}$$

例1. 计算由曲线 $y = x^2$ 及直线 $y = x$ 所围成的平面图形的面积.

解 作出所围成的平面图形,如图5-10所示.

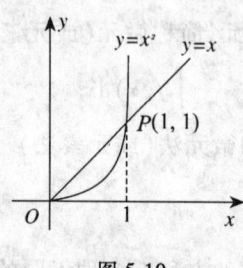

图 5-10

解方程组 $\begin{cases} y = x \\ y = x^2 \end{cases}$ 得两曲线的交点是 $O(0,0)$、$P(1,1)$.

取 x 为积分变量,其变化区间为 $[0,1]$.于是,由式(5-24)知,平面图形的面积为

$$A = \int_0^1 (x - x^2) dx = \left[\frac{1}{2}x^2 - \frac{1}{3}x^3\right]_0^1 = \frac{1}{6}.$$

例2. 计算由抛物线 $y^2 = 2x$ 及直线 $x - y - 4 = 0$ 所围成的平面图形的面积.

解 作出所围的平面图形,如图5-11所示.

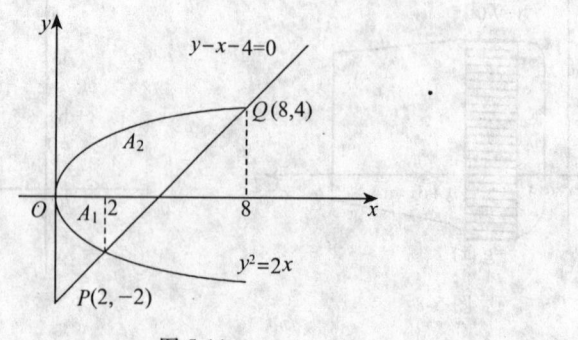

图 5-11

解方程组 $\begin{cases} y^2 = 2x \\ x - y - 4 = 0 \end{cases}$ 得两曲线的交点是 $P(2, -2), Q(8, 4)$，取 x 为积分变量，由图形可知，所求平面图形的面积可以分成 A_1 和 A_2 两部分，对于 A_1 积分区间为 $[0, 2]$，对于 A_2 积分区间为 $[2, 8]$.

于是，由式(5-24)知，平面图形的面积为

$$A = A_1 + A_2 = \int_0^2 [\sqrt{2x} - (-\sqrt{2x})] dx + \int_2^8 [\sqrt{2x} - (x - 4)] dx$$

$$= \left[\frac{4\sqrt{2}}{3} x^{\frac{3}{2}}\right]_0^2 + \left[\frac{2\sqrt{2}}{3} x^{\frac{3}{2}} - \frac{x^2}{2} + 4x\right]_2^8 = \frac{16}{3} + \frac{38}{3} = 18.$$

若取 y 为积分变量，由图形可知，这时只要把抛物线 $y^2 = 2x$ 与直线 $x - y - 4 = 0$ 中的 y 看成自变量，x 作为 y 的函数，即分别表示成 $x = \frac{1}{2} y^2$ 与 $x = y + 4$ 关于 y 的积分区间为 $[-2, 4]$. 于是，由式(5-25)知，所求平面图形的面积为

$$A = \int_{-2}^4 \left[(y + 4) - \frac{1}{2} y^2\right] dy = \left[\frac{1}{2} y^2 + 4y - \frac{1}{6} y^3\right]_{-2}^4 = 18.$$

可见，第二种方法的计算更简便些. 这说明在求平面图形的面积时，要依据平面图形正确地选取积分变量（即选取在 Ox 轴上积分或是在 Oy 轴上积分）.

2. 参数方程

设曲线 $y = f(x)$ $(f(x) \geq 0)$ 是由参数方程 $\begin{cases} x = \varphi(t) \\ y = \psi(t) \end{cases}, \alpha \leq t \leq \beta$ 给出，若 $\varphi'(t)$ 与 $\psi(t)$ 在 $[\alpha, \beta]$ 上连续，且 $\varphi(\alpha) = a, \varphi(\beta) = b$，当 x 在 $[a, b]$ 上变化时，t 相应地在 $[\alpha, \beta]$ 上变化，则由曲线 $\begin{cases} x = \varphi(t) \\ y = \psi(t) \end{cases}, \alpha \leq t \leq \beta$、$Ox$ 轴及两直线 $x = a$ 与 $x = b$ 所围成的曲边梯形的面积为

$$A = \int_a^b y \, dx = \int_\alpha^\beta \psi(t) \varphi'(t) \, dt \tag{5-26}$$

例3. 求椭圆 $\begin{cases} x = a\cos t \\ y = b\sin t \end{cases}, 0 \leq t \leq 2\pi$ 的面积.

解 $\qquad\qquad\qquad x' = (a\cos t)' = -a\sin t$

如图 5-12 所示，由椭圆的对称性，只需求出第一象限部分面积的 4 倍即可. 应用式(5-26)得椭圆的面积

$$A = 4 \int_0^a y \, dx = 4 \int_{\frac{\pi}{2}}^0 b\sin t(-a\sin t) \, dt = 4ab \int_0^{\frac{\pi}{2}} \sin^2 t \, dt$$

$$= 4ab \int_0^{\frac{\pi}{2}} \frac{1 - \cos 2t}{2} dt = 2ab \left[t - \frac{1}{2} \sin 2t\right]_0^{\frac{\pi}{2}} = \pi ab.$$

特别地，当 $a = b = R$ 时，椭圆就是半径为 R 的圆，其面积为 $A = \pi R^2$.

也可以利用直角坐标系中椭圆的方程 $\frac{x^2}{a^2} + \frac{y^2}{b^2} = 1$ 计算椭圆的面积，请读者自己完成.

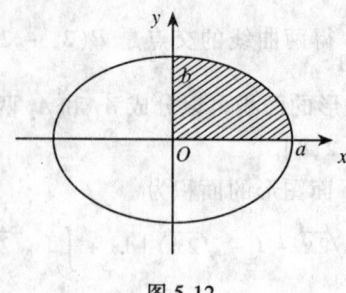

图 5-12

3. 极坐标系

设曲线的极坐标方程是 $\rho = \rho(\theta)$，$\alpha \leq \theta \leq \beta$，且在 $[\alpha,\beta]$ 上连续，求由曲线 $\rho = \rho(\theta)$ 及两射线 $\theta = \alpha$ 与 $\theta = \beta$ 所围成的曲边扇形的面积.

应用微元法，取 θ 为积分变量，其变化范围为区间 $[\alpha,\beta]$ 的任意一个小区间 $[\theta,\theta+\mathrm{d}\theta]$ 上相应的窄曲边扇形的面积，可以用以点 θ 处的函数值 $\rho(\theta)$ 为半径，中心角为 $\mathrm{d}\theta$ 的圆扇形面积近似代替（如图5-13所示），从而得到面积微元

$$\mathrm{d}A = \frac{1}{2}[\rho(\theta)]^2\mathrm{d}\theta$$

故，所求平面图形的面积为

$$A = \frac{1}{2}\int_\alpha^\beta [\rho(\theta)]^2\mathrm{d}\theta \tag{5-27}$$

例4. 求阿基米德螺线 $\rho = a\theta$，$(a>0)$ 第一圈与极轴所围图形的面积（如图5-14所示）.

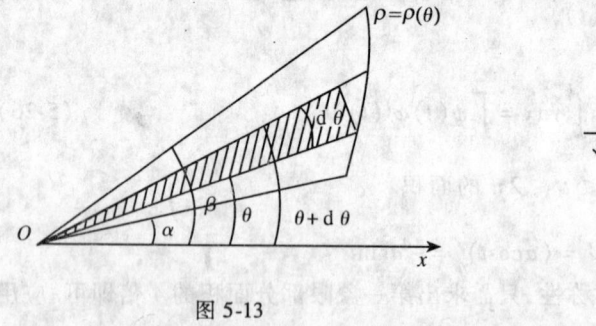

图 5-13

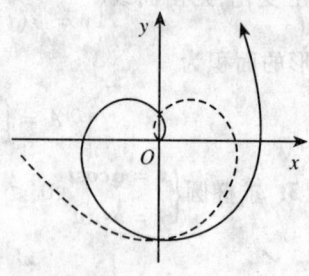

图 5-14

解 螺线的第一圈极角 θ 从 0 变化到 2π.
由式(5-27)，所围图形的面积为

$$A = \frac{1}{2}\int_0^{2\pi}(a\theta)^2\mathrm{d}\theta = \frac{a^2}{2}\cdot\left[\frac{\theta^3}{3}\right]_0^{2\pi} = \frac{4}{3}\pi^3 a^2.$$

例5. 计算双纽线 $\rho^2 = a^2\cos2\theta$，$(a>0)$ 所围图形的面积（如图5-15所示）.

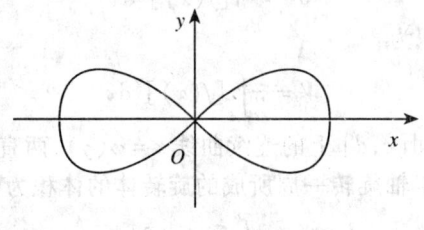

图 5-15

解 双纽线关于两个坐标轴都对称. 因此双纽线所围图形的面积是第一象限那部分图形面积的 4 倍. 而双纽线 $\rho^2 = a^2\cos2\theta, a > 0$,在第一象限中,$\theta$ 的变化区间是 $\left[0, \dfrac{\pi}{4}\right]$.

应用式(5-27),双纽线所围图形的面积为

$$A = 4 \cdot \frac{1}{2}\int_0^{\frac{\pi}{4}} \rho^2 d\theta = 2 \cdot \int_0^{\frac{\pi}{4}} a^2 \cdot \cos2\theta d\theta = 2a^2\int_0^{\frac{\pi}{4}} \cos2\theta d\theta = a^2\left[\sin2\theta\right]_0^{\frac{\pi}{4}} = a^2.$$

在直角坐标系中,双纽线的方程是 $(x^2 + y^2)^2 = a^2(x^2 - y^2), a > 0$,计算双纽线所围图形的面积是很困难的,而用极坐标计算比较简便,对于有些图形用极坐标计算显现出该方法的优越性.

5.5.3 旋转体的体积

一个平面图形绕平面内的一条定直线旋转一周所成的立体称为旋转体,这条定直线称为旋转轴. 圆柱、圆锥、圆台、球体、球冠都是旋转体.

计算由区间 $[a,b]$ 上的连续曲线 $y = f(x)$、两直线 $x = a$ 与 $x = b$ 及 Ox 轴所围成的曲边梯形绕 Ox 轴旋转一周所成的旋转体的体积.

由微元法,取 x 为积分变量,其变化范围为区间 $[a,b]$. 在区间 $[a,b]$ 的任意一个小区间 $[x, x + dx]$ 上,相应的薄旋转体的体积可以用以点 x 处的函数值 $f(x)$ 为底面半径,以 dx 为高的扁圆柱体的体积近似代替(如图 5-16 所示),从而得到体积微元

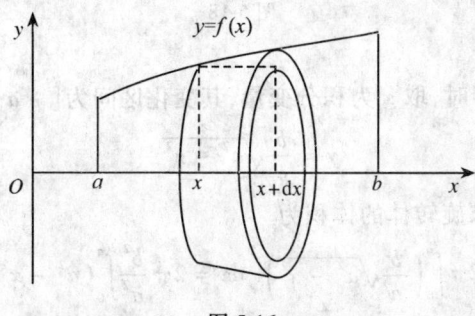

图 5-16

$$dV = \pi [f(x)]^2 dx$$

所以,所求旋转体的体积为

$$V = \pi \int_a^b [f(x)]^2 dx \tag{5-28}$$

类似地可得,由区间 $[c,d]$ 上的连续曲线 $x = \varphi(y)$,两直线 $y = c$ 与 $y = d$ 及 Oy 轴所围成的曲边梯形绕 Oy 轴旋转一周所成的旋转体的体积为(如图 5-17 所示)

$$V = \pi \int_c^d [\varphi(y)]^2 dy \tag{5-29}$$

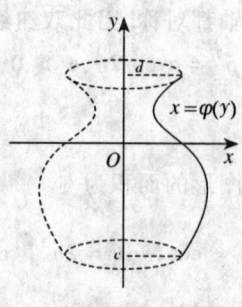

图 5-17

例 6. 求椭圆 $\dfrac{x^2}{a^2} + \dfrac{y^2}{b^2} = 1$ 分别绕 Ox 轴和 Oy 轴旋转而成的旋转体的体积.

解 作出椭圆图形. 由图形的对称性可知,只需考虑第一象限内的曲边梯形绕坐标轴旋转一周所成的旋转体的体积(如图 5-18 所示),所求体积为该体积的 2 倍.

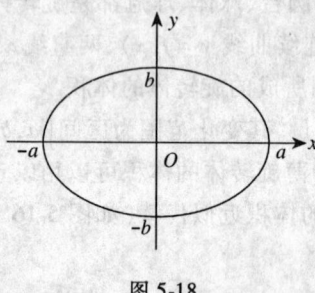

图 5-18

椭圆绕 Ox 轴旋转时,取 x 为积分变量,其变化区间为 $[-a,a]$,曲边方程为

$$y = \frac{b}{a}\sqrt{a^2 - x^2}.$$

由式(5-28)可知,所求旋转体的体积为

$$V = 2\pi \int_0^a \left(\frac{b}{a}\sqrt{a^2 - x^2}\right)^2 dx = 2\pi \frac{b^2}{a^2} \int_0^a (a^2 - x^2) dx$$

$$= \frac{2\pi b^2}{a^2}\left[a^2 x - \frac{x^3}{3}\right]_0^a = \frac{2\pi b^2}{a^2}\left(a^3 - \frac{a^3}{3}\right) = \frac{4}{3}\pi a b^2.$$

椭圆绕 Oy 轴旋转时,取 y 为积分变量,其变化区间为 $[-b,b]$,曲边方程为

$$x = \frac{a}{b}\sqrt{b^2 - y^2}.$$

由式(5-29)可知,所求旋转体的体积为

$$V = 2\pi \int_0^b \left(\frac{a}{b}\sqrt{b^2 - y^2}\right)^2 dy = 2\pi \frac{a^2}{b^2}\int_0^b (b^2 - y^2) dy$$

$$= \frac{2\pi a^2}{b^2}\left[b^2 y - \frac{y^3}{3}\right]_0^b = \frac{2\pi a^2}{b^2}\left(b^3 - \frac{b^3}{3}\right) = \frac{4}{3}\pi a^2 b.$$

特别地,当 $a = b = R$ 时,椭圆就是半径为 R 的圆,得旋转体——球的体积

$$V = \frac{4}{3}\pi R^3.$$

5.5.4 定积分在物理学中的应用

定积分在物理学方面有着广泛的应用.

1. 变力所做的功

由物理学可知,若某一物体在一个常力 F 的作用下,沿着力的方向作直线运动,当移动的距离为 s 时,常力 F 所做的功为

$$W = F \cdot s \tag{5-30}$$

但在实际问题中,常常遇到物体在运动过程中所受的力是变化的,例如,弹簧的拉力、电场力等都是变力,这就是变力做功的问题.下面讨论如何用微元法计算变力所做的功.

设物体在变力 $F = f(x)$ 的作用下,沿着 Ox 轴由 a 运动到 b,力方向与 Ox 轴的方向一致,求变力 F 所做的功.

由微元法,取 x 为积分变量,其变化范围为区间 $[a,b]$. 在区间 $[a,b]$ 的任意一个小区间 $[x,x+dx]$ 上,相应的变力 F 所做的功可以用以点 x 处的函数值 $f(x)$ 为常力(以不变代变)所做的功 $f(x)dx$ 近似代替(如图 5-19 所示),从而得到功微元

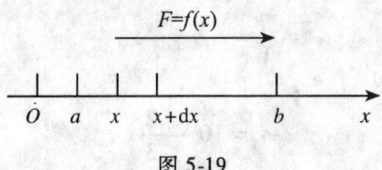

图 5-19

$$dw = f(x)dx$$

于是,该变力所做的功为

$$W = \int_a^b f(x)\,dx \tag{5-31}$$

例7. 已知 5N 的力能使弹簧拉长 0.01m, 试求使弹簧拉长 0.1m 拉力所做的功.

解 以弹簧的初始位置作为坐标原点, 建立坐标系 (如图 5-20 所示).

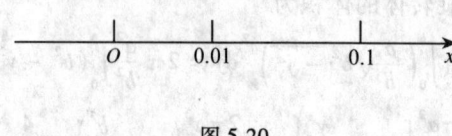

图 5-20

由虎克定律知, 在弹性限度内拉长弹簧所需的力与弹簧的伸长长度 x 成正比, 即
$$F = kx$$
其中 k 为弹性系数. 已知 $x = 0.01$m 时, $F = 5$N, 于是 $k = 500$N/m, 则
$$F = 500x$$
取为积分变量, 其变化区间为 $[0, 0.1]$. 于是, 由式 (5-31) 知, 拉力所做的功为
$$W = \int_0^{0.1} 500x\,dx = \left[250x^2\right]_0^{0.1} = 2.5(\text{J}).$$

例8. 有一圆锥形水池, 池口半径 10m, 深 15m, 池中盛满了水, 试求将池水全部抽干所做的功.

解 过锥体的轴作水池的截面图并建立坐标系 (如图 5-21 所示).

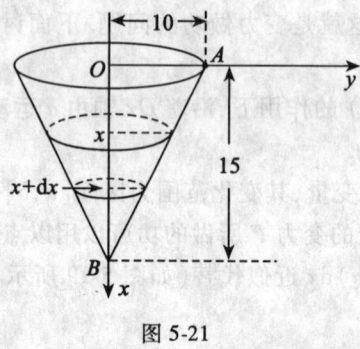

图 5-21

锥体母线 AB 的方程为
$$y = 10 - \frac{2}{3}x$$

由微元法, 取水深 x 为积分变量, 其变化范围为区间 $[0, 15]$. 在区间 $[0, 15]$ 的任意一个小区间 $[x, x+dx]$ 上, 相应的一薄层水的重量可以用以点 x 处的函数值 $f(x)$ 为底面半径, 以 dx 为高的圆柱体体积的水的重量近似代替, 即水的重量近似为
$$\rho g \pi \left(10 - \frac{2}{3}x\right)^2 dx$$

其中水的密度 $\rho = 10^3 \text{kg}/\text{m}^3$, 重力加速度 $g = 9.8 \text{m}/\text{s}^2$. 将这小薄层的水抽到池口的距离为 x, 所做的功即为克服重力所做的功. 从而得到功微元

$$dW = x \cdot \rho g \pi \left(10 - \frac{2}{3}x\right)^2 dx$$

于是, 所做的功为

$$\begin{aligned} W &= \int_0^{15} \rho \pi g x \left(10 - \frac{2}{3}x\right)^2 dx = \rho \pi g \int_0^{15} x\left(10 - \frac{2}{3}x\right)^2 dx \\ &= \rho \pi g \int_0^{15} \left(100x - \frac{40}{3}x^2 + \frac{4}{9}x^3\right) dx = \rho \pi g \left[50x^2 - \frac{40}{9}x^3 + \frac{1}{9}x^4\right]_0^{15} \\ &= 1875 \rho \pi g \approx 5.77 \times 10^7 (\text{J}). \end{aligned}$$

2. 液体的压力

由物理学可知, 在距液体表面深度为 h 处液体的压强为

$$P = \rho g h \tag{5-32}$$

这里 ρ 是液体的密度, 重力加速度 $g = 9.8 \text{m}/\text{s}^2$, 若在液体深处水平地放置一面积为 A 的平板, 则平板一侧所受的压力为

$$P = PA = \rho g h A \tag{5-33}$$

若平板垂直放置在液体中, 由于平板上每个位置距液面的深度不同, 液体的压强不同, 平板一侧所受的压力就不能用上述公式计算, 但整个平板一侧所受的压力对深度具有可加性, 下面用微元法计算液体的压力.

如图 5-22 所示, 以液面上的一条直线为 Oy 轴, 设平板是由两条连续曲线 $y = f(x)$ 与 $y = g(x)$, 且 $\forall x \in [a,b], f(x) \geqslant g(x)$, 以及两直线 $x = a$ 与 $x = b$ 所围成的平面图形, 平板垂直放置在液体中, 上、下两边与液面平行且与液面的距离分别为 a, b ($a < b$). 自变量表示液体的深度.

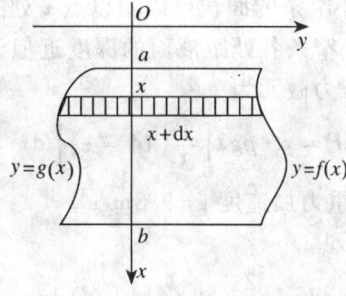

图 5-22

由微元法, 取 x 为积分变量, 其变化范围为区间 $[a,b]$. 在区间 $[a,b]$ 的任意一个小区间 $[x, x+dx]$ 上, 相应的小窄条平板的面积微元是 $dA = [f(x) - g(x)] dx$, 其上的压强可以用平板水平放置在距液面深度为 x 处的压强 $\rho g h$ 近似代替, 从而得到压力微元.

$$dP = \rho g x [f(x) - g(x)] dx$$

所以,所求整个平板一侧所受的压力为

$$P = \rho g \int_a^b x[f(x) - g(x)] dx \qquad (5\text{-}34)$$

这里 ρ 是液体的密度,重力加速度 $g = 9.8\,\mathrm{m/s^2}$.

例 9. 有一水库闸门为等腰梯形,上底宽 $8\,\mathrm{m}$,下底宽 $4\,\mathrm{m}$,高为 $6\,\mathrm{m}$,水面超过闸门顶 $2\,\mathrm{m}$,试计算闸门所受的水压力.

解 如图 5-23 所示建立坐标系.

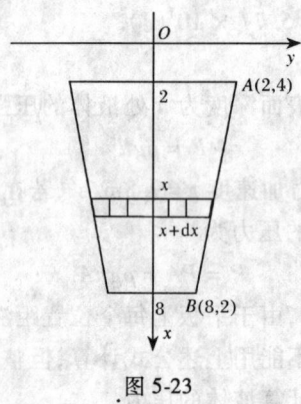

图 5-23

直线 AB 的方程为

$$y = \frac{1}{3}(14 - x)$$

由微元法,取水深 x 为积分变量,其变化区间为 $[2,8]$. 在区间 $[2,8]$ 的任意一个小区间 $[x, x+dx]$ 上,相应的小窄条的面积可以用以点 x 处的 $2y$ 为宽,以 dx 为高的矩形面积近似代替,由于这一小窄条各处距液面的深度近似于 x,从而这一小窄条上一侧所受水压力的近似值,即压力微元为

$$dP = x \cdot \rho g 2 \left[\frac{1}{3}(14 - x)\right] dx$$

其中水的密度 $\rho = 10^3\,\mathrm{kg/m^3}$,重力加速度 $g = 9.8\,\mathrm{m/s^2}$.

于是,所求的水压力为

$$P = 2\int_2^8 \rho g x \frac{1}{3}(14 - x) dx = \frac{2}{3}\rho g \int_2^8 x(14 - x) dx = \frac{2}{3}\rho g \left[7x^2 - \frac{1}{3}x^3\right]_2^8$$
$$= 168\rho g \approx 1.65 \times 10^6 (\mathrm{N}).$$

5.5.5 函数的平均值*

我们知道 n 个数 $y_1, y_2, \cdots, y_n$ 的算术平均值为

$$\bar{y} = \frac{y_1 + y_2 + \cdots + y_n}{n} = \frac{1}{n}\sum_{i=1}^{n} y_i$$

在实际问题的研究中,不仅需要计算 n 个数的算术平均值,有时也常常需要计算一个连续函数 $y=f(x)$ 在区间 $[a,b]$ 上所取得的一切值的算术平均值. 例如平均电流、平均功率、平均压强、平均速度等. 下面讨论如何求连续函数 $y=f(x)$ 在区间 $[a,b]$ 上所取得的一切值的算术平均值.

设函数 $y=f(x)$ 在区间 $[a,b]$ 上连续. 将区间 $[a,b]$ 分成 n 等份,设分点为
$$a = x_0 < x_1 < \cdots < x_n = b$$
每个小区间 $[x_{i-1}, x_i]$ $(i=1,2,\cdots,n)$ 的长度为 $\Delta x_i = \dfrac{b-a}{n}$,设每个小区间 $[x_{i-1}, x_i]$ $(i=1,2,\cdots,n)$ 右端点的函数值为 $y_i = f(x_i)$ $(i=1,2,\cdots,n)$,可以用它们的算术平均值
$$\frac{1}{n}(y_1 + y_2 + \cdots + y_n) = \frac{1}{n}[f(x_1) + f(x_2) + \cdots + f(x_n)] = \frac{1}{n}\sum_{i=1}^{n} f(x_i)$$
来近似表达函数 $y=f(x)$ 在区间 $[a,b]$ 上所得的一切值的算术平均值,当 n 无限增大时,每个区间 $[x_{i-1}, x_i]$ $(i=1,2,\cdots,n)$ 的长度为 $\Delta x_i = \dfrac{b-a}{n}$ 就无限地小,上述平均值就能比较准确地表达函数 $y=f(x)$ 在区间 $[a,b]$ 上所取的一切值的算术平均值. 因此,把极限
$$\lim_{n \to \infty} \frac{1}{n} \sum_{i=1}^{n} f(x_i)$$
称为函数 $y=f(x)$ 在区间 $[a,b]$ 上所取得的一切值的算术平均值,简称函数 $y=f(x)$ 在区间 $[a,b]$ 上的平均值,记为 $\bar{y}$,即
$$\bar{y} = \lim_{n \to \infty} \frac{1}{n} \sum_{i=1}^{n} f(x_i) = \lim_{n \to \infty} \frac{1}{b-a} \sum_{i=1}^{n} \frac{b-a}{n} f(x_i)$$
$$= \lim_{n \to \infty} \frac{1}{b-a} \sum_{i=1}^{n} f(x_i) \Delta x_i = \frac{1}{b-a} \lim_{n \to \infty} \sum_{i=1}^{n} f(x_i) \Delta x_i$$

因为函数 $y=f(x)$ 在区间 $[a,b]$ 上可积,所以由定积分的定义可得
$$\bar{y} = \frac{1}{b-a} \int_a^b f(x) \mathrm{d}x \tag{5-35}$$

也就是说,函数 $y=f(x)$ 在区间 $[a,b]$ 上的平均值等于函数 $y=f(x)$ 在区间 $[a,b]$ 上的定积分除以区间 $[a,b]$ 的长度 $b-a$.

例 10. 计算函数 $y=3x^2+1$ 在区间 $[1,2]$ 上的平均值.

解 函数 $y=3x^2+1$ 在区间 $[1,2]$ 上的平均值为
$$\bar{y} = \frac{1}{2-1} \int_1^2 (3x^2 + 1) \mathrm{d}x = \left[x^3 + x \right]_1^2 = 8.$$

例 11. 计算 0s 到 ts 这段时间内自由落体的平均速度.

解 自由落体的速度为 $v=gt$,故所求的平均速度为
$$\bar{v} = \frac{1}{t-0} \int_0^t gt \mathrm{d}t = \frac{1}{t} \left[\frac{1}{2} gt^2 \right]_0^t = \frac{1}{2} gt.$$

习题 5.5

1. 试求:(1)由曲线 $y=9-x^2, y=x^2$ 与直线 $x=0, x=1$ 所围成的平面图形的面积;
(2)由曲线 $y=9-x^2, y=x^2$ 所围成的平面图形的面积.

2. 试求由抛物线 $y=\dfrac{1}{4}x^2$ 与直线 $3x-2y-4=0$ 所围成的平面图形的面积.

3. 试求由曲线 $y=x^3$, Oy 轴与直线 $y=8$ 所围成的平面图形的面积.

4. 试求由抛物线 $5x^2=32y$ 与直线 $16y-5x=20$ 所围成的平面图形的面积.

5. 试求由圆 $\rho=1$ 与心形线 $\rho=1+\cos\theta$ 所围成的平面图形公共部分的面积.

6. 试求摆线 $\begin{cases} x=a(t-\sin t) \\ y=a(1-\cos t) \end{cases}$ 的一拱与横轴所围成的面积.

7. 试求下列各题中给出的平面图形绕指定的直线旋转所产生的旋转体的体积:
(1)在第一象限中,$xy=9$ 与 $x+y=10$ 之间的平面图形,绕 Oy 轴旋转.
(2)在抛物线 $y^2=4x$ 与 $y^2=8x-4$ 之间的平面图形,绕 Ox 轴旋转.

8. 试求下列函数在指定区间上的平均值
(1) $y=x\cos x$, $[0,2\pi]$;
(2) $y=1+a\sin x+b\cos x$, $[0,2\pi]$ (a,b 常数);
(3) $y=\sin x\sin\left(x+\dfrac{\pi}{3}\right)$, $[0,2\pi]$.

9. 试求初速度为 v_0 的自由落体的速度从时刻 t_1 到时刻 t_2 的平均值.

10. 设有一长为 l 的铝棒,已知把棒 l 拉长到 $l+x$ 时所需的力为 $\dfrac{k}{l}x$,其中 k 为常数,试求把棒从 l 拉长到 $a(a>l)$ 时所做的功.

11. 一弹簧原长为 1m,把该弹簧压缩 1cm 所用的力为 0.4N,试求把该弹簧从 80cm 压缩到 60cm 所做的功.

*历史的回顾与评述

关于微积分的居先权

1684 年《博学者学报》发表了莱布尼兹(Leibniz, G. W.)的微积分后,引起了牛顿(Newton, I.)及其追随者的不满,从而引发了一场关于微积分居先权的争论.这场不幸的争论使一个多世纪的数学进展产生了相当令人遗憾的后果.这场争论使英国数学家与欧洲大陆数学家分道扬镳,使莱布尼兹精巧的微积分符号在英国迟用了一个多世纪.英国数学家由于过分的民族自尊心而对 18 世纪前半期的微积分学的发展很少贡献.但在欧洲大陆,由于詹姆斯·伯努利和约翰·伯努利两兄弟的努力使这里的数学家们看到了微积分这个新工具的巨大威力,从而努力得到了应用方面的累累硕果.

事实上,微积分并非是没有其前身而突然产生的,微积分的发明是通过许多学者长期的辛勤探索发展起来的一连串数学思想的结晶.但要把这个有力的数学工具归功于牛顿和莱布尼兹之前的任何人都会是太过分.在英国是牛顿达到了登峰造极的境地.牛顿对微积分的发明体现在他的三本小册子中,其中《无穷多项方程分析》写于1669年,但在1711年出版,《流数术》一书写成于1671年,也到1736年才出版.而在德国微积分的原理是由牛顿杰出的同时代人莱布尼兹建立起来的.据他自述,他是在1674年发明微积分的,然而他的微积分直到10年后才公之于世:发表在1684年的《博学者学报》(又译《教师学报》)中.但有一点值得注意:莱布尼兹在此之前许多年就已掌握了微积分的主要原理.这一点事实上是靠研究他的信件(1667年、1673年、1677年的手稿和与友人的通信)看出的(直到17世纪末叶或更后,数学家们还是主要靠私人通信来宣布他们的研究成果.这当然是一个效率低微的办法,微积分发明的争执正是由此而起).另外,牛顿的流数术(微积分)是以物理的直观来对待的,而莱布尼兹的差分法(微积分)是源于他对组合数性质的研究.所以,从时间和方法两个方面看,包括棣莫弗在内的关于微积分发明权问题的委员会和数学界乃至科学界一致认定:微积分是由牛顿和莱布尼兹各自独立发明的.因此,微积分中最著名的公式就称为牛顿—莱布尼兹公式.

第6章 微分方程

寻求变量之间的函数关系在生产实践和科学技术问题中具有重要的意义. 在许多问题中,往往不能直接找出所需要的函数关系式,却比较容易列出表示未知函数及其导数(或微分)与自变量之间关系的等式,然后再从中解得待求的函数关系式. 这样的关系式就是所要研究的微分方程.

本章将讨论几种特殊类型的微分方程及其解法,并简单介绍几例关于微分方程的数学模型.

§6.1 微分方程的基本概念

6.1.1 微分方程

定义 6.1 凡含有未知函数导数(或微分)的方程,称为微分方程. 未知函数是一元函数的微分方程称为常微分方程,未知函数是多元函数的微分方程称为偏微分方程.

本教材仅讨论常微分方程. 并简称为微分方程.

例如,下列方程都是微分方程

(1) $(x-2y)dx + (y-2x)dy = 0$;

(2) $\dfrac{dy}{dx} = y$;

(3) $\dfrac{d^2\theta}{dt^2} + \dfrac{g}{l}\sin\theta = 0$ (g,l 为常数);

(4) $y'' - 3y' + 4y = e^x$;

(5) $y^{(4)} - 4y''' + 10y'' - 12y' + 5y = \sin 2x$;

(6) $x^2 y''' + xy'' - 4y' = 3x^4$.

在微分方程中,自变量及未知函数可以不出现,但未知函数的导数则必须出现.

定义 6.2 微分方程中所出现的未知函数的导数的最高阶数称为微分方程的阶.

例如方程(1),(2)称为一阶微分方程,方程(3),(4)称为二阶微分方程,方程(5),(6)分别称为四阶、三阶微分方程.

一阶微分方程的一般形式为

$$y' = f(x,y) \text{ 或 } F(x,y,y') = 0$$

二阶微分方程的一般形式为

$$y'' = f(x,y,y') \text{ 或 } F(x,y,y',y'') = 0.$$

6.1.2 微分方程的解

定义 6.3 任何代入微分方程后使其成为恒等式的函数,都称为该方程的解.

例如 $y = x^2, y = x^2 + C$(C 为任意常数)都是方程 $y' = 2x$ 的解.

定义 6.4 如果微分方程的解中含有任意常数,而且任意常数的个数与方程的阶数相同,且任意常数之间不能合并,则这种解称为微分方程的通解(或一般解).

例如 $y = x^2 + C$ 是 $y' = 2x$ 的解,这个解仅含一个任意常数,而方程 $y' = 2x$ 是一阶的,所以 $y = x^2 + C$ 是 $y' = 2x$ 的通解.

用来确定通解中的任意常数的附加条件.一般称为初值条件,通常一阶微分方程的初值条件是

$$y|_{x=x_0} = y_0 \text{ 即 } y(x_0) = y_0$$

由此可以确定通解中的一个任意常数,二阶微分方程的初值条件是

$$y|_{x=x_0} = y_0 \text{ 与 } y'|_{x=x_0} = y'_0, \text{ 即 } y(x_0) = y_0 \text{ 与 } y'(x_0) = y'_0$$

由此可以确定通解中的两个任意常数.

其中,x_0, y_0, y'_0 都是给定的值.求满足初值条件的微分方程的解的问题,称为微分方程的定解问题.

定义 6.5 凡满足其初值条件,从而确定了通解中任意常数的值的解,称为微分方程满足该初值条件的特解.

例 1. 验证函数 $y = 3e^{-x} - xe^{-x}$ 是方程 $y'' + 2y' + y = 0$ 的解.

解 求 $y = 3e^{-x} - xe^{-x}$ 的一阶、二阶导数得

$$y' = -4e^{-x} + xe^{-x}, y'' = 5e^{-x} - xe^{-x}$$

将 y, y', y'' 代入原方程的左边,有

$$(5e^{-x} - xe^{-x}) + 2(-4e^{-x} + xe^{-x}) + 3e^{-x} - xe^{-x} = 0$$

即函数 $y = 3e^{-x} - xe^{-x}$ 满足原方程,所以该函数是所给二阶微分方程的解.

例 2. 验证方程 $y' = \dfrac{2y}{x}$ 的通解为 $y = Cx^2$(C 为任意常数),并求满足初值条件 $y|_{x=1} = 2$ 的特解

解 由 $y = Cx^2$ 得 $y' = 2Cx$.

将 y 及 y' 代入原方程的左右两边,则左边 $y' = 2Cx$,而右边 $\dfrac{2y}{x} = 2Cx$,所以函数 $y = Cx^2$ 满足原方程,又因为该函数含有一个任意常数,所以 $y = Cx^2$ 是一阶微分方程 $y' = \dfrac{2y}{x}$ 的通解,将初值条件 $y|_{x=1} = 2$ 代入通解,得 $C = 2$,故所求特解为 $y = 2x^2$.

例3. 一曲线通过点$(1,2)$,且在该曲线上任意一点$M(x,y)$处的切线斜率为$2x$,试求该曲线的方程.

解 设所求曲线方程为$y = y(x)$,按题意,未知函数$y(x)$应满足关系式

$$\frac{dy}{dx} = 2x \tag{6-1}$$

此外,$y(x)$还应满足下列条件

$$x = 1 \text{ 时 } y = 2 \tag{6-2}$$

将式(6-1)两端对x积分,得

$$y = \int 2x \, dx = x^2 + C \tag{6-3}$$

把条件(6-2)代入式(6-3)得$C = 1$. 故所求曲线方程为 $y = x^2 + 1$.

习题 6.1

1. 指出下列各微分方程的阶数
   (1) $y' = \varphi(x)$;
   (2) $xy'' - 2yy' + x = 0$;
   (3) $\left(\dfrac{dx}{dy}\right)^2 = 4$;
   (4) $-dy = \dfrac{2y}{100 + x} dx$;
   (5) $L\dfrac{d^2\theta}{dt^2} + R\dfrac{d\theta}{dt} + \dfrac{1}{C}\theta = 0$;   (6) $y' \cdot y'' - xy = 1$.

2. 指出下列各题中的函数是否为所给微分方程的解
   (1) $y'' - 2y' + y = 0, y = xe^x$;
   (2) $xy' = 2y, y = 5x^2$;
   (3) $\dfrac{dy}{dx} = p(x)y, p(x)$ 连续,$y = Ce^{\int p(x) dx}$;
   (4) $y'' - 2y' + y = 0, y = e^x + e^{-x}$.

3. 试验证$y = Cx^3$是方程$3y - xy' = 0$的通解,并分别求该方程满足下列初值条件的特解:
   (1) $y|_{x=2} = 4$;   (2) $y|_{x=3} = 27$;   (3) $y|_{x=1} = \dfrac{1}{3}$.

4. 设曲线上任一点处的切线斜率与切点的横坐标成反比,且曲线过点$(1,2)$,试求该曲线的方程.

5. 试用微分方程表达一物理命题:某种气体的气压P对于温度T的变化率与气压成正比,与温度的平方成反比.

§6.2 变量可分离的微分方程

6.2.1 变量可分离的微分方程

方程 $\dfrac{dy}{dx} = f(x) \cdot g(y)$ 称为变量可分离的微分方程,这里 $f(x), g(y)$ 分别是变量 x, y 的已知连续函数,且 $g(y) \neq 0$,这类方程的特点是,经过适当的运算,可以将两个不同变量的函数与微分分离到等号的两边,具体解法如下:

第一步:变量分离(将 x, y 分开) 即

$$\frac{1}{g(y)} dy = f(x) dx.$$

第二步:两边同时积分,即

$$\int \frac{1}{g(y)} dy = \int f(x) dx + C.$$

例 1. 试求微分方程 $\dfrac{dy}{dx} = 2xy$ 的通解.

解 将微分方程变量分离后得

$$\frac{1}{y} dy = 2x dx$$

两端积分得 $\qquad \ln|y| = x^2 + C_1$

即 $\qquad |y| = e^{x^2 + C_1} = e^{C_1} e^{x^2}$

$$y = \pm e^{C_1} e^{x^2}$$

故通解为 $y = C e^{x^2}$ ($C = \pm e^{C_1}$ 为任意常数).

例 2. 试求微分方程 $y' = (\sin x - \cos x)\sqrt{1 - y^2}$ 的通解.

解 变量分离得 $\qquad \dfrac{dy}{\sqrt{1 - y^2}} = (\sin x - \cos x) dx$

两边积分,得 $\qquad \arcsin y = -(\cos x + \sin x) + C$

这就是所求微分方程的通解.

例 3. 试求微分方程 $dx + xy dy = y^2 dx + y dy$ 满足初值条件 $y(0) = 2$ 的特解.

解 将方程整理得 $y(x - 1) dy = (y^2 - 1) dx$

变量分离得 $\qquad \dfrac{y}{y^2 - 1} dy = \dfrac{1}{x - 1} dx$

两边积分得 $\qquad \dfrac{1}{2} \ln(y^2 - 1) = \ln(x - 1) + \dfrac{1}{2} \ln C$

化简得 $\qquad y^2 - 1 = C(x - 1)^2$

即 $\qquad y^2 = C(x - 1)^2 + 1$

为所求之通解,将初值条件 $y|_{x=0} = 2$ 代入得 $C = 3$. 故所求特解为

$$y^2 = 3(x-1)^2 + 1.$$

6.2.2 可化为变量可分离的微分方程

方程 $y' = f\left(\dfrac{y}{x}\right)$ 称为齐次微分方程,可以证明(证明略)凡是齐次微分方程,经过变量代换:$u = \dfrac{y}{x}$ 就可以化为变量可分离的微分方程.

例 4. 试求微分方程 $y'\cos\dfrac{y}{x} = 1 + \dfrac{y}{x}\cos\dfrac{y}{x}$ 的通解.

解 这个方程不是变量可分离的微分方程,但是只要令 $u = \dfrac{y}{x}$,就可以化为变量可分离的微分方程,即 $y = ux$,则将 $y' = u + u'x$ 代入原方程中得

$$(u + u'x)\cos u = 1 + u\cos u$$

即

$$\cos u\, du = \dfrac{1}{x}dx$$

两边积分,得

$$\sin u = \ln C_1 x$$

将 $u = \dfrac{y}{x}$ 代回,得原方程的通解为

$$C_1 x = e^{\sin\frac{y}{x}}$$

$$x = C e^{\sin\frac{y}{x}} \quad \left(C = \dfrac{1}{C_1} \text{为任意常数}\right).$$

例 5. 试求微分方程 $y' = \sin(x - y)$ 的通解.

解 这个方程不是变量可分离的微分方程,也不是齐次微分方程,但是如果令 $u = x - y$,则有 $y' = 1 - u'$,代入原方程,得

$$1 - u' = \sin u$$

变量分离,得

$$\dfrac{du}{1 - \sin u} = dx$$

两边积分,得

$$\int \dfrac{du}{1 - \sin u} = x + C_1$$

而

$$\int \dfrac{du}{1 - \sin u} = \int \dfrac{1 + \sin u}{\cos^2 u} du = \tan u + \dfrac{1}{\cos u} + C_2.$$

还原,得原方程的通解为

$$\tan(x - y) + \sec(x - y) - x = C.$$

例 6. 试求微分方程 $y^2 + x^2 \dfrac{dy}{dx} = xy \dfrac{dy}{dx}$ 的通解.

解 将原方程两边同除以 x^2 得

$$\dfrac{y^2}{x^2} + \dfrac{dy}{dx} = \dfrac{y}{x} \dfrac{dy}{dx}$$

令 $u = \dfrac{y}{x}$,则 $\quad \dfrac{dy}{dx} = u + x\dfrac{du}{dx}$

代入原方程,得
$$u^2 + \left(u + x\dfrac{du}{dx}\right) = u\left(x\dfrac{du}{dx} + u\right)$$

即
$$x(1-u)\dfrac{du}{dx} = -u$$

亦即
$$\left(1 - \dfrac{1}{u}\right)du = \dfrac{1}{x}dx$$

两边积分,得
$$u - \ln u = \ln(C_1 x)$$

即
$$u = \ln(C_1 x u)$$

变量代回,得通解为
$$\dfrac{y}{x} = \ln(C_1 y)$$

即
$$y = \dfrac{1}{C_1} e^{\frac{y}{x}}$$

故原方程的通解为 $\quad y = C e^{\frac{y}{x}} \quad \left(C = \dfrac{1}{C_1} \text{为任意常数}\right).$

习题 6.2

1. 求下列微分方程的通解

(1) $y' = \dfrac{\sqrt{1-y^2}}{\sqrt{1-x^2}}$;

(2) $xy' - y\ln y = 0$;

(3) $\sec^2 x \tan y \, dx + \sec^2 y \tan x \, dy = 0$;

(4) $\dfrac{dy}{dx} = 10^{x+y}$;

(5) $\dfrac{dy}{dx} = \dfrac{y}{x} + \tan\dfrac{y}{x}$;

(6) $x\dfrac{dy}{dx} = y\ln\dfrac{y}{x}$;

(7) $(x^2 + y^2)dx - xy\,dy = 0$;

(8) $\dfrac{dy}{dx} = \dfrac{y}{x} + \dfrac{1}{2}\dfrac{x}{y}$;

(9) $y' = \dfrac{1}{x-y} + 1$;

(10) $\dfrac{dy}{dx} = \dfrac{1}{x+y}$.

2. 求下列微分方程满足所给初值条件的特解

(1) $y' = e^{2x-y}$, $\quad y\big|_{x=0} = 0$;

(2) $y'\sin x = y\ln y$, $\quad y\big|_{x=\frac{\pi}{2}} = e$;

(3) $\cos y\,dx + (1 + e^{-x})\sin y\,dy = 0$, $\quad y\big|_{x=0} = \dfrac{\pi}{4}$;

(4) $(y^2 - 3x^2)dy + 2xy\,dx = 0$, $\quad y\big|_{x=0} = 1$;

(5) $y' - \dfrac{y}{x} = \dfrac{x}{y}$, $y|_{x=e} = 2e$;

(6) $(x+2y)y' = y - 2x$, $y|_{x=1} = 1$.

3. 一曲线通过点 $(2,3)$，该曲线在两坐标轴之间的任意一切线段均被切点所平分，试求该曲线的方程.

§6.3 一阶线性微分方程

6.3.1 一阶线性齐次微分方程

方程
$$\dfrac{\mathrm{d}y}{\mathrm{d}x} + P(x)y = 0 \tag{6-4}$$

称为一阶线性齐次微分方程.

微分方程(6-4)是变量可分离的微分方程，变量分离后，得

$$\dfrac{\mathrm{d}y}{y} = -P(x)\mathrm{d}x$$

积分得
$$\ln|y| = -\int P(x)\mathrm{d}x + C_1$$

或
$$y = C\mathrm{e}^{-\int P(x)\mathrm{d}x} \quad (C = \pm \mathrm{e}^{C_1})$$

这就是一阶线性齐次微分方程的通解.

例1. 试求微分方程 $y' + (\sin x)y = 0$ 的通解.

解 所给方程是一阶线性齐次微分方程，且 $P(x) = \sin x$

得
$$-\int P(x)\mathrm{d}x = -\int \sin x \mathrm{d}x = \cos x$$

由通解公式可以得方程的通解为
$$y = C\mathrm{e}^{\cos x}.$$

例2. 试求微分方程 $(y - 2xy)\mathrm{d}x + x^2\mathrm{d}y = 0$ 满足初值条件 $y|_{x=1} = \mathrm{e}$ 的特解.

解 将所给方程化为如下形式
$$\dfrac{\mathrm{d}y}{\mathrm{d}x} + \dfrac{1-2x}{x^2}y = 0$$

这是一个线性齐次微分方程，且 $P(x) = \dfrac{1-2x}{x^2}$，计算得

$$-\int P(x)\mathrm{d}x = \int\left(\dfrac{2}{x} - \dfrac{1}{x^2}\right)\mathrm{d}x = \ln x^2 + \dfrac{1}{x} + C_1$$

由通解公式可以得方程的通解为
$$y = Cx^2\mathrm{e}^{\frac{1}{x}}$$

将条件 $y(1)=e$ 代入通解，得 $C=1$. 故所求特解为
$$y=x^2 e^{\frac{1}{x}}.$$

6.3.2 一阶线性非齐次微分方程

方程
$$\frac{dy}{dx}+P(x)y=Q(x) \tag{6-5}$$
称为一阶线性非齐次微分方程.

当 $Q(x)=0$ 时，方程(6-5)就是方程(6-4)，因此它们的通解一定有联系，下面来寻求方程(6-5)的通解，设 $y=y_1(x)$ 是方程(6-4)的一个解，则当 C 为常数时，$y=Cy_1(x)$，简记 $y=Cy_1$，仍然是方程(6-4)的解，这个解不可能满足方程(6-5)，若把 C 看做 x 的函数，并且将 $y=C(x)y_1$ 代入方程(6-5)中会有怎样的结果呢？我们不妨试算一下.

设 $y=C(x)y_1$ 是方程(6-5)的解，将 $y=C(x)y_1$ 及导数 $y'=C'(x)y_1+C(x)y_1'$ 代入方程(6-5)，则有
$$[C'(x)y_1+C(x)y_1']+P(x)[C(x)y_1]=Q(x)$$
即
$$C'(x)y_1+C(x)[y_1'+P(x)y_1]=Q(x)$$

因为 y_1 是方程(6-4)的解，故 $y_1'+p(x)y_1=0$. 因此有
$$C'(x)y_1=Q(x)$$
其中 y_1 与 $Q(x)$ 均为已知函数，所以可以通过积分求得
$$C(x)=\int \frac{Q(x)}{y_1}dx+C$$
代入 $y=C(x)y_1$ 中得
$$y=Cy_1+y_1\int \frac{Q(x)}{y_1}dx$$

容易验证，上式给出的函数满足方程(6-5)，且含有一个任意常数，所以上式是方程(6-5)的通解. 在运算过程中，若取方程(6-4)的一个解为
$$y_1=e^{-\int P(x)dx}$$
于是方程(6-5)的通解公式也可以写成如下的形式
$$y=e^{-\int P(x)dx}\left(C+\int Q(x)e^{\int P(x)dx}dx\right) \tag{6-6}$$

由此可以看出一阶线性非齐次微分方程的通解等于该方程对应的齐次微分方程的通解与该方程的一个特解之和，上述这种求一阶线性非齐次微分方程的通解方法，称为常数变易法. 常数变易法的步骤为：

第一步：求出非齐次微分方程所对应的齐次微分方程的通解
$$y=Ce^{-\int P(x)dx}.$$

第二步:将任意常数改为一个待定函数 $C(x)$.

第三步:经积分后求出 $C(x)$,得到非齐次微分方程的通解.

例 3. 试求微分方程 $2y' - y = e^x$ 的通解.

解 (方法一) 使用常数变易法求解,将所给的方程改写成如下形式

$$y' - \frac{1}{2}y = \frac{1}{2}e^x$$

这是一个线性非齐次微分方程,该方程对应的线性齐次微分方程的通解为

$$y = Ce^{\frac{x}{2}}$$

设所给线性非齐次微分方程的解为

$$y = C(x)e^{\frac{x}{2}}$$

将 y 及 y' 代入该方程,得

$$C'(x)e^{\frac{x}{2}} = \frac{1}{2}e^x$$

于是,有

$$C(x) = \int \frac{1}{2}e^{\frac{x}{2}}dx = e^{\frac{x}{2}} + C$$

因此,原方程的通解为

$$y = Ce^{\frac{x}{2}} + e^x.$$

(方法二) 运用通解公式求解. 将所给的方程改写成如下形式

$$y' - \frac{1}{2}y = \frac{1}{2}e^x$$

则

$$P(x) = -\frac{1}{2} \qquad Q(x) = \frac{1}{2}e^x$$

计算得

$$-\int P(x)dx = \frac{1}{2}x \qquad e^{-\int P(x)dx} = e^{\frac{x}{2}}$$

$$\int Q(x)e^{\int P(x)dx}dx = \int \frac{1}{2}e^x \cdot e^{-\frac{x}{2}}dx = e^{\frac{x}{2}}$$

代入通解公式,得原方程的通解为

$$y = Ce^{\frac{x}{2}} + e^x.$$

例 4. 试求微分方程 $\dfrac{dy}{dx} - \dfrac{y}{x} = x^2$ 的通解.

解 先求出对应的齐次微分方程

$$\frac{dy}{dx} - \frac{y}{x} = 0$$

的通解,得

$$y = Cx$$

应用常数变易法,设所给线性非齐次微分方程的通解为

$$y = C(x) \cdot x$$

将 y 及 y' 代入该方程,得
$$C'(x) = x$$

积分得
$$C(x) = \frac{1}{2}x^2 + C$$

因此,原方程的通解为
$$y = Cx + \frac{1}{2}x^3.$$

例 5. 试求微分方程 $(y^2 - 6x)y' + 2y = 0$ 满足条件 $x = 2$ 时 $y = 1$ 的特解.

解 所给方程显然关于 y 与 y' 不是一次的,但若将方程改写为
$$\frac{\mathrm{d}x}{\mathrm{d}y} - \frac{3}{y}x = -\frac{y}{2}$$

并在方程中将 x 视为 y 的函数,则上式关于未知函数 $x(y)$ 及其导数 $\dfrac{\mathrm{d}x}{\mathrm{d}y}$ 就是一次的了,即为线性微分方程,该方程所对应的齐次微分方程为
$$\frac{\mathrm{d}x}{\mathrm{d}y} - \frac{3}{y}x = 0$$

变量分离,解得
$$x = Cy^3$$

设所给线性非齐次微分方程的通解为
$$x = C(y)y^3$$

将 x 及 x' 代入该方程,得
$$C'(y) = -\frac{1}{2y^2}$$

积分得
$$C(y) = \frac{1}{2y} + C$$

因此原方程的通解为
$$x = \left(\frac{1}{2y} + C\right)y^3 = \frac{1}{2}y^2 + Cy^3$$

将条件 $x = 2$ 时 $y = 1$ 代入,得 $C = \dfrac{3}{2}$. 故所求特解为
$$x = \frac{3}{2}y^3 + \frac{1}{2}y^2.$$

习题 6.3

1. 求下列微分方程的通解

(1) $\dfrac{\mathrm{d}y}{\mathrm{d}x} + y = \mathrm{e}^{-x}$; (2) $y' + y\cos x = \mathrm{e}^{-\sin x}$;

(3) $y'+2xy=2xe^{-x^2}$;   (4) $(x+1)\dfrac{dy}{dx}-ny=0$;

(5) $xy\,dy-y^2\,dx=(x+y)\,dy$;   (6) $(2y\ln y+y+x)\,dy-y\,dx=0$.

2. 求下列微分方程满足所给初值条件的特解

(1) $\dfrac{dy}{dx}+3y=8$, $y|_{x=0}=2$;

(2) $y'-y\tan x=\sec x$, $y|_{x=0}=0$;

(3) $xy'-y=\dfrac{x}{\ln x}$, $y|_{x=e}=e$;

(4) $\dfrac{dy}{dx}+5y=-4e^{-3x}$, $y|_{x=0}=-4$.

3. 试求一曲线,该曲线通过原点,并且曲线在点(x,y)处的切线斜率等于$2x+y$.

§6.4 二阶常系数齐次线性微分方程*

微分方程
$$y''+py'+qy=0 \tag{6-7}$$
称为二阶常系数齐次线性微分方程,其中 p,q 为常数,我们可以用代数的方法来解这类方程,为此,先讨论这类方程的性质.

定理 6.1 设 $y=y_1(x)$ 及 $y=y_2(x)$ 是方程(6-7)的两个解,那么对于任何常数 $C_1,C_2,y=C_1y_1(x)+C_2y_2(x)$ 仍然是方程(6-7)的解.

证 因 $y_1(x),y_2(x)$ 是方程(6-7)的解,故有
$$y''_1+py'_1+qy_1\equiv 0$$
$$y''_2+py'_2+qy_2\equiv 0$$
从而
$$(C_1y_1+C_2y_2)''+p(C_1y_1+C_2y_2)'+q(C_1y_1+C_2y_2)$$
$$=C_1(y''_1+py'_1+qy_1)+C_2(y''_2+py'_2+qy_2)\equiv 0$$
即 $y=C_1y_1+C_2y_2$ 是方程(6-7)的解.

由定理 6.1 可知,如果我们能找到方程(6-7)的两个解 $y_1(x)$ 及 $y_2(x)$,且 $\dfrac{y_1(x)}{y_2(x)}\neq$ 常数,那么
$$y=C_1y_1(x)+C_2y_2(x)$$
就是含有两个任意常数的解,因而就是方程(6-7)的通解.下面讨论如何用代数的方法来求方程(6-7)的两个特解.

当 r 为常数时,指数函数 $y=e^{rx}$ 和它的各阶导数都只相差一个常数因子,由于指数函数有这样的特点,因此用函数 $y=e^{rx}$ 来尝试,看能否适当地选取常数 r,使 $y=e^{rx}$ 满足方程(6-7).

对 $y=e^{rx}$ 求导，得 $y'=re^{rx}, y''=r^2e^{rx}$. 将 y, y' 及 y'' 代入方程(6-7)，得
$$(r^2+pr+q)e^{rx}=0$$
由于 $e^{rx}\neq 0$，所以
$$r^2+pr+q=0 \tag{6-8}$$
由此可见，只要常数 r 满足方程(6-8)，函数 $y=e^{rx}$ 就是方程(6-7)的解，代数方程(6-8)称为微分方程(6-7)的特征方程.

特征方程(6-8)的根称为特征根，可以用公式
$$r_{1,2}=\frac{1}{2}(-p\pm\sqrt{p^2-4q})$$
求出它们有三种不同的情形：

1. 特征方程有两个不相等的实根：$r_1\neq r_2$.

由上面的讨论可知，$y_1=e^{r_1 x}, y_2=e^{r_2 x}$ 是微分方程(6-7)的两个解，且 $\frac{y_1}{y_2}=\frac{e^{r_1 x}}{e^{r_2 x}}=e^{(r_1-r_2)x}$ 不是常数，因此方程(6-7)的通解为
$$y=C_1 e^{r_1 x}+C_2 e^{r_2 x} \tag{6-9}$$

例 1. 试求微分方程 $y''+2y'-3y=0$ 的通解.

解 特征方程为 $r^2+2r-3=0$，即 $(r+3)(r-1)=0$，得特征根 $r_1=-3, r_2=1$，于是微分方程的通解为
$$y=C_1 e^{-3x}+C_2 e^x.$$

例 2. 试求微分方程 $y''-2y'-15y=0$ 满足初值条件
$$y|_{x=0}=3, \quad y'|_{x=0}=-1$$
的特解.

解 特征方程为 $\qquad r^2-2r-15=0$，即 $(r-5)(r+3)=0$

得特征根 $\qquad r_1=5, r_2=-3$

通解为 $\qquad y=C_1 e^{5x}+C_2 e^{-3x}$

由初值条件可知 $\qquad \begin{cases} C_1+C_2=3 \\ 5C_1-3C_2=-1 \end{cases}$

解出 $\qquad C_1=1, \quad C_2=2$

故所求特解为 $\qquad y=e^{5x}+2e^{-3x}.$

2. 特征方程有两个相等的实根：$r_1=r_2$.

微分方程(6-7)的通解为
$$y=C_1 e^{r_1 x}+C_2 x e^{r_1 x}=(C_1+C_2 x)e^{r_1 x}.$$

例 3. 试求微分方程 $y''-4y'+4y=0$ 满足初始条件 $y(0)=1, y'(0)=4$ 的特解.

解 该方程的特征方程为 $r^2-4r+4=0$，即 $(r-2)^2=0$ 的重根 $r=2$，于是其通解为
$$y=(C_1+C_2 x)e^{2x}$$

又
$$y' = C_2 e^{2x} + 2(C_1 + C_2 x) e^{2x}.$$

将 $y(0)=1, y'(0)=4$ 代入以上两式,得 $C_1=1, C_2=2$. 故所求的特解为
$$y = (1+2x) e^{2x}.$$

3. 特征方程有一对共轭复根.
$$r_1 = \alpha + i\beta, \quad r_2 = \alpha - i\beta \quad (\alpha、\beta \text{ 为实数}, \beta \neq 0)$$

微方程(6-7)的通解为
$$y = e^{\alpha x} (C_1 \cos\beta x + C_2 \sin\beta x).$$

例 4. 试求微分方程 $y'' + 4y = 0$ 的通解.

解 特征方程为 $r^2 + 4 = 0$,它有一对共轭复根 $r = \pm 2i$.

于是其通解为
$$y = C_1 \cos 2x + C_2 \sin 2x.$$

例 5. 试求微分方程 $y'' + y' + y = 0$ 满足条件 $y(0) = 1$ 与 $y'(0) = 1$ 的特解.

解 特征方程为 $r^2 + r + 1 = 0$, $r_{1,2} = -\dfrac{1}{2} \pm \dfrac{\sqrt{3}}{2} i$

于是原方程的通解为
$$y = e^{-\frac{x}{2}} \left(C_1 \cos \frac{\sqrt{3}}{2} x + C_2 \sin \frac{\sqrt{3}}{2} x \right)$$

于是 $y' = -\dfrac{1}{2} e^{-\frac{x}{2}} \left(C_1 \cos \dfrac{\sqrt{3}}{2} x + C_2 \sin \dfrac{\sqrt{3}}{2} x \right) + e^{-\frac{x}{2}} \left(\dfrac{\sqrt{3}}{2} C_2 \cos \dfrac{\sqrt{3}}{2} x - \dfrac{\sqrt{3}}{2} C_1 \sin \dfrac{\sqrt{3}}{2} x \right)$

由 $y|_{x=0} = 1$ 知 $C_1 = 1$,由 $y'|_{x=0} = 1$ 知 $C_2 = \sqrt{3}$. 故所求的特解为
$$y = e^{-\frac{x}{2}} \left(\cos \frac{\sqrt{3}}{2} x + \sqrt{3} \sin \frac{\sqrt{3}}{2} x \right).$$

综上所述,二阶常系数齐次线性微分方程可以用代数方法求得其通解,其求解步骤是:

(1)写出特征方程,求出特征根.

(2)根据特征根的不同情况,按照表6-1,对应地写出微分方程的通解.

表 6-1

特征方程的两个根 r_1、r_2	微分方程的通解
两个不相等的实根,$r_1 \neq r_2$	$y = C_1 e^{r_1 x} + C_2 e^{r_2 x}$
两个相等的实根 $r_1 = r_2$	$y = (C_1 + C_2 x) e^{rx}$
一对共轭复根 $r_1 = \alpha + i\beta$、$r_2 = \alpha - i\beta$	$y = e^{\alpha x} (C_1 \cos\beta x + C_2 \sin\beta x)$

例 6. 试求微分方程 $y^{(4)} + 8y' = 0$ 的通解.

解 特征方程 $r^4 + 8r = 0$,即 $r(r+2)(r^2 - 2r + 4) = 0$

求得特征根为 $r_1=0, r_2=-2, r_{3,4}=1\pm\mathrm{i}\sqrt{3}$,故通解为
$$y=C_1+C_2\mathrm{e}^{-2x}+\mathrm{e}^x(C_3\cos\sqrt{3}\,x+C_4\sin\sqrt{3}\,x).$$

习题 6.4

1. 求下列微分方程的通解.

(1) $y''+y'-2y=0$; (2) $y''-4y'=0$;

(3) $y''+y=0$; (4) $y''+6y'+13y=0$;

(5) $4\dfrac{\mathrm{d}^2 x}{\mathrm{d}t^2}-20\dfrac{\mathrm{d}x}{\mathrm{d}t}+25x=0$; (6) $y''-10y'+25y=0$;

(7) $y^{(4)}-y=0$; (8) $y^{(4)}-2y'''+y''=0$.

2. 求下列微分方程满足所给初值条件的特解.

(1) $y''-4y'+3y=0$, $y|_{x=0}=6, y'|_{x=0}=10$;

(2) $4y''+4y'+y=0$, $y|_{x=0}=2, y'|_{x=0}=0$;

(3) $y''-3y'-4y=0$, $y|_{x=0}=0, y'|_{x=0}=-5$;

(4) $y''+25y=0$, $y|_{x=0}=2, y'|_{x=0}=5$;

(5) $y'+2y+\displaystyle\int_0^x y\mathrm{d}t=0$, $(x\geq 0), y|_{x=0}=1$.

3. 设方程 $y''+9y=0$ 的一条积分曲线通过点 $(\pi,-1)$,且在该点处与直线 $y+1=x-\pi$ 相切,试求该曲线的方程.

§6.5 二阶常系数非齐次线性微分方程*

二阶常系数非齐次线性微分方程的一般形式是
$$y''+py'+qy=f(x) \tag{6-10}$$
其中 p,q 为常数,而方程
$$y''+py'+qy=0 \tag{6-11}$$
称为非齐次微分方程(6-10)所对应的齐次微分方程.为求解方程(6-10),我们先讨论其解的性质.

定理 6.2 设 $y=y^*(x)$ 是方程(6-10)的解, $y=\bar{y}(x)$ 是方程(6-11)的解,那么
$$y=\bar{y}(x)+y^*(x)$$
仍然是方程(6-10)的解.

根据这一定理,如果我们求出方程(6-10)的一个特解 $y^*(x)$,再求出方程(6-11)的通解
$$\bar{y}(x)=C_1 y_1(x)+C_2 y_2(x)$$

则
$$y = \bar{y}(x) + y^*(x) = C_1 y_1(x) + C_2 y_2(x) + y^*(x)$$
就是方程(6-10)的通解.

求方程(6-11)的通解在上一节已经解决,下面我们只介绍当非齐次项$f(x)$取两种特殊形式时,如何求方程(6-11)的一个特解$y^*(x)$的方法,这种方法称为待定系数法,所谓待定系数法是通过对微分方程的分析,给出特解$y^*(x)$的形式,然后代到方程中去,确定解中的待定系数,这里所取的$f(x)$的两种形式是:

1. $f(x) = P_m(x) e^{\lambda x}$ 型.

如果$f(x) = P_m(x) e^{\lambda x}$,那么二阶常系数非齐次线性微分方程(6-10)具有形如
$$y^* = x^k Q_m(x) e^{\lambda x} \tag{6-12}$$
的特解,其中$Q_m(x)$是与$P_m(x)$同次(m次)的完全多项式,而k按λ不是特征方程的根,是特征方程的单根,或是特征方程的重根,依次取0,1或2.

例1. 试求微分方程 $y'' - 2y' - 3y = 3x + 1$ 的一个特解.

解 非齐次项 $3x + 1 = (3x + 1) e^{0x}$ 属于 $P_m(x) e^{\lambda x}$ 型 $(m = 1, \lambda = 0)$,其特征方程为 $r^2 - 2r - 3 = 0$,由于 $\lambda = 0$ 不是特征根,所以应设特解为
$$y^* = Q_1(x) e^{0x} = b_0 x + b_1$$
把上式代入所给的方程,得
$$-2b_0 - 3(b_0 x + b_1) = 3x + 1$$
比较两端同次幂的系数,得
$$\begin{cases} -3b_0 = 3 \\ -2b_0 - 3b_1 = 1 \end{cases}$$
由此求得 $b_0 = -1, b_1 = \dfrac{1}{3}$,于是求得一个特解为
$$y^* = -x + \dfrac{1}{3}.$$

例2. 试求微分方程 $y'' - 5y' + 6y = x e^{2x}$ 的通解.

解 先求对应的齐次微分方程的通解 $y = \bar{y}(x)$,由 $r^2 - 5r + 6 = 0$ 得 $r_1 = 2, r_2 = 3$,于是
$$\bar{y}(x) = C_1 e^{2x} + C_2 e^{3x}$$
$f(x) = x e^{2x}$ 属于 $P_m(x) e^{\lambda x}$ 型,$m = 1, \lambda = 2$ 为其特征方程的单根,所以应设
$$y^* = x(b_0 x + b_1) e^{2x}$$
求导得
$$y^{*'} = [2 b_0 x^2 + (2 b_0 + 2 b_1) x + b_1] e^{2x}$$
$$y^{*''} = [4 b_0 x^2 + (8 b_0 + 4 b_1) x + 2 b_0 + 4 b_1] e^{2x}$$
代入所给方程,并约去 e^{2x},得
$$4 b_0 x^2 + (8 b_0 + 4 b_1) x + 2 b_0 + 4 b_1 - 5[2 b_0 x^2 + (2 b_0 + 2 b_1) x + b_1] + 6(b_0 x^2 + b_1 x) = 0$$

即
$$-2b_0 x + 2b_0 - b_1 = x$$

比较同次幂系数,得
$$\begin{cases} -2b_0 = 1 \\ 2b_0 - b_1 = 0 \end{cases}$$

求得 $b_0 = -\frac{1}{2}, b_1 = -1$,于是 $y^* = -x\left(\frac{1}{2}x+1\right)e^{2x}$. 从而所求通解为
$$y = \bar{y} + y^* = C_1 e^{2x} + C_2 e^{3x} - x\left(\frac{1}{2}x+1\right)e^{2x} = \left(C_1 - x - \frac{1}{2}x^2\right)e^{2x} + C_2 e^{3x}.$$

例 3. 试求微分方程 $y'' - 4y' + 4y = 2e^{2x}$ 的通解.

解 由于其特征方程为 $r^2 - 4r + 4 = 0$,所以 $r_{1,2} = 2$,故对应齐次微分方程的通解为
$$\bar{y}(x) = (C_1 + C_2 x)e^{2x}$$

$f(x) = 2e^{2x}, m = 0, \lambda = 2$ 为特征方程的重根,所以应设
$$y^* = x^2 (b_0) e^{2x} = b_0 x^2 e^{2x}$$

代入原方程,求得 $b_0 = 1$,故所求通解为
$$y = \bar{y} + y^* = (C_1 + C_2 x + x^2) e^{2x}.$$

2. $f(x) = e^{\lambda x} [P_l(x) \cos\omega x + P_n(x) \sin\omega x]$ 型.

可以证明,这时方程(6-10)具有形如
$$y^* = x^k e^{\lambda x} [\theta_m(x) \cos\omega x + R_m(x) \sin\omega x] \tag{6-13}$$

的特解,其中 $\theta_m(x), R_m(x)$ 是 m 次完全多项式,$m = \max\{l, n\}$,而 k 按 $\lambda + i\omega$ 不是特征方程的根,或是特征方程的单根,依次取 0 或 1.

这里证明从略.

例 4. 试求微分方程 $y'' + y = x\cos 2x$ 的一个特解.

解 $f(x) = x\cos 2x$ 属于 $e^{\lambda x}[P_l(x)\cos\omega x + P_n(x)\sin\omega x]$ 型,其中 $\lambda = 0, \omega = 2, l = 1, n = 0$,其特征方程为 $r^2 + 1 = 0$,由于 $\lambda + i\omega = 2i$ 不是特征根,所以应取 $k = 0$,而 $m = \max\{1, 0\} = 1$,故应设特解为
$$y^* = (a_0 x + a_1)\cos 2x + (b_0 x + b_1)\sin 2x$$

求导得
$$y^{*'} = (2b_0 x + a_0 + 2b_1)\cos 2x + (-2a_0 x + b_0 - 2a_1)\sin 2x$$
$$y^{*''} = (-4a_0 x + 4b_0 - 4a_1)\cos 2x + (-4b_0 x - 4a_0 - 4b_1)\sin 2x$$

代入原方程,得
$$(-3a_0 x + 4b_0 - 3a_1)\cos 2x - (3b_0 x + 4a_0 + 3b_1)\sin 2x = x\cos 2x$$

比较同类项的系数得

$$\begin{cases} -3a_0 = 1 \\ 4b_0 - 3a_1 = 0 \\ -3b_0 = 0 \\ -4a_0 - 3b_1 = 0 \end{cases}$$

由此解得 $a_0 = -\dfrac{1}{3}, a_1 = 0, b_0 = 0, b_1 = \dfrac{4}{9}$. 于是求得一个特解为

$$y^* = -\frac{1}{3}x\cos 2x + \frac{4}{9}\sin 2x.$$

例 5. 试求微分方程 $y'' + y = 2\sin x$ 的通解.

解 对应齐次微分方程为 $y'' + y = 0$,其特征方程为 $r^2 + 1 = 0$,得到一对共轭特征根 $r_{1,2} = \pm i$,对应齐次微分方程的通解为

$$\bar{y}(x) = C_1\cos x + C_2\sin x$$

由于 $f(x) = 2\sin x$ 属于 $e^{\lambda x}[P_l(x)\cos\omega x + P_n(x)\sin\omega x]$ 型,其中 $\lambda = 0, l = 0, n = 0, \omega = 1$, 由于 i 是特征方程的单根,故所求特解应具有下述形式

$$y^* = x(a_0\cos x + b_0\sin x)$$

现将上述代入原方程,来确定系数 a_0, b_0,由于

$$y^* = x(a_0\cos x + b_0\sin x)$$
$$y^{*\prime} = (a_0 + b_0 x)\cos x + (a_0 - b_0 x)\sin x$$

$$y^{*\prime\prime} = (2b_0 - a_0 x)\cos x - (2a_0 + b_0 x)\sin x$$
$$y^{*\prime\prime} + y^* = (2b_0 - a_0 x)\cos x - (2a_0 + b_0 x)\sin x +$$
$$x(a_0\cos x + b_0\sin x) = 2b_0\cos x - 2a_0\sin x = 2\sin x$$

可以求得 $a_0 = -1, b_0 = 0$,所以

$$y^* = -x\cos x$$

故其通解为

$$y = (-x + C_1)\cos x + C_2\sin x.$$

习题 6.5

1. 求下列各微分方程的通解

   (1) $y'' - 7y' + 12y = 5$; (2) $y'' + 4y = 8$;
   (3) $y'' + y' + y = 3e^{2x}$; (4) $y'' + y = 5\sin 2x$;
   (5) $y'' - 6y' + 9y = (x+1)e^{3x}$; (6) $y'' - 2y' + 5y = e^x\sin 2x$.

2. 求下列各微分方程满足所给初值条件的特解.

   (1) $y'' - 4y' = 5$, $y|_{x=0} = 1, y'|_{x=0} = 0$;
   (2) $y'' - 3y' + 2y = 5$, $y|_{x=0} = 1, y'|_{x=0} = 2$;

(3) $y'' - 10y' + 9y = e^{2x}$, $y|_{x=0} = \dfrac{6}{7}, y'|_{x=0} = \dfrac{33}{7}$；

(4) $y'' - y = 4xe^x$, $y|_{x=0} = 1, y'|_{x=0} = 1$.

*历史的回顾与评述

李昂纳德·欧拉(1707—1783)(Euler, L. 瑞士数学家)，是一位爱好研究数学的路德教牧师之子. 他不仅是 18 世纪最多产的数学家，也是至今世界上最多产的数学家. 他一生为人类作出了卓越的贡献. 他的不朽著作是包括 886 种著作和论文的欧拉全集，由瑞士自然科学学会从 1907 年开始出版，预计将出 100 本. 他 16 岁时被送往巴塞尔大学学习神学、医学和东方语言学，在那里接触到了约翰·伯努利(Bernoulli. Johann)和这个著名家族的其他成员，这引起了他对数学的兴趣. 1727 年他应凯瑟琳一世之命前往圣彼得堡，在那里担任物理教授. 三年后继丹尼尔·伯努利(Bernoulli. Daniel)任数学教授. 然而严酷的气候和长期紧张的研究工作，致使 28 岁的他一只眼睛失明，到 1766 年 59 岁时，竟双目失明了. 但他仍以顽强的毅力坚韧不拔地从事数学研究，他凭着一种惊人的记忆力，让别人笔录下他的研究成果.

使人感到惊讶和钦佩的，不仅是他的著作如此之多，而且他的文字通俗易懂，引人入胜，使用的符号也先进新颖，所以大家都喜欢读他的书，许多伟大的数学家都怀着尊敬的心情对他说出赞美的语言. 比如大数学家拉普拉斯(Laplace, P.S.M.)就常告诫年轻的数学家："读读欧拉，他是我们每一个人的老师." 被誉为数学之王的高斯(Gauss, K.F.)也说："欧拉的工作研究将仍然是对于数学的不同范围的最好的学校，并且没有任何别的可以代替它." 德国数学史家克莱因(Klein, F.)说："没有一个人像他那样多产，像他那样巧妙地把握数学；也没有一个人能以采集和利用代数与几何分析的手段去产生那么多令人钦佩的结果. 他是顶呱呱的方法发明家，又是一个熟练的巨匠." 如今，以欧拉命名的定理、定律、方程和公式多得数不胜数，其中一个奇妙的公式是其卓越的代表

$$e^{i\pi} + 1 = 0$$

这是欧拉在 1748 年得到的. 几乎所有的复数课本都提到的复数三角形式

$$e^{ix} = \cos x + i\sin x$$

当 $x = \pi$ 时，$e^{i\pi} = -1$ 就可以得到 $e^{i\pi} + 1 = 0$. 数学家克莱因认为这是整个数学中最卓越的公式之一. 它漂亮简洁地把数学中 5 个最重要的数 $1, 0, e, i$ 以及 π 联系在一起. 有人称这 5 个数是"五朵金花"，这是因为它们在数学中处处盛开；也有人称这 5 个数为五虎大将，这是因为这个公式有"呼风唤雨"般的神通本领，欧拉竟能将这 5 个最常用、最基本、最重要的量聚集在一起!

数学并没有把多才多艺的欧拉的精力全部吸引过去. 他还编过一些重要的天文学著作，即 1753 年出版的《行星和彗星的运动理论》，1753 年出版的《月球运动理论》和 1771 年出版的《屈光学》等.

附录 1

Mathematica 4.1 命令简介

打开 Mathematica 4.1 软件包后,会出现一个命令框,按 Enter 键,光标就会出现在命令框内,然后在命令框内输送命令或程序即可.送完命令或程序后,只要光标在命令框内(任何位置都行),按键盘上数字区里的 Enter 键,软件包就会执行命令框内的指定命令,并输出带有编号的结果.

高等数学部分

基本问题

$D[f,x]$ 表示将函数 f 对 x 求(偏)导数.

$Integrate[f,x]$ 表示求函数 f 的不定积分;$Integrate[f,\{x,a,b\}]$ 表示在区间 $a \leq x \leq b$ 求函数 f 的定积分;$Integrate[f,\{x,a,b\},\{y,c,d\}]$ 表示求二重积分

$$\int_a^b dx \int_c^d f dy$$

$Sum[f,\{i,imax\}]$ 表示求和 $\sum_{i=1}^{imax} f$;$Sum[f,\{i,imin,imax\}]$ 表示求和 $\sum_{i=imin}^{imax} f$;

$Sum[f,\{j,jmin,jmax,d\}]$ 表示对 f 从 $j=jmin$ 到 $jmax$ 求和,每次步长为 d.

$Series[f,\{x,x_0,n\}]$ 表示将函数 f 在 $x=x_0$ 处展开最高项为 n 的 Taylor 级数.

$Series[f,\{x,x_0,n_x\},\{y,y_0,n_y\}]$ 表示将函数 f 在 $x=x_0$、$y=y_0$ 处展开 x 的最高项为 n_x、y 的最高项为 n_y 的 Taylor 级数.例如,$Series[f[x],\{x,0,5\}]$ 得到结果为

$f[0]+f'[0]x+\frac{1}{2}f''[0]x^2+\frac{1}{6}f^{(3)}[0]x^3+\frac{1}{24}f^{(4)}[0]x^4+\frac{1}{120}f^{(5)}[0]x^5+0[x]^6$.

用 DSolve 命令求解微分方程,例如,$DSolve[y''[x]==ay[x]+y[x],y[x],[x]]$.

数学软件 Mathematica4.1 的应用举例一

例 1 设 $f(x)=2x\log_3\left(\frac{e}{x}\right)-5\cos x$

(1) 分析函数 $f(x)$ 在区间 $[1,10]$ 内的变化情况,并描绘函数在该区间的图像.

(2) 作连接 $(1,f(1))$ 和 $(10,f(10))$ 两点的割线.

(3) 在区间(1,10)内找出使函数 $f(x)$ 满足拉格朗日中值定理结论的点 ξ.
(4) 过点 $(\xi, f(\xi))$ 作曲线的切线,观察该切线是否平行于(2)中所作的割线.

解 (1) 先对 $f(x)$ 求一阶导,用 Mathematica 的求导指令 $D[f,x]$ 求得

$$f'(x) = 5\sin x \frac{2\ln x}{\ln 3}$$

再求 $f(x)$ 的二阶导,用指令 $D[f,\{x,2\}]$,求得

$$f'(x) = 5\cos x - \frac{2}{x\ln 3}.$$

用指令 $\text{Plot}[f,\{x,1,10\},\text{AxesLabel}\to\{x,y\}]$,绘出函数 $y=f(x)$ 在区间 $[1,10]$ 上的图形,如图 1 所示.

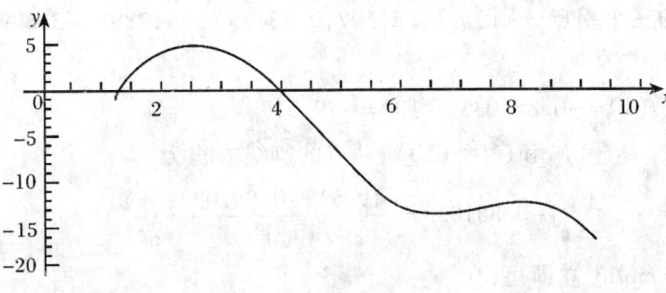

图 1

用指令 $\text{Plot}[f',[x,\{1,10\},\text{AxesLabel}\to\{x,y\}]]$,绘出一阶导函数 $y'=f'(x)$ 在区间 $[1,10]$ 上的图形,如图 2 所示.

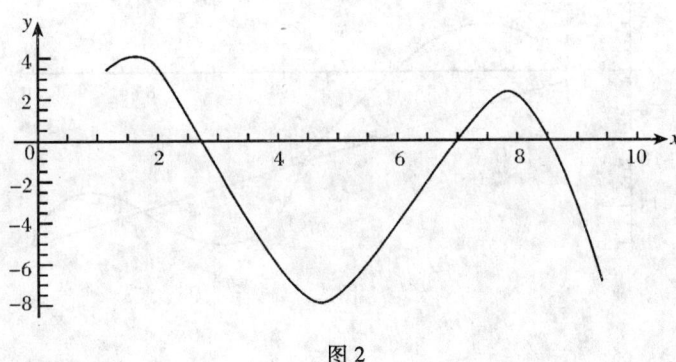

图 2

观察图 1,用指令 FindRoot 函数求根,分别求出 $f(x)=0$ 的两个零点, $x=1.20589$ 及 $x=4.07073$.

再观察图 2,用指令 FindRoot 函数求根,分别求出 $y=f'(x)$ 的两个零点, $x=2.762, x=8.5294$.

观察图 2,用指令 FindRoot 函数求根,分别求出 $y=f''(x)$ 的三个零点,$x=1.28307$,$x=4.7885$,$x=7.80733$.

观察图 1 及图 2,得到函数 $y=f(x)$ 在 $[1,10]$ 上的单调增区间为 $[1,2.7626$,$7.07615]$ 与 $[7.07615,8.5294]$,单调减区间为 $[2.7626,7.07615]$ 与 $[8.5294,10]$.

$f(2.7626)=4.56385$ 和 $f(8.5294)=-14.63$ 为极大值,

$f(7.0715)=-15.8333$ 为极小值.

$f(1)=-0.881033$,$f(10)=-19.5179$,因此 $f(x)$ 在 $[1,10]$ 上的最大值为 $f(2.7626)=4.56385$,最小值为 $f(10)=-19.5179$.

函数 $y=f(x)$ 在 $[1,10]$ 上的凸区间为 $(1.28307,4.7885)$ 与 $(7.80733,10]$,

函数 $y=f(x)$ 在 $[1,10]$ 上的下凸区间为 $[1,1.28307]$ 与 $[4.7885,7.80733]$.

曲线上的三个拐点分别为:$(1.28307,0.33475)$,$(4,7885,-31609)$,$(7.80733,-15.2289)$.

(2)因为 $f(1)=-0.881033$,$f(10)=-19.517$,

所以连接 $(1,f(1))$ 和 $(10,f(10))$ 两点的割线方程为

$$y-0.881033=\frac{-19.517+0.881033}{10-1}(x-1)$$

用指令 Simplify 立即可得

$$y=1.18973-2.07077x.$$

用指令 $\mathrm{Plot}[\{f,y\},\{x,1,10\},\mathrm{AxesLabel}\rightarrow\{x,y\}]$ 绘出函数曲线及割线的图像,如图 3 所示.

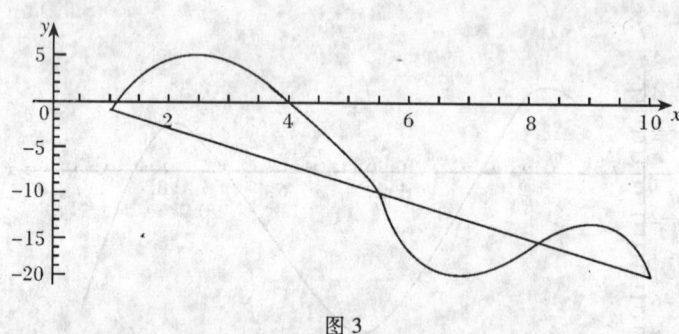

图 3

(3)观察图 2 及图 3,用指令 FindRoot 函数分别求得三点:$x=3.13923$,$x=6.55715$,$x=9.02745$,使得以上三点就是函数 $f(x)$ 满足拉格朗日中值定理结论的点 ξ_1,ξ_2,ξ_3.

(4)$f(3.13923)=4.17717$,$f(6.55715)=-15.3249$,$f(9.02745)=-15.1151$,过点 (ξ_1,ξ_2,ξ_3) 作曲线的切线 $(i=1,2,3)$,用指令:$\mathrm{Plot}[\{f,y,y_1,y_2,y_3\},\{x,1,10\},\mathrm{AxesLabel}\rightarrow\{x,y\}]$

绘出函数曲线、割线及三条切线,如图 4 所示.观察得到,割线与三条切线确实平行.

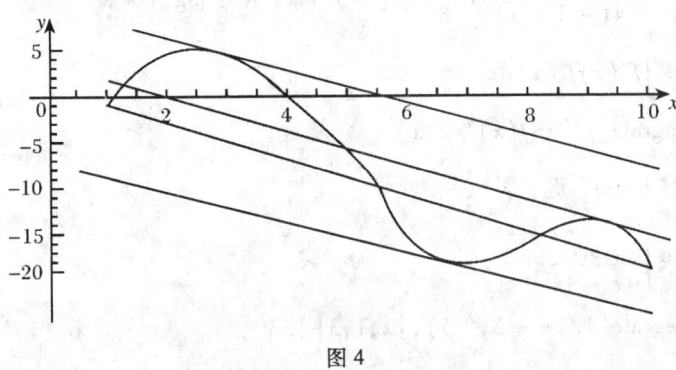

图 4

表 1 列出了 Mathematica 的几种常用的函数及意义.

表 1

函　数	意　义
Plot[f,{x,$x$min,$x$max}]	给出 x 从 x_{min} 到 x_{max} 范围内变化的函数 f 的图形
Plot[{f_1,f_2,$\cdots$}, {x,$x$min,$x$max}]	在 x 变化的范围内,绘出函数 f_1,f_2,$\cdots$ 的图形
Show[plot$_1$,plot$_2$,$\cdots$]	一些图形的组合
Solve[lns = = rhs,vars]	给出方程的解集
Limit[f,$x \to x_0$]	求 x 逼近 x_0 时 f 的极限值
D[f,x]	计算导数 $\dfrac{df}{dx}$
D[f,{x,n}]	计算高阶导数 $\dfrac{d^n f}{dx^n}$
FindRoot[f = = 0,{x,x_0}]	求方程 $f(x) = 0$ 在 x_0 附近的近似根
$f/.\ x \to a$	求值 $f(a)$

数学软件 Mathematica4.1 的应用举例二

例 1. 求 $\int x^2 \sin x \, dx$.

键入:Integrate[x^2sin[x],x].
按小键盘"Enter"键,得 $-(-2 + x^2)\cos[x] + 2x\sin[x]$.

例 2. 求 $\displaystyle\int \dfrac{dx}{(x-1)^2(x^2-1)}$.

键入:Integrate[1/((x-1)^2(x^2-1)),x].

按小键盘"Enter"键,得

$$-\frac{1}{4(-1+x)^2}+\frac{1}{4(-1+x)}+\frac{1}{8}\log[-1+x]-\frac{1}{8}\log[1+x].$$

例 3. 求 $\int f'(x)f^2(x)\,\mathrm{d}x$.

键入:Integrate[$f'[x]f(x)\wedge 2,x$].

按小键盘"Enter"键,得 $\dfrac{f[x]^3}{3}$.

例 4. 求 $\int_1^3 \dfrac{\mathrm{d}x}{x+3x^5}$.

键入:Integrate[$1/(x+3x\wedge 5),\{x,1,3\}$].

按小键盘"Enter"键,得 $\dfrac{1}{4}(4\log[3]+\log[4]-\log[244])$.

例 5. 求 $\int_{-2}^{2} \dfrac{x\sin x}{1+x^2+x^4}\mathrm{d}x$.

键入:Integrate[$x\sin[x]/(1+x\wedge 2+x\wedge 4),\{x,-2,2\}$].

按小键盘"Enter"键,得 0.69235.

例 6. 求 $\int_{\frac{\pi}{6}}^{\frac{\pi}{2}} \dfrac{\mathrm{d}x}{x+\sin x}$.

键入:Integrate$I/(x+\sin[x],\{x,P_i/6,P_i/2\})$.

按小键盘"Enter"键,得 0.597051.

例 7. 求 $\int_0^1 \sqrt{1+16x^4}\,\mathrm{d}x$.

键入:Integrate[Sqrt[$1+16x\wedge 4$],$\{x,0,1\}$].

按小键盘"Enter"键,得 1.82674.

例 8. 求 $\int_0^1 \dfrac{\sin x}{x}\mathrm{d}x$.

键入:Integrate[$\sin[x]/x,\{x,0,1\}$].

按小键盘"Enter"键,得 0.946083.

例 9. 求 $\int_0^1 \dfrac{\sin x}{x}\mathrm{d}x$.

键入:Integrate[$1/$Sqrt[$1+x\wedge 3$],$\{x,1,\text{Infinity}\}$].

按小键盘"Enter"键,得 1.89476.

例 10. 求 $\int_0^{+\infty} \mathrm{e}^{-x^2}\mathrm{d}x$.

键入:Integrate[Exp[$-x\wedge 2$],$\{x,0,\text{Infinity}\}$].

按小键盘"Enter"键,得 $\dfrac{\sqrt{\pi}}{2}$.

键入:$N[\%]$.

按小键盘"Enter"键,得 0.886227.

键入:NIntegrate[Exp[- x^ 2],{x,0,4}].

按小键盘"Enter"键,得 0.886227.

键入:NIntegrate[Exp[- x^ 2],{x,4,Infinity}].

按小键盘"Enter"键,得 1.36632×10^{-8}.

键入:NIntegrate[Exp[- 4x],{x,4,Infinity}].

按小键盘"Enter"键,得 2.81338×10^{-8}.

由此可得: $\int_{4}^{+\infty} e^{-x^2} dx < \int_{4}^{+\infty} e^{-4x} dx$.

例 11. 求解 $y' + 2y = x$.

键入:DSolve[y'[x] - 2y[x] == x,y[x],x].

按小键盘"Enter"键,得 $\{\{y[x] \to -\frac{1}{4} + \frac{x}{2} + e^{-2x}C[1]\}\}$.

$C[1]$ 表示任意常数.

例 12. 求解 $y' - y = \sin x$.

键入:DSolve[y'[x] - y[x] == sin[x],y[x],x].

按小键盘"Enter"键,得 $\{\{y[x] \to e^x C[1] + \frac{1}{2}(-\cos[x] - \sin[x])\}\}$.

例 13. 求解 $y'' - y' - 6y = 0$.

键入:DSolve[y''[x] - y'[x] - 6y[x] == 0,y[x],x].

按小键盘"Enter"键,得 $\{\{y[x] \to e^{-2x}C[1] + e^{3x}C[2]\}\}$.

例 14. 求解 $9y'' + 12y' + 4y = 0$.

键入:DSolve[9y''[x] + 12y'[x] + 4y[x] == 0,y[x],x].

按小键盘"Enter"键,得 $\{\{y[x] \to e^{-2x/3}C[1] + e^{-2x/3}xC[2]\}\}$.

例 15. 求解 $y'' - 2y' + 4y = 0$.

键入:DSolve[y''[x] - 2y'[x] + 4y[x] == 0,y[x],x].

按小键盘"Enter"键,得

$$\{\{y=[x] \to e^x C[2]\cos[\sqrt{3}x] - e^x C[1]\sin[\sqrt{3}x]\}\}.$$

例 16. 求解 $\begin{cases} y^3 y'' + 1 = 0, \\ y(1) = 1, \\ y'(1) = 0. \end{cases}$

键入:DSolve[{y^ 3y''[x] + 1 == 0,y[1],y'[1] == 0},y[x],x].

按小键盘"Enter"键,得 $\left\{y[x] \to 1 - \frac{1}{2y^3} + \frac{x}{y^3} - \frac{x^2}{2y^3}\right\}$.

例 17. 求解 $\begin{cases} y'' + y' = x^2 + \cos x, \\ y(0) = 0, \\ y'(0) = 1. \end{cases}$

键入:DSolve[{y''[x] + y'[x] = x^ 2 + cos[x],y[0] == 0,y'[0] == 1},y[x],x].

按小键盘"Enter"键,得

$$\left\{ y[x] \to -1 + \frac{3e^{-x}}{2} + 2x - x^2 + \frac{x^3}{3} - \frac{\cos[x]}{2} + \frac{\sin[x]}{2} \right\},$$

对以上结果求一阶、二阶导数加以验证.

键入:$y[x]:= -1 + \frac{3e^{-x}}{2} + 2x - x^2 + \frac{x^3}{3} - \frac{\cos[x]}{2} + \frac{\sin[x]}{2}$

$D[y[x],x]$.

按小键盘"Enter"键,得 $2 - \frac{3e^{-x}}{2} - 2x + x^2 + \frac{\cos[x]}{2} + \frac{\sin[x]}{2}$.

键入:$D[y[x],\{x,2\}]$.

按小键盘"Enter"键,得 $-2 + \frac{3e^{-x}}{2} + 2x + \frac{\cos[x]}{2} - \frac{\sin[x]}{2}$.

例 18. 设 $z = x^2y + y^2$,求 $\frac{\partial z}{\partial x}$.

键入:$D[x\wedge 2y + y\wedge 2,x]$.

按小键盘"Enter"键,得 $2xy$.

例 19. 设 $z = x^2y + y^2$,求 $\frac{dz}{dx}$(将 y 视为 x 的函数).

键入:$D[x\wedge 2y[x] + y[x]\wedge 2,x]$.

按小键盘"Enter"键,得 $2xy[x] + x^2y'[x] + 2y[x]y'[x]$.

例 20. 设 $z = x^2y + y^2$,求 $\frac{\partial z}{\partial x}$($y$ 是与 x 有关的非常量).

键入:$D[x\wedge 2y + y\wedge 2,x,\text{NonConstants} \to \{y\}]$.

按小键盘"Enter"键,得 $2xy + x^2D[y,x,\text{NonConstants} \to \{y\}] + 2yD[y,x,\text{NonConstants} \to \{y\}]$.

例 21. 设 $z = x^2y + y^2$,求 $\frac{\partial^2 z}{\partial x \partial y}$.

键入:$D[x\wedge 2y + y\wedge 2,x,y]$.

按小键盘"Enter"键,得 $2x$.

例 22. 设 $z = f(3xy, y^2)$,求 $\frac{\partial^2 z}{\partial x \partial y}$ 及 $\frac{\partial^2 z}{\partial x \partial y}\Big|_{y=1}$.

键入:$D[f[3xy,y\wedge 2],x,y]$.

按小键盘"Enter"键,得

$$3f^{(1,0)}[3xy,y^2] + 3y(2yf^{(1,1)}[3xy,y^2] + 3xf^{(2,0)}[3xy,y^2]).$$

键入:$\%/.y \to 1$.

按小键盘"Enter"键,得

$$3f^{(1,0)}[3x,1] + 3(2f^{(1,1)}[3x,1] + 3xf^{(2,0)}[3x,1]).$$

例 23. 设 $z = x^2 y + y^2$，求 $\dfrac{\partial z}{\partial x}$.

键入：Dt$[x^\wedge 2y + y^\wedge 2, x]$.

按小键盘"Enter"键，得 $2xy + x^2 \mathrm{Dt}[y, x] + 2y \mathrm{D}[y, x]$

作替换：令 $\dfrac{\mathrm{d}y}{\mathrm{d}x} = P$.

键入：%/:Dt$[y, x] \to P$.

按小键盘"Enter"键，得 $Px^2 + 2Py + 2xy$.

令 $\dfrac{\mathrm{d}y}{\mathrm{d}x} = 0$.

键入：y/:Dt$[y, x] = 0$,

按小键盘"Enter"键，得 0.

附录 2

导数与微分公式

1. 基本公式

$(c)' = 0,$

$(x)' = 1,$

$(x^n)' = nx^{n-1},$

$\left(\dfrac{1}{x}\right)' = -\dfrac{1}{x^2},$

$\left(\dfrac{1}{x^n}\right)' = -\dfrac{n}{x^{n+1}},$

$(\sqrt{x})' = \dfrac{1}{2\sqrt{x}},$

$(\sqrt[n]{x})' = \dfrac{1}{n\sqrt[n]{x^{n-1}}},$

$(e^x)' = e^x,$

$(a^x)' = a^x \ln a,$

$(\arcsin x)' = \dfrac{1}{\sqrt{1-x^2}},$

$(\arccos x)' = -\dfrac{1}{\sqrt{1-x^2}},$

$(\arctan x)' = \dfrac{1}{1+x^2},$

$(\operatorname{arcsec} x)' = \dfrac{1}{x\sqrt{x^2-1}},$

$(\ln x)' = \dfrac{1}{x},$

$(\log_a x)' = \dfrac{1}{x}\log_a e = \dfrac{1}{x \ln a},$

$(\lg x)' = \dfrac{1}{x}\lg e \approx \dfrac{0.4343}{x},$

$(\sin x)' = \cos x,$

$(\cos x)' = -\sin x,$

$(\tan x)' = \dfrac{1}{\cos^2 x} = \sec^2 x,$

$(\cot x)' = -\dfrac{1}{\sin^2 x} = -\csc^2 x,$

$(\sec x)' = \dfrac{\sin x}{\cos^2 x} = \tan x \sec x,$

$(\csc x)' = -\dfrac{\cos x}{\sin^2 x} = -\cot x \csc x,$

$(\operatorname{th} x)' = \dfrac{1}{\operatorname{ch}^2 x},$

$(\operatorname{cth} x)' = -\dfrac{1}{\operatorname{sh}^2 x},$

$(\operatorname{arccot} x)' = -\dfrac{1}{1+x^2},$

$(\operatorname{arccsc} x)' = -\dfrac{1}{x\sqrt{x^2-1}}.$

2. 运算法则

$(cu)' = cu',$

$f'[\varphi(x)] = f'(u) \cdot \varphi'(x)$ 其中 $u = \varphi(x)$,
$(u \pm v)' = u' \pm v'$,
$\mathrm{d}(cu) = c\mathrm{d}u$,
$(uv)' = uv' + vu'$,
$\mathrm{d}(u \pm v) = \mathrm{d}u \pm \mathrm{d}v$,
$(uvw)' = uvw' + uwv' + vwu'$,
$\mathrm{d}(uv) = u\mathrm{d}v + v\mathrm{d}u$,
$\left(\dfrac{u}{v}\right)' = \dfrac{vu' - uv'}{v^2}, \mathrm{d}\left(\dfrac{u}{v}\right) = \dfrac{v\mathrm{d}u - u\mathrm{d}v}{v^2}. \ (v \neq 0)$

附录 3

不定积分公式

1. 基本积分公式

$\int 0 \mathrm{d}x = C$, $\quad \int x^n \mathrm{d}x = \dfrac{x^{n+1}}{n+1} + C(n \neq -1)$,

$\int \dfrac{\mathrm{d}x}{x} = \ln|x| + C$, $\quad \int \mathrm{e}^x \mathrm{d}x = \mathrm{e}^x + C$, $\quad \int a^x \mathrm{d}x = \dfrac{a^x}{\ln a} + C$,

$\int \sin x \mathrm{d}x = -\cos x + C$, $\qquad \int \mathrm{sh}x \mathrm{d}x = \mathrm{ch}x + C$,

$\int \cos x \mathrm{d}x = \sin x + C$, $\qquad \int \mathrm{ch}x \mathrm{d}x = \mathrm{sh}x + C$,

$\int \tan x \mathrm{d}x = -\ln|\cos x| + C$, $\qquad \int \mathrm{th}x \mathrm{d}x = \ln|\mathrm{ch}x| + C$,

$\int \cot x \mathrm{d}x = \ln|\sin x| + C$, $\qquad \int \mathrm{cth}x \mathrm{d}x = \ln|\mathrm{sh}x| + C$,

$\int \dfrac{\mathrm{d}x}{\cos^2 x} = \tan x + C$, $\qquad \int \dfrac{\mathrm{d}x}{\mathrm{ch}^2 x} = \mathrm{th}x + C$,

$\int \dfrac{\mathrm{d}x}{\sin^2 x} = -\cot x + C$, $\qquad \int \dfrac{\mathrm{d}x}{\mathrm{sh}^2 x} = -\mathrm{cth}x + C$,

$\int \dfrac{\mathrm{d}x}{a^2 + x^2} = \dfrac{1}{a}\arctan \dfrac{x}{a} + C$, $\qquad \int \dfrac{\mathrm{d}x}{a^2 - x^2} = \dfrac{1}{2a}\ln\left|\dfrac{a+x}{a-x}\right| + C$,

$\int \dfrac{\mathrm{d}x}{x^2 - a^2} = \dfrac{1}{2a}\ln\left|\dfrac{x-a}{x+a}\right| + C$, $\qquad \int \dfrac{\mathrm{d}x}{\sqrt{a^2 - x^2}} = \arcsin \dfrac{x}{a} + C$,

$\int \dfrac{\mathrm{d}x}{\sqrt{a^2 + x^2}} = \ln(x + \sqrt{x^2 + a^2}) + C$,

$\int \dfrac{\mathrm{d}x}{\sqrt{x^2 - a^2}} = \ln(x + \sqrt{x^2 - a^2}) + C$.

2. 积分运算

$\int [f(x) + \varphi(x) + \cdots + \psi(x)] \mathrm{d}x = \int f(x) \mathrm{d}x + \int \varphi(x) \mathrm{d}x + \cdots + \int \psi(x) \mathrm{d}x$,

$\int a f(x) \mathrm{d}x = a \int f(x) \mathrm{d}x (a \neq 0, a \text{ 是常数})$,

$\int u v' \mathrm{d}x = uv - \int v u' \mathrm{d}x$, $\qquad \int u \mathrm{d}v = uv - \int v \mathrm{d}u$.

附录 4

简易积分表

1. 含有 $a+bx$ 的积分

(1) $\int \dfrac{dx}{a+bx} = \dfrac{1}{b}\ln|a+bx| + C$

(2) $\int (a+bx)^n dx = \dfrac{(a+bx)^{n+1}}{b(n+1)} + C \ (n\neq -1)$

(3) $\int \dfrac{x\,dx}{a+bx} = \dfrac{1}{b^2}[a+bx - a\ln|a+bx|] + C$

(4) $\int \dfrac{x^2 dx}{a+bx} = \dfrac{1}{b^3}\left[\dfrac{1}{2}(a+bx)^2 - 2a(a+bx) + a^2\ln|a+bx|\right] + C$

(5) $\int \dfrac{dx}{x(a+bx)} = -\dfrac{1}{a}\ln\left|\dfrac{a+bx}{x}\right| + C$

(6) $\int \dfrac{dx}{x^2(a+bx)} = -\dfrac{1}{ax} + \dfrac{b}{a^2}\ln\left|\dfrac{a+bx}{x}\right| + C$

(7) $\int \dfrac{x\,dx}{(a+bx)^2} = \dfrac{1}{b^2}\left(\ln|a+bx| + \dfrac{a}{a+bx}\right) + C$

(8) $\int \dfrac{x^2 dx}{(a+bx)^2} = \dfrac{1}{b^3}\left(a+bx - 2a\ln|a+bx| - \dfrac{a^2}{a+bx}\right) + C$

(9) $\int \dfrac{dx}{x(a+bx)^2} = \dfrac{1}{a(a+bx)} - \dfrac{1}{a^2}\ln\left|\dfrac{a+bx}{x}\right| + C$

2. 含有 $\sqrt{a+bx}$ 的积分

(10) $\int \sqrt{a+bx}\,dx = \dfrac{2}{3b}\sqrt{(a+bx)^3} + C$

(11) $\int x\sqrt{a+bx}\,dx = -\dfrac{2(2a-3bx)\cdot\sqrt{(a+bx)^3}}{15b^2} + C$

(12) $\int x^2\sqrt{a+bx}\,dx = \dfrac{2(8a^2 - 12abx + 15b^2 x^2)\sqrt{(a+bx)^3}}{105 b^3} + C$

(13) $\int \dfrac{x\,dx}{\sqrt{a+bx}} = -\dfrac{2(2a-bx)}{3b^2}\sqrt{a+bx} + C$

(14) $\int \dfrac{x^2 \mathrm{d}x}{\sqrt{a+bx}} = \dfrac{2(8a^2 - 4abx + 3b^2x^2)}{15b^3}\sqrt{a+bx} + C$

(15) $\int \dfrac{\mathrm{d}x}{x\sqrt{a+bx}} = \begin{cases} -\dfrac{1}{\sqrt{a}}\ln\left|\dfrac{\sqrt{a+bx} - \sqrt{a}}{\sqrt{a+bx} + \sqrt{a}}\right| + C & (a > 0) \\ \dfrac{2}{\sqrt{-a}}\arctan\sqrt{\dfrac{a+bx}{-a}} + C & (a < 0) \end{cases}$

(16) $\int \dfrac{\mathrm{d}x}{x^2\sqrt{a+bx}} = -\dfrac{\sqrt{a+bx}}{ax} - \dfrac{b}{2a}\int \dfrac{\mathrm{d}x}{x\sqrt{a+bx}}$

(17) $\int \dfrac{\sqrt{a+bx}}{x}\mathrm{d}x = 2\sqrt{a+bx} + a\int \dfrac{\mathrm{d}x}{x\sqrt{a+bx}}$

3. 含有 $a^2 \pm x^2$ 的积分

(18) $\int \dfrac{\mathrm{d}x}{a^2 + x^2} = \dfrac{1}{a}\arctan\dfrac{x}{a} + C$

(19) $\int \dfrac{\mathrm{d}x}{(x^2+a^2)^n} = \dfrac{x}{2(n-1)a^2(x^2+a^2)^{n-1}} + \dfrac{2n-3}{2(n-1)a^2}\int \dfrac{\mathrm{d}x}{(x^2+a^2)^{n-1}}$

(20) $\int \dfrac{\mathrm{d}x}{a^2 - x^2} = \dfrac{1}{2a}\ln\left|\dfrac{a+x}{a-x}\right| + C$

(21) $\int \dfrac{\mathrm{d}x}{x^2 - a^2} = \dfrac{1}{2a}\ln\left|\dfrac{x-a}{x+a}\right| + C$

4. 含有 $a^2 \pm bx^2$ 的积分

(22) $\int \dfrac{\mathrm{d}x}{a+bx^2} = \dfrac{1}{\sqrt{ab}}\arctan\sqrt{\dfrac{b}{a}}x + C \quad (a > 0, b > 0)$

(23) $\int \dfrac{\mathrm{d}x}{a-bx^2} = \dfrac{1}{2\sqrt{ab}}\ln\left|\dfrac{\sqrt{a}+\sqrt{b}x}{\sqrt{a}-\sqrt{b}x}\right| + C$

(24) $\int \dfrac{x\mathrm{d}x}{a+bx^2} = \dfrac{1}{2b}\ln|a+bx^2| + C$

(25) $\int \dfrac{x^2\mathrm{d}x}{a+bx^2} = \dfrac{x}{b} - \dfrac{a}{b}\int \dfrac{\mathrm{d}x}{a+bx^2}$

(26) $\int \dfrac{\mathrm{d}x}{x(a+bx^2)} = \dfrac{1}{2a}\ln\left|\dfrac{x^2}{a+bx^2}\right| + C$

(27) $\int \dfrac{\mathrm{d}x}{x^2(a+bx^2)} = -\dfrac{1}{ax} - \dfrac{b}{a}\int \dfrac{\mathrm{d}x}{a+bx^2}$

(28) $\int \dfrac{\mathrm{d}x}{(a+bx^2)^2} = \dfrac{x}{2a(a+bx^2)} + \dfrac{1}{2a}\int \dfrac{\mathrm{d}x}{a+bx^2}$

5. 含有 $\sqrt{x^2+a^2}$ 的积分

(29) $\int \sqrt{x^2+a^2}\,\mathrm{d}x = \dfrac{x}{2}\sqrt{x^2+a^2} + \dfrac{a^2}{2}\ln(x+\sqrt{x^2+a^2}) + C$

(30) $\int \sqrt{(x^2+a^2)^3}\,\mathrm{d}x = \dfrac{x}{8}(2x^2+5a^2)\sqrt{x^2+a^2} + \dfrac{3a^4}{8}\ln(x+\sqrt{x^2+a^2}) + C$

(31) $\int x\sqrt{x^2+a^2}\,\mathrm{d}x = \dfrac{\sqrt{(x^2+a^2)^3}}{3} + C$

(32) $\int x^2\sqrt{x^2+a^2}\,\mathrm{d}x = \dfrac{x}{8}(2x^2+a^2)\sqrt{x^2+a^2} - \dfrac{a^4}{8}\ln(x+\sqrt{x^2+a^2}) + C$

(33) $\int \dfrac{\mathrm{d}x}{\sqrt{x^2+a^2}} + \ln(x+\sqrt{x^2+a^2}) + C$

(34) $\int \dfrac{\mathrm{d}x}{\sqrt{(x^2+a^2)^3}} = \dfrac{x}{a^2\sqrt{x^2+a^2}} + C$

(35) $\int \dfrac{x\,\mathrm{d}x}{\sqrt{x^2+a^2}} = \sqrt{x^2+a^2} + C$

(36) $\int \dfrac{x^2\,\mathrm{d}x}{\sqrt{x^2+a^2}} = \dfrac{x}{2}\sqrt{x^2+a^2} - \dfrac{a^2}{2}\ln(x+\sqrt{x^2+a^2}) + C$

(37) $\int \dfrac{x^2\,\mathrm{d}x}{\sqrt{(x^2+a^2)^3}} = -\dfrac{x}{\sqrt{x^2+a^2}} + \ln(x+\sqrt{x^2+a^2}) + C$

(38) $\int \dfrac{\mathrm{d}x}{x\sqrt{x^2+a^2}} = \dfrac{1}{a}\ln\dfrac{|x|}{a+\sqrt{x^2+a^2}} + C$

(39) $\int \dfrac{\mathrm{d}x}{x^2\sqrt{x^2+a^2}} = -\dfrac{\sqrt{x^2+a^2}}{a^2 x} + C$

(40) $\int \dfrac{\sqrt{x^2+a^2}}{x}\,\mathrm{d}x = \sqrt{x^2+a^2} - a\ln\dfrac{a+\sqrt{x^2+a^2}}{|x|} + C$

(41) $\int \dfrac{\sqrt{x^2+a^2}}{x^2}\,\mathrm{d}x = -\dfrac{\sqrt{x^2+a^2}}{x} + \ln(x+\sqrt{x^2+a^2}) + C$

6. 含有 $\sqrt{x^2-a^2}$ 的积分

(42) $\int \dfrac{\mathrm{d}x}{\sqrt{x^2-a^2}} = \ln|x+\sqrt{x^2-a^2}| + C$

(43) $\int \dfrac{\mathrm{d}x}{\sqrt{(x^2-a^2)^3}} = -\dfrac{x}{a^2\sqrt{x^2-a^2}} + C$

(44) $\int \dfrac{x\,\mathrm{d}x}{\sqrt{x^2-a^2}} = \sqrt{x^2-a^2} + C$

$(45)\int \sqrt{x^2-a^2}\,dx = \frac{x}{2}\sqrt{x^2-a^2} - \frac{a^2}{2}\ln|x+\sqrt{x^2-a^2}| + C$

$(46)\int \sqrt{(x^2-a^2)^3}\,dx = \frac{x}{8}(2x^2-5a^2)\sqrt{x^2-a^2} + \frac{3a^4}{8}\ln|x+\sqrt{x^2-a^2}| + C$

$(47)\int x\sqrt{x^2-a^2}\,dx = \frac{\sqrt{(x^2-a^2)^3}}{3} + C$

$(48)\int x\sqrt{(x^2-a^2)^3}\,dx = \frac{\sqrt{(x^2-a^2)^5}}{5} + C$

$(49)\int x^2\sqrt{x^2-a^2}\,dx = \frac{x}{8}(2x^2-a^2)\sqrt{x^2-a^2} - \frac{a^4}{8}\ln|x+\sqrt{x^2-a^2}| + C$

$(50)\int \frac{x^2\,dx}{\sqrt{x^2-a^2}} = \frac{x}{2}\sqrt{x^2-a^2} + \frac{a^2}{2}\ln|x+\sqrt{x^2-a^2}| + C$

$(51)\int \frac{x^2\,dx}{\sqrt{(x^2-a^2)^3}} = -\frac{x}{\sqrt{x^2-a^2}} + \ln|x+\sqrt{x^2-a^2}| + C$

$(52)\int \frac{dx}{x\sqrt{x^2-a^2}} = \frac{1}{a}\arccos\frac{a}{x} + C$

$(53)\int \frac{dx}{x^2\sqrt{x^2-a^2}} = \frac{\sqrt{x^2-a^2}}{a^2 x} + C$

$(54)\int \frac{\sqrt{x^2-a^2}}{x}\,dx = \sqrt{x^2-a^2} - a\arccos\frac{a}{x} + C$

$(55)\int \frac{\sqrt{x^2-a^2}}{x^2}\,dx = -\frac{\sqrt{x^2-a^2}}{x} + \ln|x+\sqrt{x^2-a^2}| + C$

7. 含有 $\sqrt{a^2-x^2}$ 的积分

$(56)\int \frac{dx}{\sqrt{a^2-x^2}} = \arcsin\frac{x}{a} + C$

$(57)\int \frac{dx}{\sqrt{(a^2-x^2)^3}} = \frac{x}{a^2\sqrt{a^2-x^2}} + C$

$(58)\int \frac{x\,dx}{\sqrt{a^2-x^2}} = -\sqrt{a^2-x^2} + C$

$(59)\int \frac{x\,dx}{\sqrt{(a^2-x^2)^3}} = \frac{1}{\sqrt{a^2-x^2}} + C$

$(60)\int \frac{x^2\,dx}{\sqrt{a^2-x^2}} = -\frac{x}{2}\sqrt{a^2-x^2} + \frac{a^2}{2}\arcsin\frac{x}{a} + C$

$(61)\int \sqrt{a^2-x^2}\,dx = \frac{x}{2}\sqrt{a^2-x^2} + \frac{a^2}{2}\arcsin\frac{x}{a} + C$

$(62)\int \sqrt{(a^2-x^2)^3}\,dx = \frac{x}{8}(5a^2-2x^2)\sqrt{a^2-x^2} = +\frac{3a^4}{8}\arcsin\frac{x}{a} + C$

$(63) \int x\sqrt{a^2-x^2}\,\mathrm{d}x = -\dfrac{\sqrt{(a^2-x^2)^3}}{3} + C$

$(64) \int x\sqrt{(a^2-x^2)^3}\,\mathrm{d}x = -\dfrac{\sqrt{(a^2-x^2)^5}}{5} + C$

$(65) \int x^2\sqrt{a^2-x^2}\,\mathrm{d}x = \dfrac{x}{8}(2x^2-a^2)\sqrt{a^2-x^2} + \dfrac{a^4}{8}\arcsin\dfrac{x}{a} + C$

$(66) \int \dfrac{x^2\,\mathrm{d}x}{\sqrt{(a^2-x^2)^3}} = \dfrac{x}{\sqrt{a^2-x^2}} - \arcsin\dfrac{x}{a} + C$

$(67) \int \dfrac{\mathrm{d}x}{x\sqrt{a^2-x^2}} = \dfrac{1}{a}\ln\left|\dfrac{x}{a+\sqrt{a^2-x^2}}\right| + C$

$(68) \int \dfrac{\mathrm{d}x}{x^2\sqrt{a^2-x^2}} = -\dfrac{\sqrt{a^2-x^2}}{a^2 x} + C$

$(69) \int \dfrac{\sqrt{a^2-x^2}}{x}\,\mathrm{d}x = \sqrt{a^2-x^2} - a\ln\left|\dfrac{a+\sqrt{a^2-x^2}}{x}\right| + C$

$(70) \int \dfrac{\sqrt{a^2-x^2}}{x^2}\,\mathrm{d}x = \dfrac{\sqrt{a^2-x^2}}{x} - \arcsin\dfrac{x}{a} + C$

8. 含有 $a + bx \pm cx^2 (c > 0)$ 的积分

$(71) \int \dfrac{\mathrm{d}x}{a+bx-cx^2} = \dfrac{1}{\sqrt{b^2+4ac}}\ln\left|\dfrac{\sqrt{b^2+4ac}+2cx-b}{\sqrt{b^2+4ac}-2cx+b}\right| + C$

$(72) \int \dfrac{\mathrm{d}x}{a+bx+cx^2}$

$= \begin{cases} \dfrac{2}{\sqrt{4ac-b^2}}\arctan\dfrac{2cx+b}{\sqrt{4ac-b^2}} + C & (b^2 < 4ac) \\[2mm] \dfrac{1}{\sqrt{b^2-4ac}}\ln\left|\dfrac{2cx+b-\sqrt{b^2-4ac}}{2cx+b+\sqrt{b^2-4ac}}\right| + C & (b^2 > 4ac) \end{cases}$

9. 含有 $\sqrt{a+bx\pm cx^2}\,(c>0)$ 的积分

$(73) \int \dfrac{\mathrm{d}x}{\sqrt{a+bx+cx^2}} = \dfrac{1}{\sqrt{c}}\ln\left|2cx+b+2\sqrt{c}\sqrt{a+bx+cx^2}\right| + C$

$(74) \int \sqrt{a+bx+cx^2}\,\mathrm{d}x = \dfrac{2cx+b}{4c}\sqrt{a+bx+cx^2} - \dfrac{b^2-4ac}{8\sqrt{c^3}}\ln\left|2cx+b+2\sqrt{c}\sqrt{a+bx+cx^2}\right| + C$

$(75) \int \dfrac{x\,\mathrm{d}x}{\sqrt{a+bx+cx^2}}$

$$=\frac{\sqrt{a+bx+cx^2}}{c}-\frac{b}{2\sqrt{c^3}}\ln\left|2cx+b+2\sqrt{c}\sqrt{a+bx+cx^2}\right|+C$$

(76) $\int\dfrac{\mathrm{d}x}{\sqrt{a+bx-cx^2}}=\dfrac{1}{\sqrt{c}}\arcsin\dfrac{2cx-b}{\sqrt{b^2+4ac}}+C$

(77) $\int\sqrt{a+bx-cx^2}\,\mathrm{d}x$

$$=\frac{2cx-b}{4c}\sqrt{a+bx-cx^2}+\frac{b^2+4ac}{8\sqrt{c^3}}\arcsin\frac{2cx-b}{\sqrt{b^2+4ac}}+C$$

(78) $\int\dfrac{x\mathrm{d}x}{\sqrt{a+bx-cx^2}}=-\dfrac{\sqrt{a+bx-cx^2}}{c}+\dfrac{b}{2\sqrt{c^3}}\arcsin\dfrac{2cx-b}{\sqrt{b^2+4ac}}+C$

10. 含有 $\sqrt{\dfrac{a\pm x}{b\pm x}}$ 的积分和含有 $\sqrt{(x-a)(b-x)}$ 的积分

(79) $\int\sqrt{\dfrac{a+x}{b+x}}\,\mathrm{d}x=\sqrt{(a+x)(b+x)}+(a-b)\ln(\sqrt{a+x}+\sqrt{b+x})+C$

(80) $\int\sqrt{\dfrac{a-x}{b+x}}\,\mathrm{d}x=\sqrt{(a-x)(b+x)}+(a+b)\arcsin\sqrt{\dfrac{x+b}{a+b}}+C$

(81) $\int\sqrt{\dfrac{a+x}{b-x}}\,\mathrm{d}x=-\sqrt{(a+x)(b-x)}-(a+b)\arcsin\sqrt{\dfrac{b-x}{a+b}}+C$

(82) $\int\dfrac{\mathrm{d}x}{\sqrt{(x-a)(b-x)}}=2\arcsin\sqrt{\dfrac{x-a}{b-a}}+C$

11. 含有三角函数的积分

(83) $\int\sin x\,\mathrm{d}x=-\cos x+C$

(84) $\int\cos x\,\mathrm{d}x=\sin x+C$

(85) $\int\tan x\,\mathrm{d}x=-\ln|\cos x|+C$

(86) $\int\cot x\,\mathrm{d}x=\ln|\sin x|+C$

(87) $\int\sec x\,\mathrm{d}x=\ln|\sec x+\tan x|+C=\ln\left|\tan\left(\dfrac{\pi}{4}+\dfrac{x}{2}\right)\right|+C$

(88) $\int\csc x\,\mathrm{d}x=\ln|\csc x-\cot x|+C=\ln\left|\tan\dfrac{x}{2}\right|+C$

(89) $\int\sec^2 x\,\mathrm{d}x=\tan x+C$

(90) $\int\csc^2 x\,\mathrm{d}x=-\cot x+C$

(91) $\int\sec x\tan x\,\mathrm{d}x=\sec x+C$

$(92) \int \csc x \cot x \, dx = -\csc x + C$

$(93) \int \sin^2 x \, dx = \dfrac{x}{2} - \dfrac{1}{4}\sin 2x + C$

$(94) \int \cos^2 x \, dx = \dfrac{x}{2} + \dfrac{1}{4}\sin 2x + C$

$(95) \int \sin^n x \, dx = -\dfrac{\sin^{n-1} x \cos x}{n} + \dfrac{n-1}{n}\int \sin^{n-2} x \, dx$

$(96) \int \cos^n x \, dx = \dfrac{\cos^{n-1} x \sin x}{n} + \dfrac{n-1}{n}\int \cos^{n-2} x \, dx$

$(97) \int \dfrac{dx}{\sin^n x} = -\dfrac{1}{n-1}\dfrac{\cos x}{\sin^{n-1} x} + \dfrac{n-2}{n-1}\int \dfrac{dx}{\sin^{n-2} x}$

$(98) \int \dfrac{dx}{\cos^n x} = \dfrac{1}{n-1}\dfrac{\sin x}{\cos^{n-1} x} + \dfrac{n-2}{n-1}\int \dfrac{dx}{\cos^{n-2} x}$

$(99) \int \cos^m x \sin^n x \, dx = \dfrac{\cos^{m-1} x \sin^{n+1} x}{m+n} + \dfrac{m-1}{m+n}\int \cos^{m-2} x \sin^n x \, dx$

$\qquad\qquad\qquad\quad = -\dfrac{\sin^{m-1} x \cos^{m+1} x}{m+n} + \dfrac{n-1}{m+n}\int \cos^m x \sin^{n-2} x \, dx$

$(100) \int \sin mx \cos nx \, dx = -\dfrac{\cos(m+n)x}{2(m+n)} - \dfrac{\cos(m-n)x}{2(m-n)} + C$

$(101) \int \sin mx \sin nx \, dx = -\dfrac{\sin(m+n)x}{2(m+n)} + \dfrac{\sin(m-n)x}{2(m-n)} + C \quad\} m \ne n$

$(102) \int \cos mx \cos nx \, dx = \dfrac{\sin(m+n)x}{2(m+n)} + \dfrac{\sin(m-n)x}{2(m-n)} + C$

$(103) \int \dfrac{dx}{a + b\sin x} = \dfrac{2}{\sqrt{a^2 - b^2}}\arctan\dfrac{a\tan\dfrac{x}{2} + b}{\sqrt{a^2 - b^2}} + C \; (a^2 > b^2)$

$(104) \int \dfrac{dx}{a + b\sin x} = \dfrac{1}{\sqrt{b^2 - a^2}}\ln\left|\dfrac{a\tan\dfrac{x}{2} + b - \sqrt{b^2 - a^2}}{a\tan\dfrac{x}{2} + b + \sqrt{b^2 - a^2}}\right| + C$

$\qquad (a^2 < b^2)$

$(105) \int \dfrac{dx}{a + b\cos x} = \dfrac{2}{\sqrt{a^2 - b^2}}\arctan\left(\sqrt{\dfrac{a-b}{a+b}}\tan\dfrac{x}{2}\right) + C \; (a^2 > b^2)$

$(106) \int \dfrac{dx}{a + b\cos x} = \dfrac{1}{\sqrt{b^2 - a^2}}\ln\left|\dfrac{\tan\dfrac{x}{2} + \sqrt{\dfrac{b+a}{b-a}}}{\tan\dfrac{x}{2} - \sqrt{\dfrac{b+a}{b-a}}}\right| + C \; (a^2 < b^2)$

$(107) \int \dfrac{dx}{a^2 \cos^2 x + b^2 \sin^2 x} = \dfrac{1}{ab}\arctan\left(\dfrac{b\tan x}{a}\right) + C$

$(108) \int \dfrac{\mathrm{d}x}{a^2\cos^2 x - b^2\sin^2 x} = \dfrac{1}{2ab}\ln\left|\dfrac{b\tan x + a}{b\tan x - a}\right| + C$

$(109) \int x\sin ax\,\mathrm{d}x = \dfrac{1}{a^2}\sin ax - \dfrac{1}{a}x\cos ax + C$

$(110) \int x^2\sin ax\,\mathrm{d}x = \dfrac{-1}{a}x^2\cos ax + \dfrac{2}{a^2}x\sin ax + \dfrac{2}{a^3}\cos ax + C$

$(111) \int x\cos ax\,\mathrm{d}x = \dfrac{1}{a^2}\cos ax + \dfrac{1}{a}x\sin ax + C$

$(112) \int x^2\cos ax\,\mathrm{d}x = \dfrac{1}{a}x^2\sin ax + \dfrac{2}{a^2}x\cos ax - \dfrac{2}{a^3}\sin ax + C$

12. 含有反三角函数的积分

$(113) \int \arcsin\dfrac{x}{a}\,\mathrm{d}x = x\arcsin\dfrac{x}{a} + \sqrt{a^2 - x^2} + C$

$(114) \int x\arcsin\dfrac{x}{a}\,\mathrm{d}x = \left(\dfrac{x^2}{2} - \dfrac{a^2}{4}\right)\arcsin\dfrac{x}{a} + \dfrac{x}{4}\sqrt{a^2 - x^2} + C$

$(115) \int x^2\arcsin\dfrac{x}{a}\,\mathrm{d}x = \dfrac{x^3}{3}\arcsin\dfrac{x}{a} + \dfrac{1}{9}(x^2 + 2a^2)\sqrt{a^2 - x^2} + C$

$(116) \int \arccos\dfrac{x}{a}\,\mathrm{d}x = x\arccos\dfrac{x}{a} - \sqrt{a^2 - x^2} + C$

$(117) \int x\arccos\dfrac{x}{a}\,\mathrm{d}x = \left(\dfrac{x^2}{2} - \dfrac{a^2}{4}\right)\arccos\dfrac{x}{a} - \dfrac{x}{4}\sqrt{a^2 - x^2} + C$

$(118) \int x^2\arcsin\dfrac{x}{a}\,\mathrm{d}x = \dfrac{x^3}{3}\arccos\dfrac{x}{a} - \dfrac{1}{9}(x^2 + 2a^2)\sqrt{a^2 - x^2} + C$

$(119) \int \arctan\dfrac{x}{a}\,\mathrm{d}x = x\arctan\dfrac{x}{a} - \dfrac{a}{2}\ln(a^2 + x^2) + C$

$(120) \int x\arctan\dfrac{x}{a}\,\mathrm{d}x = \dfrac{1}{2}(x^2 + a^2)\arctan\dfrac{x}{a} - \dfrac{ax}{2} + C$

$(121) \int x^2\arctan\dfrac{x}{a}\,\mathrm{d}x = \dfrac{x^2}{3}\arctan\dfrac{x}{a} - \dfrac{ax^2}{6} + \dfrac{a^3}{6}\ln(a^2 + x^2) + C$

13. 含有指数函数的积分

$(122) \int a^x\,\mathrm{d}x = \dfrac{a^x}{\ln a} + C$

$(123) \int \mathrm{e}^{ax}\,\mathrm{d}x = \dfrac{\mathrm{e}^{ax}}{a} + C$

$(124) \int \mathrm{e}^{ax}\sin bx\,\mathrm{d}x = \dfrac{\mathrm{e}^{ax}(a\sin bx - b\cos bx)}{a^2 + b^2} + C$

$(125) \int \mathrm{e}^{ax}\cos bx\,\mathrm{d}x = \dfrac{\mathrm{e}^{ax}(b\sin bx + a\cos bx)}{a^2 + b^2} + C$

$(126) \int x e^{ax} dx = \dfrac{e^{ax}}{a^2}(ax-1) + C$

$(127) \int x^n e^{ax} dx = \dfrac{x^n e^{ax}}{a} - \dfrac{n}{a}\int x^{n-1} e^{ax} dx$

$(128) \int x a^{ma} dx = \dfrac{x a^{ma}}{m\ln a} - \dfrac{a^{mx}}{(m\ln a)^2} + C$

$(129) \int x^n a^{mx} dx = \dfrac{a^{mx} x^n}{m\ln a} - \dfrac{n}{m\ln a}\int x^{n-1} a^{mx} dx$

$(130) \int e^{ax} \sin^n bx\, dx = \dfrac{e^{ax}\sin^{n-1} bx}{a^2 + b^2 n^2}(a\sin bx - nb\cos bx) + \dfrac{n(n-1)}{a^2 + b^2 n^2} b^2 \int e^{ax}\sin^{n-2} bx\, dx$

$(131) \int e^{ax} \cos^n bx\, dx = \dfrac{e^{ax}\cos^{n-1} bx}{a^2 + b^2 n^2}(a\cos bx + nb\sin bx) + \dfrac{n(n-1)}{a^2 + b^2 n^2} b^2 \int e^{ax}\cos a^{n-2} bx\, dx$

14. 含有对数函数的积分

$(132) \int \ln x\, dx = x\ln x - x + C$

$(133) \int \dfrac{dx}{x\ln x} = \ln(\ln x) + C$

$(134) \int x^n \ln x\, dx = x^{n+1}\left[\dfrac{\ln x}{n+1} - \dfrac{1}{(n+1)^2}\right] + C$

$(135) \int \ln^n x\, dx = x\ln^n x - n\int \ln^{n-1} x\, dx$

$(136) \int x^m \ln^n x\, dx = \dfrac{x^{m+1}}{m+1}\ln^n x - \dfrac{n}{m+1}\int x^m \ln^{n-1} x\, dx$

附录 5

常用初等数学公式

1. 代数

(1) 指数和对数运算

$a^x a^y = a^{x+y}, \dfrac{a^x}{a^y} = a^{x-y}, (a^x)^y = a^{xy}, \sqrt[y]{a^x} = a^{\frac{x}{y}}$

$\log_a 1 = 0, \log_a a = 1, \log_a(N_1 \cdot N_2) = \log_a N_1 + \log_a N_2$

$\log_a \dfrac{N_1}{N_2} = \log_a N_1 - \log_a N_2, \log_a(N^n) = n\log_a N$

$\log_a \sqrt[n]{N} = \dfrac{1}{n}\log_a N, \log_b N = \dfrac{\log_a N}{\log_a b}$

$e \approx 2.7183$, $\lg e \approx 0.4343$, $\ln 10 \approx 2.3026$.

(2) 有限项数项级数

$1 + 2 + 3 + \cdots + (n-1) + n = \dfrac{n(n+1)}{2}$

$p + (p+1) + (p+2) + \cdots + (n-1) + n = \dfrac{(n+p)(n-p+1)}{2}$

$1 + 3 + 5 + \cdots + (2n-3) + (2n-1) = n^2$

$2 + 4 + 6 + \cdots + (2n-2) + 2n = n(n+1)$

$1^2 + 2^2 + 3^2 + \cdots + (n-1)^2 + n^2 = \dfrac{n(n+1)(2n+1)}{6}$

$a + (a+d) + (a+2d) + \cdots + [a+(n-1)d] = n\left(a + \dfrac{n-1}{2}d\right)$

$a + aq + aq^2 + \cdots + aq^{n-1} = a\dfrac{1-q^n}{1-q} \ (q \neq 1)$

(3) 牛顿公式

$(a+b)^n = a^n + na^{n-1}b + \dfrac{n(n-1)}{2!}a^{n-2}b^2 + \dfrac{n(n-1)(n-2)}{3!}a^{n-3}b^3 + \cdots +$

$\dfrac{n(n-1)\cdots(n-m+1)}{m!}a^{n-m}b^m + \cdots + nab^{n-1} + b^n$

$$(a-b)^n = a^n - na^{n-1}b + \frac{n(n-1)}{2!}a^{n-2}b^2 - \frac{n(n-1)(n-2)}{3!}a^{n-3}b^3 + \cdots +$$
$$(-1)^m \frac{n(n-1)\cdots(n-m+1)}{m!}a^{n-m}b^m + \cdots + (-1)^n b^n$$

(4) 因式分解公式

$$(x \pm y)^2 = x^2 \pm 2xy + y^2$$
$$(x + y + z)^2 = x^2 + y^2 + z^2 + 2xy + 2xz + 2yz$$
$$(x \pm y)^3 = x^3 \pm 3x^2y + 3xy^2 \pm y^3$$
$$x^2 - y^2 = (x+y)(x-y)$$
$$x^3 - y^3 = (x-y)(x^2 + xy + y^2)$$
$$x^3 + y^3 = (x+y)(x^2 - xy + y^2)$$

2. 三角

(1) 基本公式

$$\sin^2\alpha + \cos^2\alpha = 1, \quad \frac{\sin\alpha}{\cos\alpha} = \tan\alpha, \quad \csc\alpha = \frac{1}{\sin\alpha}$$
$$1 + \tan^2\alpha = \sec^2\alpha, \quad \frac{\cos\alpha}{\sin\alpha} = \cot\alpha, \quad \sec\alpha = \frac{1}{\cos\alpha}$$
$$1 + \cot^2\alpha = \csc^2\alpha, \quad \cot\alpha = \frac{1}{\tan\alpha}$$

(2) 诱导公式

表1

函数	$\beta = \frac{\pi}{2} \pm \alpha$	$\beta = \pi \pm \alpha$	$\beta = \frac{3}{2}\pi \pm \alpha$	$\beta = 2\pi - \alpha$
$\sin\beta$	$+\cos\alpha$	$\mp\sin\alpha$	$-\cos\alpha$	$-\sin\alpha$
$\cos\beta$	$\mp\sin\alpha$	$-\cos\alpha$	$\pm\sin\alpha$	$+\cos\alpha$
$\tan\beta$	$\mp\cot\alpha$	$\pm\tan\alpha$	$\mp\cot\alpha$	$-\tan\alpha$
$\cot\beta$	$\mp\tan\alpha$	$\mp\cot\alpha$	$\mp\tan\alpha$	$-\cot\alpha$

(3) 和差公式

$$\sin(\alpha \pm \beta) = \sin\alpha\cos\beta \pm \cos\alpha\sin\beta$$
$$\cos(\alpha \pm \beta) = \cos\alpha\cos\beta \mp \sin\alpha\sin\beta$$
$$\tan(\alpha \pm \beta) = \frac{\tan\alpha \pm \tan\beta}{1 \mp \tan\alpha\tan\beta}$$
$$\cot(\alpha \pm \beta) = \frac{\cot\alpha\cot\beta \mp 1}{\cot\beta \pm \cot\alpha}$$
$$\sin\alpha + \sin\beta = 2\sin\frac{\alpha+\beta}{2}\cos\frac{\alpha-\beta}{2}$$

$$\sin\alpha - \sin\beta = 2\cos\frac{\alpha+\beta}{2}\sin\frac{\alpha-\beta}{2}$$

$$\cos\alpha + \cos\beta = 2\cos\frac{\alpha+\beta}{2}\cos\frac{\alpha-\beta}{2}$$

$$\cos\alpha - \cos\beta = -2\sin\frac{\alpha+\beta}{2}\sin\frac{\alpha-\beta}{2}$$

$$\cos A\cos B = \frac{1}{2}[\cos(A-B) + \cos(A+B)]$$

$$\sin A\sin B = \frac{1}{2}[\cos(A-B) - \cos(A+B)]$$

$$\sin A\cos B = \frac{1}{2}[\sin(A-B) + \sin(A+B)]$$

(4) 倍角和半角公式

$$\sin 2\alpha = 2\sin\alpha\cos\alpha, \cos 2\alpha = \cos^2\alpha - \sin^2\alpha$$

$$\tan 2\alpha = \frac{2\tan\alpha}{1-\tan^2\alpha}, \cot 2\alpha = \frac{\cot^2\alpha - 1}{2\cot\alpha}$$

$$\sin\frac{\alpha}{2} = \sqrt{\frac{1-\cos\alpha}{2}}, \tan\frac{\alpha}{2} = \sqrt{\frac{1-\cos\alpha}{1+\cos\alpha}}$$

$$\cos\frac{\alpha}{2} = \sqrt{\frac{1+\cos\alpha}{2}}, \cot\frac{\alpha}{2} = \sqrt{\frac{1+\cos\alpha}{1-\cos\alpha}}$$

(5) 任意三角形的基本关系

$$\frac{a}{\sin A} = \frac{b}{\sin B} = \frac{c}{\sin C} = 2R \text{（正弦定理）}$$

$$a^2 = b^2 + c^2 - 2bc\cos A \text{（余弦定理）}$$

$$S = \frac{1}{2}ab\sin C \text{（面积公式）}$$

3. 初等几何

在下列公式中,字母 R,r 表示半径,h 表示高,l 表示斜高.

(1) 圆;圆扇形

圆:周长 $= 2\pi r$,面积 $= \pi r^2$.

圆扇形:面积 $= \frac{1}{2}r^2\alpha$(式中 α 为扇形的圆心角,以弧度计).

(2) 正圆锥

体积 $= \frac{1}{3}\pi r^2 h$;侧面积 $= \pi r l$;全面积 $= \pi r(r+l)$.

(3) 截圆锥

体积 $= \frac{\pi h}{3}(R^2 + r^2 + Rr)$;侧面积 $= \pi l(R+r)$.

(4) 球

体积 $= \frac{4}{3}\pi r^3$;面积 $= 4\pi r^2$.

习题参考答案

第1章

习题 1.1

1. (1)(2,6]; (2)[0, +∞); (3)(−3,3); (4)[−3,5].

2. $\left(-\dfrac{4}{3}, -\dfrac{2}{3}\right)$.

3. (1)$(-\infty,1) \cup (1,2) \cup (2,+\infty)$;
(2)$[-1,0) \cup (0,1]$; (3)$[-2,1]$; (4)$(-1,1]$.

4. $f(2)=0; f(-2)=-4; f(0)=2; f(a)=\dfrac{|a-2|}{a+1}; f(a+b)=\dfrac{|a+b-2|}{a+b+1}$.

5. $f(0)=0, f\left(\dfrac{1}{2}\right)=0, f(1)=\dfrac{1}{2}, f\left(\dfrac{5}{4}\right)=1$.

6. $y=\begin{cases}0.2, & x\leq 20\\ 0.4, & 20<x\leq 40\\ 0.6, & 40<x<60\end{cases}$ 7. (1)偶函数; (2)奇函数; (3)奇函数; (4)非奇非偶.

8. (1)$y=\sqrt{x^2-1}, x\in[1,+\infty)$; (2)$y=\dfrac{\pi}{2}-\dfrac{1}{2}\arcsin\dfrac{x}{3}, x\in[-3,3]$; (3)$y=\lg x-2, x\in(0,+\infty)$; (4)$y=1-\dfrac{1}{x}, x\neq 0$.

习题 1.2

1. (1)$y=\sin u, u=3x+1$; (2)$y=u^3, u=\cos v, v=1-2x$;
(3)$y=\sqrt{u}, u=\tan v, v=\dfrac{x}{2}+6$; (4)$y=\lg u, u=\arcsin x$;
(5)$y=\sqrt[3]{u}, u=\cos v, v=x^2$.

2. $f[\varphi(x)]=\lg^2 x, f[f(x)]=x^4, \varphi[f(x)]=2\lg x, \varphi[\varphi(x)]=\lg(\lg x)$.

4. (1)$y=\sin^2 x$; (2)$y=\sin 2x$; (3)$y=\sqrt{1+x^2}$; (4)$y=e^{x^2}$; (5)$y=e^{2x}$.

5. (1)$2k\pi\leq x\leq \pi+2k\pi, k\in Z$; (2)$-1\leq x\leq 1$.

6. $y=r\left(1-\dfrac{x}{h}\right), v=\pi r^2 x\left(1-\dfrac{x}{h}\right)^2$ $(0<x<h)$.

7. $h = 2.504\text{cm}、4.277\text{cm}、5.693\text{cm}$.

8. $s = \begin{cases} 60t^2, & 0 \leqslant t \leqslant 10 \\ 1200t - 6000, & 10 < t \leqslant 130. \\ -60t^2 + 16800t - 1020000, & 130 < t \leqslant 140 \end{cases}$

9. $s = \begin{cases} \dfrac{1}{2}x^2, & 0 \leqslant x \leqslant 1 \\ x - \dfrac{1}{2}, & 1 < x \leqslant 2. \\ -\dfrac{1}{2}x^2 + 3x - \dfrac{5}{2}, & 2 < x \leqslant 3 \end{cases}$

习题 1.3

1. (1) $R = D - D^2$；(2) $R\left(\dfrac{1}{3}\right) = \dfrac{2}{9}$.

2. (1) $R = 0.11D^{-0.4}$；(2) $P(15) = 0.0025, P(20) = 0.0017, P(12) = 0.0034$, $R(10) = 0.044, R(12) = 0.041, R(15) = 0.037$.

3. $C(x) = \begin{cases} 10x, & 0 \leqslant x \leqslant 20 \\ 200 + 7(x - 20), & 20 < x \leqslant 200. \\ 1460 + 5(x - 200), & x > 200 \end{cases}$

习题 1.4

5. $\dfrac{8}{9}, \dfrac{25}{33}, \dfrac{361}{999}, \dfrac{233}{990}$. 6. $\dfrac{1000}{9}$m. 7. 9πcm.

习题 1.5

1. (1) 0；(2) 1；(3) 1；(4) 0.   2. $\lim\limits_{x \to 3^-} f(x) = 3$, $\lim\limits_{x \to 3^+} f(x) = 8$.

习题 1.6

1. $100x, \sqrt{x}, \dfrac{x}{0.01}, \dfrac{3x^2}{x}, \sin x$.   2. (1)、(2) 是无穷大量；(3)、(4) 是无穷小量.

习题 1.7

1. ∞.   2. 1.   3. $-\dfrac{2}{5}$.   4. $\dfrac{4}{3}$.   5. -1.   6. 0.   7. 1.   8. -1.   9. 0.   10. $\dfrac{m}{n}$.

11. $\dfrac{1}{k}$.   12. $-\dfrac{3}{2}$.   13. 2.   14. $\dfrac{1}{2}$.   15. $\dfrac{2}{\pi}$.

16. $\dfrac{1}{e}$.   17. e^{-2}.   18. $\dfrac{1}{\sqrt{e}}$.   19. x.

习题 1.8

1. 不连续.

2. (1) $x = \pm 1$ 处是无穷间断点. (2) $x = 0$ 处是无穷间断点. (3) $x = -2$ 处是无穷间断点. (4) $x = 0$ 处是跳跃间断点. (5) $x = 0$ 处是无穷间断点. (6) $x = 0$ 处是可去间断点. (7) $x = 1$ 处是跳跃间断点.

3.(1) 连续区间$(-\infty,1)\cup(1,2)\cup(2,+\infty)$, $\lim\limits_{x\to 0}f(x)=\dfrac{1}{\sqrt[3]{2}}$.

(2) 连续区间$(-\infty,-3)\cup(-3,2)\cup(2,+\infty)$, $\lim\limits_{x\to 1}f(x)=-\dfrac{5}{4}$.

(3) 连续区间$(-\infty,2)$, $\lim\limits_{x\to -8}f(x)=\ln(2+8)=\ln 10$.

第 2 章

习题 2.1

1.(1)$\bar{v}=10-g-\dfrac{1}{2}g\Delta t$; (2)$v_t=10-g$; (3)$v_{t_0}=10-gt_0$.

2.(1)6; (2) -2.

3.(1)$(0,0)$; (2)$\left(\dfrac{1}{2},\dfrac{1}{4}\right)$; (3)$(1,1)$.

4.(1) $-f'(x_0)$; (2)$f'(0)$; (3)$2f'(x_0)$.

5.(1)$4x^3$; (2)$\dfrac{2}{3}x^{-\frac{1}{3}}$; (3)$1.6x^{0.6}$; (4)$\dfrac{16}{5}x^{\frac{11}{5}}$.

6.该函数在 $x=0$ 处连续且可导.

7.当 $x<0$ 时, $f'(x)=\cos x$; 当 $x=0$ 时, 导数不存在; 当 $x>0$ 时, $f'(x)=0$.

8.$T'(t)$.

习题 2.2

1.(1)$3x^2-\dfrac{1}{\sqrt{x}}-\dfrac{1}{3\sqrt[3]{x^4}}$; (2)$3\sqrt{2}x^2-5\sqrt{2}$; (3)$\dfrac{1}{2}-\dfrac{2}{x^2}$;

(4) $-2x^{-3}\sin x+x^{-2}\cos x$; (5) $-\sin x+2\sec^2 x$; (6) $\dfrac{-4x}{(1+x^2)^2}$;

(7) $\dfrac{1}{2\sqrt{x}}\csc x-\sqrt{x}\csc x\cot x$; (8) $\dfrac{x\cos x-\sin x}{x^2}$;

(9) $\dfrac{1-x}{2\sqrt{x}(1+x)^2}$; (10) $\ln x+1$; (11) $\dfrac{-2}{x(1+\ln x)^2}$;

(12) $2x\ln x\cos x+x\cos x-x^2\ln x\sin x$.

2.(1)$8(2x+5)^3$; (2)$3\sin(4-3x)$; (3)$\sin 2x$; (4)$\dfrac{2x}{1+x^2}$;

(5) $\dfrac{2x+1}{(x^2+x+1)\ln a}$; (6)$2x\sec^2(x^2)$.

3.(1) $\dfrac{1}{\sin x}$; (2) $\dfrac{1}{4\sqrt{x+1}}+\dfrac{1}{4\sqrt{x-1}}$;

(3) $\dfrac{1}{x\ln x\ln(\ln x)}$; (4) $-\sin\dfrac{2x}{1-x^2}\cdot\dfrac{2+2x^2}{(1-x^2)^2}$.

4. 切线方程为: $2x-y-e=0$, 法线方程为: $x+2y-3e=0$.

5. $(1) 2xf'(x^2)$; $(2) \sin 2x[f'(\sin^2 x) - f'(\cos^2 x)]$.

习题 2.3

$(1) 10^x \ln 10 + 10x^9$; $(2) 2\ln 3 \cdot 3^{2x}\sin x + 3^{2x}\cos x$;

$(3) e^x \arcsin x - \dfrac{e^x}{\sqrt{1-x^2}}$; $(4) \dfrac{-2^x \ln 2}{\sqrt{2^{x+1} - 2^{2x}}}$;

$(5) 2x\cos 3x\sec^2(x^2) - 3\sin 3x\tan(x^2)$;

$(6) \dfrac{2}{(1-x)^2} \cdot \sec^2\left(\dfrac{1+x}{1-x}\right)$;

$(7) 2\arcsin\dfrac{x}{2} \cdot \dfrac{1}{\sqrt{4-x^2}}$; $(8) \dfrac{e^{\arctan\sqrt{x}}}{2\sqrt{x}(1+x)}$; $(9) 6\sin^2 2x \cdot \cos 2x$;

$(10) 3\tan 3x$; $(11) \dfrac{-2}{e^x + e^{-x}}$; $(12) \dfrac{1}{\sqrt{1+x^2}}$;

$(13) \dfrac{1}{2\sqrt{x\sqrt{x+\sqrt{x}}}} \cdot \left[\sqrt{x+\sqrt{x}} + x \cdot \dfrac{1}{2\sqrt{x+\sqrt{x}}}\left(1 + \dfrac{1}{2\sqrt{x}}\right)\right]$;

$(14) \dfrac{1 - \sqrt{1-x^2}}{x^2 \cdot \sqrt{1-x^2}}$.

习题 2.4

1. $(1) -\dfrac{y}{x+y}$; $(2) \dfrac{1 - y\cos(xy)}{x\cos(xy)}$; $(3) \dfrac{e^{x+y} - y}{x - e^{x+y}}$; $(4) \dfrac{e^y}{1 - xe^y}$;

$(5) y' = \dfrac{2^x - 2^{xy} \cdot y}{2^{xy} \cdot x - 2^y}$; $(6) -\csc^2(x+y)$.

2. $(1) 1$; $(2) -\dfrac{1}{e}$.

3. $(1) \left(\dfrac{x-1}{x+1}\right)^{\sin x} \cdot \left[\cos x \ln\left(\dfrac{x-1}{x+1}\right) + \dfrac{2\sin x}{x^2 - 1}\right]$; $(2) x^{2x}(2\ln x + 2)$;

$(3) x^{2x+1}\left(2\ln x + \dfrac{2x+1}{x}\right)$;

$(4) \dfrac{1}{2} \cdot \sqrt{x\sin x\sqrt{1-e^x}} \cdot \left[\dfrac{1}{x} + \cot x - \dfrac{e^x}{2(1-e^x)}\right]$;

$(5) \dfrac{(x-1)^2 \cdot (4-3x)}{(x+1)^3} \cdot \left(\dfrac{2}{x-1} - \dfrac{3}{4-3x} - \dfrac{3}{x+1}\right)$;

$(6) \dfrac{\sqrt{x+2} \cdot (3-x)^4}{\sqrt[3]{x+1}}\left[\dfrac{1}{2(x+2)} - \dfrac{4}{3-x} - \dfrac{1}{3(x+1)}\right]$.

4. $(1) 4t$; $(2) \dfrac{\cos\theta - \theta\sin\theta}{1 - \sin\theta - \theta\cos\theta}$; $(3) -\dfrac{b}{a}\tan t$.

5. (1) 切线方程为 $x + y - \sqrt{2} = 0$,法线方程为 $x - y = 0$;(2) 切线方程为 $x - 2y + 4 = 0$,法线方程为 $2x + y - 7 = 0$.

习题 2.5

1. (1) $20x^3$；(2) $4 - \dfrac{1}{x^2}$；(3) $4e^{2x-1}$；

   (4) $-12e^{2x}\sin 3x - 5e^{2x}\cos 3x$；(5) $2\sec^2 x \cdot \tan x$；

   (6) $-\dfrac{2+2x^2}{(1-x^2)^2}$；(7) $\dfrac{-2(x+1)}{(1+x^2)^2}$；(8) $\dfrac{e^x(x^2-2x+2)}{x^3}$.

2. (1) $(-1)^n(n-2)!\,x^{1-n}\ (n \geq 2)$；

   (2) $(-1)^n n!\,(x-1)^{-(n+1)} + (-1)^n n!\,(x+1)^{-(n+1)}$；

   (3) $xe^x + ne^x$.

3. (1) $y' = \dfrac{4y - x^2}{y^2 - 4x},\ y'' = \dfrac{8y' - 2x - 2y(y')^2}{y^2 - 4x}$；

   (2) $-\dfrac{1}{y\ln^3 y}$.

习题 2.6

1. (1) Δy 分别为 6、0.51、0.0501；

   (2) dy 分别为 5、0.5、0.05.

2. $2e\,dx$.

3. (1) $\dfrac{2}{3}x^3 + C$；(2) $\sin x + C$；(3) $\dfrac{2}{3}x^{\frac{3}{2}} + C$；(4) $\arctan x + C$；

   (5) $\ln(x+2) + C$；(6) $2\sqrt{x} + C$；(7) $-\dfrac{1}{x} + C$；

   (8) $\sqrt{x^2+1} + C$；(9) $-\cot x + C$；(10) $\arcsin x + C$；

   (11) $-\dfrac{1}{2}e^{-2x} + C$；(12) $-\dfrac{1}{3}\cos 3t + C$.

4. (1) $\left(\dfrac{1}{2} - \dfrac{2}{x^2}\right)dx$；(2) $(\sin 2x + 2x\cos 2x)dx$；

   (3) $(e^{-3x} - 3xe^{-3x})dx$；(4) $[e^x\sin(3-x) - e^{-x}\cos(3-x)]dx$；

   (5) $\dfrac{x^2\sin x - \sin x + 2x\cos x}{(1-x^2)^2}dx$；(6) $4x\sec^2(1+2x^2)dx$；

   (7) $2^{\ln\sin x}\ln 2\cot x\,dx$；(8) $A\omega\sin(\omega x + \varphi)dx$.

5. (1) 1.0033；(2) $\dfrac{\sqrt{3}}{2} - \dfrac{\pi}{360}$；(3) 1.01.

第 3 章

习题 3.1

4. (1) 6；(2) 0；(3) $\dfrac{1}{6}$；(4) -2；(5) $\dfrac{1}{2}$.

习题 3.2

1. $x \in (-1, 1)$ 单调增加, $x \in (-\infty, -1)$ 和 $x \in (1, +\infty)$ 单调减少.

2. $x \in (0, e)$ 单调减少, $x \in (e, +\infty)$ 单调增加.

5. 极大值 $y(-1) = 21$, 极小值 $y(2) = -6$.

6. 极小值 $y(1) = 3$.

习题 3.3

1. (1) 最大值 $y(4) = 80$, 最小值 $y(-1) = -5$;

   (2) 最大值 $y(3) = 11$, 最小值 $y(2) = -14$.

2. 长为 10m, 宽为 5m

3. 以 $\dfrac{36\pi}{4+\pi}$ cm 作圆, 剩下部分作正方形.

4. $d : h : b = \sqrt{3} : \sqrt{2} : 1$.

5. $P(x) = \dfrac{640000}{x^2} + x$ 800t

6. $L(Q) = 9Q^2 - Q^3 - 15Q - 10$, 最大利润 $L(5) = 15$, 此时单价为 18.

7. (1) $C(P) = 700 - 10P$ $R(P) = 100P - 2P^2$; (2) $Q = 45, P = 27.5$;

   (3) 最大利润 812.5(百元)

8. 20

习题 3.4

1. $R(20) = 120, \bar{R}(20) = 6, R'(6) = -10$ $\left.\dfrac{EQ}{EP}\right|_{P=6} = -1.5$.

2. 185, 18.5, 11.

3. $Q'|_{P=4} = -75e^{-12}, \left.\dfrac{EQ}{EP}\right|_{P=4} = -12$.

4. (1) $Q' = -5, \dfrac{EQ}{EP} = \dfrac{-5P}{42-5P}$; (2) 总收益约下降 2.5%.

习题 3.5

1. $x \in \left(-\infty, -\dfrac{\sqrt{2}}{2}\right) \cup \left(\dfrac{\sqrt{2}}{2}, +\infty\right)$ 是凹的, $x \in \left(-\dfrac{\sqrt{2}}{2}, \dfrac{\sqrt{2}}{2}\right)$ 是凸的, 拐点为 $\left(-\dfrac{\sqrt{2}}{2}, -\dfrac{5}{2}\right), \left(\dfrac{\sqrt{2}}{2}, -\dfrac{5}{2}\right)$.

2. $x \in (-1, +\infty)$ 是凹的, 无拐点.

3. 水平渐近线 $y = 0$, 铅垂渐近线 $x = -3$ 和 $x = 1$.

4. $y = 0$ 5. $x = b$.

第 4 章

习题 4.1

1. (1) $x - x^3 + C$; (2) $\dfrac{2^x}{\ln 2} + \dfrac{x^3}{3} + C$; (3) $\dfrac{2}{5}x^{\frac{5}{2}} - 2x^{\frac{3}{2}} + C$;

(4) $\dfrac{t^3}{3} + \dfrac{3}{2}t^2 + 3t + \ln|t| + C$; (5) $u - \arctan u + C$; (6) $-2\cos x + C$; (7) $\dfrac{1}{2}\tan x + C$; (8) $\dfrac{1}{2}x + \dfrac{1}{2}\sin x + C$; (9) $\tan x - \cot x + C$; (10) $\tan x - \sec x + C$.

2. $y = \ln x + 1$. 3. $s = t^3 + 2t^2$.

习题 4.2

1. $-\dfrac{2}{7}(2-x)^{\frac{7}{2}} + C$. 2. $\dfrac{1}{3\ln a}a^{3x} + C$. 3. $-e^{-x} + C$. 4. $\ln(1+x^2) + C$.

5. $\dfrac{1}{3}(x^2 - 5)^{\frac{3}{2}} + C$. 6. $-e^{\frac{1}{x}} + C$. 7. $\dfrac{1}{3}(\ln x)^3 + C$.

8. $\ln(e^x + 1) + C$. 9. $\dfrac{1}{6}\arctan\dfrac{3}{2}x + C$. 10. $\dfrac{1}{2}x - \dfrac{1}{12}\sin 6x + C$.

11. $e^{\sin x} + C$. 12. $\sin e^x + C$. 13. $\dfrac{1}{2}\arcsin x - \dfrac{x}{2}\sqrt{1-x^2} + C$.

14. $\dfrac{1}{3}\ln\left|3x + \sqrt{9x^2 - 4}\right| + C$. 15. $\dfrac{3}{4}(x+a)^{\frac{4}{3}} + C$.

16. $\dfrac{2}{5}(x+1)^{\frac{5}{2}} - \dfrac{2}{3}(x+1)^{\frac{3}{2}} + C$. 17. $2\sqrt{x} - 3\sqrt[3]{x} + 6\sqrt[6]{x} - 6\ln(1 + \sqrt[6]{x}) + C$.

18. $\sqrt{2x-3} - \ln(1 + \sqrt{2x-3}) + C$

习题 4.3

1. $(x^2 - 2x + 2)e^x + C$. 2. $x \cdot \sin x + \cos x + C$. 3. $x(\ln x - 1) + C$. 4. $x \cdot \arcsin x + \sqrt{1-x^2} + C$. 5. $\dfrac{1}{3}x^3 \ln x - \dfrac{1}{9}x^3 + C$. 6. $2x \cdot \sin\dfrac{x}{2} + 4\cos\dfrac{x}{2} + C$. 7. $-\dfrac{1}{2}x \cdot e^{-2x} - \dfrac{1}{4}e^{-2x} + C$. 8. $-x^2\cos x + 2x\sin x + 2\cos x + C$. 9. $\dfrac{1}{2}e^x - \dfrac{1}{5}e^x\sin 2x - \dfrac{1}{10}e^x\cos x + C$.

10. $x \cdot \sin x + \dfrac{2}{3}\cos x - \dfrac{1}{3}x\sin^3 x + \dfrac{1}{9}\cos^3 x + C$

习题 4.4

1. $\dfrac{x}{18(9+x^2)} + \dfrac{1}{54}\arctan\dfrac{x}{3} + C$. 2. $-\dfrac{1}{2}\dfrac{\cos x}{\sin^2 x} + \dfrac{1}{2}\ln\left|\tan\dfrac{x}{2}\right| + C$. 3. $\dfrac{\cos^2 x \sin x}{6} + \dfrac{5\cos^3 x \sin x}{24} + \dfrac{15}{24}\left(\dfrac{x}{2} + \dfrac{\sin 2x}{4}\right) + C$. 4. $\arcsin x + \sqrt{1-x^2} + C$. 5. $x \cdot \ln^3 x - 3x\ln^2 x + 6x\ln x - 6x + C$. 6. $\dfrac{1}{2}\ln|x^2 - 2x - 1| + \dfrac{2}{\sqrt{3}}\ln\left|\dfrac{x-(\sqrt{2}+1)}{x+(\sqrt{2}-1)}\right| + C$.

第5章

习题 5.1

4. (a) $\int_{-\frac{\pi}{2}}^{\frac{\pi}{2}} \cos x \, dx$;　(b) $\int_{1}^{2} \frac{x^2}{4} dx$;　(c) $\int_{3}^{e+2} \ln x \, dx$.　6. $\frac{1}{2} aT^2$.

习题 5.2

1. (1) $\frac{7}{2}$;　(2) $\frac{1}{4}$;　(3) 0;　(4) $\pi - \frac{4}{3}$;　(5) $\frac{1}{3}(8 - 3\sqrt{3})$;

(6) $\frac{4}{5}$;　(7) $\frac{8}{3}$;　(8) $\frac{2}{3} a^4$;　(9) $1 + \sqrt{3}$;　(10) $\frac{495}{\ln 10}$.　2. $\frac{11}{6}$.

习题 5.3

1. (1) $10 \frac{2}{3}$;　(2) $\sqrt{3} - \frac{\pi}{3}$;　(3) $\frac{1}{858}$;　(4) $\frac{\pi}{16}$.　(5) 1;

(6) $2 - \frac{\pi}{4}$;　(7) $\frac{3\pi}{16}$.

2. $\frac{2}{3} \pi$.

3. (1) $\frac{1}{2}\left(\frac{\pi}{2} - 1\right)$;　(2) $\frac{4}{3}$;　(3) $\frac{1}{5}(e^\pi - 2)$;　(4) $\frac{\pi}{2}$;

(5) $2\left(1 - \frac{1}{e}\right)$;　(6) $1 - \frac{\sqrt{3}}{6} \pi$.

习题 5.4

3. (1) $\frac{\pi}{2}$;　(2) $2 \frac{2}{3}$;　(3) 1;　(4) $\frac{\pi}{4} + \frac{1}{2} \ln 2$;　(5) π;　(6) $\frac{a}{a^2 + b^2}$;　(7) 发散;

(8) $1 - \ln 2$;　(9) 发散.

习题 5.5

1. (1) $\frac{25}{3}$;　(2) $18\sqrt{2}$.　2. $\frac{1}{3}$.　3. 12.　4. $\frac{45}{8}$.　5. $\frac{5\pi}{4} - 2$.　6. $2\pi a^2$.

7. (1) $\frac{512}{3} \pi$;　(2) π　8. (1) 0;　(2) 1;　(3) $\frac{1}{4}$.

9. $\bar{u} = \frac{1}{2}(u_1 + u_2)$, 其中 u_1 与 u_2 分别为时刻 t_1 与时刻 t_2 的速度.

10. $\frac{k}{2l}(a - 1)^2$.　11. 2.4J.

第6章

习题 6.1

1. (1) 一阶; (2) 二阶; (3) 一阶; (4) 一阶; (5) 二阶; (6) 二阶.

2. (1) 是; (2) 是; (3) 是; (4) 是.

3. $(1)y = \dfrac{1}{2}x^3$; $(2)y = x^3$; $(3)y = \dfrac{1}{3}x^3$.

4. $y = k\ln x + 2$.

5. $\dfrac{\mathrm{d}p}{\mathrm{d}T} = k\dfrac{p}{T^2}$ (k 比例系数).

习题 6.2

1. $(1)\arcsin y = \arcsin x + C$; $(2)y = \mathrm{e}^{cx}$;

$(3)\tan x\tan y = C$; $(4)10^x + 10^{-y} = C$;

$(5)\sin\dfrac{y}{x} = Cx$; $(6)\ln\dfrac{y}{x} = Cx + 1$;

$(7)y^2 = x^2(2\ln x + C)$; $(8)y^2 = x^2(\ln|x| + C)$;

$(9)(x - y)^2 = -2x + C$; $(10)x = C\mathrm{e}^y - y - 1$.

2. $(1)2\mathrm{e}^y = \mathrm{e}^{2x} + 1$; $(2)\ln y = \csc x - \cot x$;

$(3)\mathrm{e}^x + 1 = 2\sqrt{2}\cos y$; $(4)y^3 = y^2 - x^2$;

$(5)y^2 = 2x^2(\ln|x| + 1)$; $(6)\arctan\dfrac{y}{x} + \ln(x^2 + y^2) = \dfrac{\pi}{4} + \ln 2$.

3. $xy = 6$.

习题 6.3

1. $(1)y = \mathrm{e}^{-x}(x + C)$; $(2)y = (x + C)\mathrm{e}^{-\sin x}$;

$(3)y = (x^2 + C)\mathrm{e}^{-x^2}$; $(4)y = C(x + 1)^n$;

$(5)x = -y + Cy\mathrm{e}^{\frac{1}{y}}$; $(6)x^2 = y(\ln^2 y + \ln y) + C$.

2. $(1)y = \mathrm{e}^{-3x}\left(\dfrac{8}{3}\mathrm{e}^{3x} - \dfrac{2}{3}\right)$; $(2)y = x\sec x$;

$(3)y = x(\ln\ln x + 1)$; $(4)y = -2(\mathrm{e}^{-3x} + \mathrm{e}^{-5x})$.

3. $y = 2(\mathrm{e}^x - x - 1)$.

习题 6.4

1. $(1)y = C_1\mathrm{e}^x + C_2\mathrm{e}^{-2x}$; $(2)y = C_1 + C_2\mathrm{e}^{4x}$;

$(3)y = C_1\cos x + C_2\sin x$; $(4)y = \mathrm{e}^{-3x}(C_1\cos 2x + C_2\sin 2x)$;

$(5)x = (C_1 + C_2 t)\mathrm{e}^{\frac{5}{2}t}$; $(6)y = \mathrm{e}^{5x}(C_1 + C_2 x)$;

$(7)y = C_1\mathrm{e}^x + C_2\mathrm{e}^{-x} + C_3\cos x + C_4\sin x$;

$(8)y = C_1 + C_2 x + (C_3 + C_4 x)\mathrm{e}^x$.

2. $(1)y = 4\mathrm{e}^x + 2\mathrm{e}^{3x}$; $(2)y = (2 + x)\mathrm{e}^{-\frac{x}{2}}$;

$(3)y = \mathrm{e}^{-x} - \mathrm{e}^{4x}$; $(4)y = 2\cos 5x + \sin 5x$; $(5)y = \mathrm{e}^{-x}$.

3. $y = \cos 3x - \dfrac{1}{3}\sin 3x$.

习题 6.5

1. (1) $y = C_1 e^{3x} + C_2 e^{4x} + \dfrac{5}{12}$; (2) $y = C_1 \cos 2x + c_2 \sin 2x + 2$;

(3) $y = e^{-\frac{x}{2}} \left(C_1 \cos \dfrac{\sqrt{3}}{2} x + C_2 \dfrac{\sqrt{3}}{2} x \right) + \dfrac{3}{7} e^{2x}$;

(4) $y = C_1 \cos x + C_2 \sin x + \dfrac{5}{3} \sin 2x$;

(5) $y = (C_1 + C_2 x) e^{3x} + x^2 \left(\dfrac{1}{6} x + \dfrac{1}{2} \right) e^{3x}$;

(6) $y = e^x (C_1 \cos 2x + C_2 \sin 2x) - \dfrac{1}{4} x e^x \cos 2x$.

2. (1) $y = \dfrac{11}{6} + \dfrac{5}{16} e^{4x} - \dfrac{5}{4} x$;

(2) $y = -5 e^x + \dfrac{7}{2} e^{2x} + \dfrac{5}{2}$;

(3) $y = \dfrac{1}{2} (e^{9x} + e^x) - \dfrac{1}{7} e^{2x}$;

(4) $y = -\dfrac{1}{2} e^{-x} + \dfrac{3}{2} e^x - x \cdot e^x + x^2 e^x$.

参 考 文 献

[1]【英】斯科特.数学史.桂林:广西师范大学出版社,2002.4.
[2]【英】W.C.丹皮尔.科学史及其与哲学和宗教的关系.北京:商务印书馆 1997.4.
[3]【德】费尔巴哈对莱布尼兹哲学的叙述、分析和批判.北京:商务印书馆 1997.10.
[4]【法】若-弗·马泰伊.必达哥拉斯和必达哥拉斯学派.北京:商务印书馆 1997.5.
[5]【法】笛卡儿.谈谈方法.北京:商务印书馆 2002.9.
[6]【美】加勒特·汤姆森.笛卡尔.北京:中华书局 2002.7.
[7]汪晓勒,韩祥林.中学数学中的数学史.北京:科学出版社 2002.7.
[8]易南轩.数学美拾趣.北京:科学出版社 2002.4.
[9]同济大学.高等数学(第四版).北京:高等教育出版社 1993.12.
[10]吉林工学院.高等数学(第二版).武汉:华中理工大学出版社 1995.8.